中央高校教育教学改革基金(本科教学工程)
"复杂系统先进控制与智能自动化"高等学校学科创新引智计划　　联合资助
中国地质大学(武汉)"双一流"建设经费

工程信号分析及处理

GONGCHENG XINHAO FENXI JI CHULI

朱　媛　董凯锋
李丹云　刘　力　编著

中国地质大学出版社
ZHONGGUO DIZHI DAXUE CHUBANSHE

图书在版编目(CIP)数据

工程信号分析及处理/朱媛等编著. —武汉:中国地质大学出版社,2022.12
中国地质大学(武汉)自动化与人工智能精品课程系列教材
ISBN 978-7-5625-5586-5

Ⅰ.①工… Ⅱ.①朱… Ⅲ.①信号处理-高等学校-教材 Ⅳ.①TN911.7

中国国家版本馆 CIP 数据核字(2023)第 074151 号

工程信号分析及处理	朱　媛　董凯锋　李丹云　刘　力　编著
责任编辑:周　旭　　选题策划:毕克成　张晓红　周　旭　王凤林	责任校对:张咏梅

出版发行:中国地质大学出版社(武汉市洪山区鲁磨路388号)	邮编:430074
电　　话:(027)67883511　　传　　真:(027)67883580	E-mail:cbb@cug.edu.cn
经　　销:全国新华书店	http://cugp.cug.edu.cn

开本:787毫米×1 092毫米　1/16	字数:480千字	印张:18.75
版次:2022年12月第1版	印次:2022年12月第1次印刷	
印刷:武汉市籍缘印刷厂		
ISBN 978-7-5625-5586-5		定价:68.00元

如有印装质量问题请与印刷厂联系调换

自动化与人工智能精品课程系列教材
编委会名单

主　任：吴　敏　中国地质大学(武汉)
副主任：纪志成　江南大学
　　　　李少远　上海交通大学
编　委：(以姓氏笔画为序)
　　　　于海生　青岛大学
　　　　马小平　中国矿业大学
　　　　王　龙　北京大学
　　　　方勇纯　南开大学
　　　　乔俊飞　北京工业大学
　　　　刘　丁　西安理工大学
　　　　刘向杰　华北电力大学
　　　　刘建昌　东北大学
　　　　吴　刚　中国科学技术大学
　　　　吴怀宇　武汉科技大学
　　　　张小刚　湖南大学
　　　　张光新　浙江大学
　　　　周纯杰　华中科技大学
　　　　周建伟　中国地质大学(武汉)
　　　　胡昌华　中国人民解放军火箭军工程大学
　　　　俞　立　浙江工业大学
　　　　曹卫华　中国地质大学(武汉)
　　　　潘　泉　西北工业大学

序

为适应新工科建设要求，推动自动化与人工智能融合发展，中国地质大学（武汉）自动化学院联合教育部高等学校自动化类专业教学指导委员会和中国自动化学会教育工作委员会的有关专家，依托先进模块化的课程体系，有机融入"课程思政"的相关要求，突出前沿性、交叉性与综合性的新内容，组织编写了自动化与人工智能精品课程系列教材，以服务于新时代自动化与人工智能领域的人才培养。

本系列教材涵盖了专业基础课、专业主干课、专业选修课、课程设计等教学内容。教材设置上依托教育部高等学校自动化类专业教学指导委员会首批自动化专业课程体系改革与建设试点项目（全国五个试点项目之一）和中国地质大学（武汉）教育教学改革项目的研究成果，以"重视基础理论、突出实际应用、强化工程实践"的课程体系设计为主线。在教材设置上增强知识点教学的连贯性，提高对自动化系统结构认知的完整性；知识点对应的工具成体系，提高对主流技术和工具认知的完整性；面对特定应用环境的设计技术成体系，提高对行业背景下设计过程认知的完整性。它充分体现以控制理论、运动控制、过程控制、嵌入式系统、测控软件技术、人工智能与大数据技术等为模块的教材设计。

本系列教材由教育部高等学校自动化类专业教学指导委员会委员、中国自动化学会教育工作委员会委员、高校教学主管领导和教学名师担任编审委员会委员，并对教材进行严格论证和评审。

本系列教材的组织和编写工作从 2019 年 5 月开始启动。中国地质大学（武汉）自动化学院与中国地质大学出版社达成合作协议，拟在 3～5 年内出版 20 种左右教材。

本系列教材主要面向自动化、测控技术与仪器及相关专业的本科生，控制科学与工程相关专业的研究生以及相关领域和部门的科技工作者。一方面为广大在校学生的学习提供先进且系统的知识内容，另一方面为相关领域科技工作者的学习和工作提供参考。欢迎使用本系列教材的读者提出批评意见和建议，我们将认真听取意见，并作修订。

自动化与人工智能精品课程系列教材编委会
2020 年 12 月

前　言

信号处理类课程如数字信号处理和信号与系统等是通信、电子信息工程类专业本科生的基础课。此类课程由于涉及的技术是当前科学和工程领域最为热门的技术之一,在通信、雷达、地质勘察、医学成像和音视频压缩等研究领域应用广泛。因此,很多学生都想学好该类课程。但是,此类课程本身知识体系庞大、数学推导繁杂,要求学生具有扎实的高等数学、工程数学、电路基础及复变函数等专业基础知识;故大部分学生对此类课程的学习有"畏难"情绪,主要体现为没有学过的同学"害怕"学,学过的同学"害怕"用。

深思出现这种现象的原因:①目前市面上的相关书籍含大量的公式推导,看起来俨然数学教程,这使得初学者难以找到自学突破口。此外,从工程应用来讲,此类课程需要有信号与系统课程的基础再衔接数字信号处理课程,这对于短学时的工科学生而言,细致学习这两门课程的理论知识不现实;因此,学生很难找到一本适宜于短学时的工程类教材。②大部分的相关教材需要搭配一些实践类书籍才能对知识予以应用和实践,而现有的教材中很难找到学、练和工程实践为一体的、可读性强的工程类教材。

针对这些局限性,我们编写了《工程信号分析及处理》这本教材,希望少一些数学公式和推导。特别是面向自动化专业的学生,能够将自动控制原理和电路理论课程中重复的知识点删除,从时间域和变换域的视角把信号与系统和数字信号处理这两门课程深度融合,将理论应用于工程实践,达到学以致用的效果。

本教材的结构按照循序渐进的教学法原则,分为初识信号、信号的变换域分析、线性系统的变换域分析、线性系统的设计与实现及综合应用五大部分,共计10章节依次展开。先介绍信号的一些基础知识和运算,再介绍信号的三大变换(Fourier 变换、Laplace 变换和 z 变换),最后介绍系统的相关知识和系统响应的计算方法。本教材突破了传统教材先介绍连续信号后介绍离散信号的思路,新颖地把知识点按照时间域到变换域的演化方向逐渐展开。教材编写注重基本概念、基本理论和基本方法的论述,并将其与实际应用相结合。从广义的角度理解系统,激发学习兴趣,培养逻辑性和创造性能力。更值得一提的是,为了开拓学生视野,在每个大单元都加入了相关的课外阅读知识和工程实践训练。此外,每个单元中也包含大量的自测题和练习题,以加强学生对基本概念和基本理论的理解,提高综合应用能力。

本教材根据朱媛老师、董凯锋老师和刘力老师多年来的教学积累编著,全书由朱媛老师主编,董凯锋老师、李丹云老师及刘力老师统稿。感谢中国地质大学(武汉)自动化学院 2017级至 2020 级的本科生们,是你们在课堂和课下的多次交流和讨论给予了编著者完成本教材的动力。特别感谢参与编写的同学们,其中研究生有白立泰、白乾翔、蔡柯、曹冠松、陈磊、丁庆宁、费世煌、付文菲、巩师运、姜霖丰、刘晨亮、刘洁、卢名广、钱全、孙凌志、涂雅晴、王诗楠、王雅文、杨合、杨云飞、余艾莲、余晨希、张德鑫、张枫、朱体健,本科生(部分本科生已读研究生)有董浩伟、贺江、李晨希、刘诗雨、马海书、马哲家祺、王泽毅、向逸雯、杨思源、杨文星、杨煜、杨子炀、曾翔宇、张胜杰、张奕驰、赵云飞、祖文杰、郑一楠、周静怡、周泉等。同时,也感谢所有关心和支持本书出版的领导、同事和朋友们。在编写过程中,我们参阅了国内外大量的著作、文献和资料,对这些作者表示诚挚的谢意。

由于作者水平所限,错漏之处在所难免,恳切希望同行专家、学者及读者提出宝贵意见,以便今后改进、提高。感谢广大教师、学生和其他读者的使用。最后祝愿大家在学习过程中获得丰富的知识和宝贵的经验!

编著者

2022 年 5 月

目 录

第一部分 初识信号

第1章 绪 论 (2)
- 1.1 信号的概念 (2)
- 1.2 信号的描述 (3)
- 1.3 信号的分类 (4)
  - 1.3.1 确定信号与随机信号 (4)
  - 1.3.2 连续信号与离散信号 (4)
  - 1.3.3 周期信号与非周期信号 (6)
  - 1.3.4 能量信号与功率信号 (8)
  - 1.3.5 实信号和复信号 (9)

第2章 信号的简单处理 (12)
- 2.1 信号的基本运算 (12)
  - 2.1.1 信号的加法和乘法 (12)
  - 2.1.2 信号的平移 (13)
  - 2.1.3 信号的尺度变换及反转 (14)
  - 2.1.4 离散序列的尺度变换 (16)
  - 2.1.5 离散序列的差分运算 (16)
- 2.2 两个典型信号 (17)
  - 2.2.1 阶跃信号 (17)
  - 2.2.2 冲激信号 (19)
  - 2.2.3 两个基本信号(离散型) (25)

2.3 信号的卷积 ………………………………………………………………………… (26)
  2.3.1 信号的卷积和 ……………………………………………………………… (26)
  2.3.2 卷积和的性质 ……………………………………………………………… (31)
  2.3.3 卷积积分 …………………………………………………………………… (33)
  2.3.4 卷积积分的性质 …………………………………………………………… (37)
2.4 习题 ………………………………………………………………………………… (43)
2.5 实操环节 …………………………………………………………………………… (49)
  2.5.1 实例 ………………………………………………………………………… (50)
  2.5.2 练习 ………………………………………………………………………… (52)
2.6 课外阅读 …………………………………………………………………………… (53)

第二部分 信号的变换域分析

第3章 信号的频域分析 ………………………………………………………………… (62)
3.1 信号分解为正交函数 ……………………………………………………………… (62)
  3.1.1 正交函数集 ………………………………………………………………… (63)
  3.1.2 信号分解为正交函数 ……………………………………………………… (64)
3.2 连续周期信号的频谱分析 ………………………………………………………… (65)
  3.2.1 Fourier 级数 ………………………………………………………………… (65)
  3.2.2 信号的频谱概念 …………………………………………………………… (71)
  3.2.3 连续周期信号频谱的特点 ………………………………………………… (74)
  3.2.4 周期信号的功率 …………………………………………………………… (76)
3.3 连续非周期信号的频谱分析 ……………………………………………………… (77)
  3.3.1 Fourier 变换 ………………………………………………………………… (77)
  3.3.2 常用的 Fourier 变换 ……………………………………………………… (79)
  3.3.3 Fourier 变换的性质 ………………………………………………………… (82)
3.4 取样定理 …………………………………………………………………………… (86)
  3.4.1 信号的取样 ………………………………………………………………… (87)

3.4.2　时域取样定理 ……………………………………………………… (88)

3.5　离散时间信号的频谱分析 ……………………………………………………… (91)

3.5.1　离散 Fourier 级数 …………………………………………………… (91)

3.5.2　离散时间 Fourier 变换 ……………………………………………… (92)

3.5.3　有限长序列 Fourier 分析 …………………………………………… (94)

3.5.4　离散 Fourier 变换快速算法 ………………………………………… (99)

3.6　习题 ……………………………………………………………………………… (107)

3.7　实操环节 ………………………………………………………………………… (112)

3.7.1　实例 ……………………………………………………………… (113)

3.7.2　练习 ……………………………………………………………… (122)

3.8　课外阅读 ………………………………………………………………………… (122)

第4章　信号的复频域分析 ……………………………………………………… (131)

4.1　连续信号的复频域分析 ………………………………………………………… (131)

4.1.1　Laplace 变换 …………………………………………………… (131)

4.1.2　收敛域 …………………………………………………………… (131)

4.1.3　单边 Laplace 变换 ……………………………………………… (133)

4.1.4　常用的 Laplace 变换 …………………………………………… (133)

4.1.5　Laplace 变换的性质 …………………………………………… (135)

4.1.6　Laplace 变换与 Fourier 变换的关系 ………………………… (137)

4.1.7　Laplace 逆变换 ………………………………………………… (140)

4.2　离散时间信号的复频域分析 …………………………………………………… (141)

4.2.1　z 变换 …………………………………………………………… (141)

4.2.2　收敛域 …………………………………………………………… (142)

4.2.3　z 变换的性质 …………………………………………………… (145)

4.2.4　逆 z 变换 ………………………………………………………… (147)

4.3　习题 ……………………………………………………………………………… (151)

4.4　实操环节 ………………………………………………………………………… (154)

4.4.1　实例 ……………………………………………………………… (156)

4.4.2　练习 ……………………………………………………………… (157)

4.5　课外阅读 ………………………………………………………………………… (158)

第三部分 线性系统的变换域分析

第5章 初识系统 ·· (174)
5.1 系统的定义和表示 ·· (174)
5.1.1 系统的定义 ·· (174)
5.1.2 系统的数学模型 ·· (174)
5.1.3 系统的框图表示 ·· (175)
5.2 系统的分类及性质 ·· (177)
5.2.1 连续系统与离散系统 ·· (177)
5.2.2 动态系统与即时系统 ·· (177)
5.2.3 单输入单输出系统与多输入多输出系统 ······························ (177)
5.2.4 线性系统和非线性系统 ·· (177)
5.2.5 时变和时不变系统 ·· (179)
5.2.6 因果性 ·· (181)
5.2.7 稳定性 ·· (182)
5.3 系统的初值 ·· (182)
5.4 两个基本响应 ··· (182)

第6章 系统的变换域分析 ·· (184)
6.1 频率响应及频域分析 ·· (184)
6.1.1 基本信号作用于LTI系统的响应 ······································ (184)
6.1.2 一般信号作用于LTI系统的响应 ····································· (184)
6.1.3 Fourier变换的分析法步骤 ·· (185)
6.1.4 Fourier级数分析法步骤 ··· (185)
6.1.5 频率响应的求法 ·· (187)
6.2 无失真传输 ·· (188)
6.2.1 无失真传输 ·· (188)
6.2.2 无失真传输的条件 ·· (188)
6.3 理想低通滤波器的响应 ··· (189)
6.3.1 理想低通滤波器的定义 ·· (189)

  6.3.2 冲激响应 ……………………………………………………………………… (190)
  6.3.3 阶跃响应 ……………………………………………………………………… (190)
 6.4 系统的复频域特性 ……………………………………………………………………… (193)
 6.5 系统响应的复频域求解方法 …………………………………………………………… (196)
 6.6 习题 …………………………………………………………………………………… (201)
 6.7 实操环节 ……………………………………………………………………………… (205)
  6.7.1 实例 …………………………………………………………………………… (206)
  6.7.2 练习 …………………………………………………………………………… (211)
 6.8 课外阅读 ……………………………………………………………………………… (212)
  6.8.1 系统响应的时域分析 ………………………………………………………… (212)
  6.8.2 线性时不变离散时间系统的时域分析 ……………………………………… (214)
  6.8.3 补充材料：调制 ……………………………………………………………… (216)

第四部分　线性系统的设计与实现

第 7 章　数字滤波器概论 …………………………………………………………………… (222)
 7.1 数字滤波器的定义与分类 ……………………………………………………………… (222)
  7.1.1 数字滤波器的定义 …………………………………………………………… (222)
  7.1.2 数字滤波器的分类 …………………………………………………………… (223)
 7.2 实际滤波器的设计指标 ………………………………………………………………… (224)
  7.2.1 实际滤波器对理想滤波器的逼近 …………………………………………… (224)
  7.2.2 实际滤波器的设计指标 ……………………………………………………… (226)
 7.3 几种常见的特殊滤波器 ………………………………………………………………… (227)
  7.3.1 全通滤波器 …………………………………………………………………… (227)
  7.3.2 数字陷波器 …………………………………………………………………… (229)
  7.3.3 梳状滤波器 …………………………………………………………………… (231)
 7.4 实操环节 ……………………………………………………………………………… (232)
 7.5 课外阅读 ……………………………………………………………………………… (239)

第五部分 综合应用

第8章 综合实验一:听声音辨音域 ……………………………………………………… (244)
  8.1 实验目的 ………………………………………………………………………… (244)
  8.2 实验原理及方法 ………………………………………………………………… (244)
    8.2.1 理论原理 …………………………………………………………………… (244)
    8.2.2 具体流程 …………………………………………………………………… (245)
  8.3 实验内容及要求 ………………………………………………………………… (245)
  8.4 实验过程及结果 ………………………………………………………………… (245)

第9章 实验二:一维信号的频域分析 …………………………………………………… (263)
  9.1 实验目的 ………………………………………………………………………… (263)
  9.2 股票数据的分析和处理 ………………………………………………………… (263)
  9.3 心电信号的分析与处理 ………………………………………………………… (269)

第10章 综合实验三:图像合成 …………………………………………………………… (276)
  10.1 实验目的 ……………………………………………………………………… (276)
  10.2 实验原理 ……………………………………………………………………… (276)
  10.3 数学模型 ……………………………………………………………………… (276)

主要参考文献 …………………………………………………………………………… (286)

第一部分　初识信号

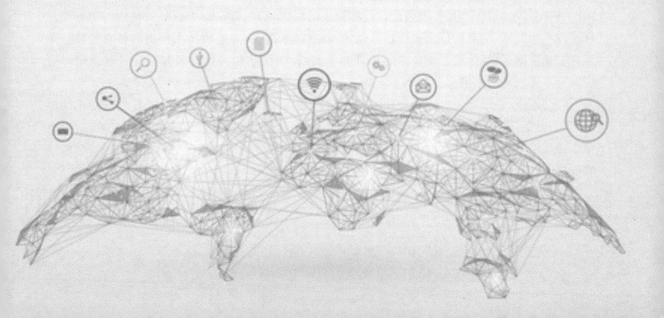

第1章 绪 论

本章主要介绍信号的概念、描述、分类,通过本章的学习,了解信号的概念、几种信号的分类,熟练掌握信号简单处理的叠加使用方法及基于典型信号的一般信号的分解和分析方法。

1.1 信号的概念

各种实际的场合中,信息传输的具体任务虽繁杂,但都有一个共同点,即要解决如何将带有信息的信号通过某种系统由发送者发送给接收者。为了完成信息传递的任务,需要将信号进行相应的变换和处理。人们在互相转告某件事情时,实际就是在互相传递着相应的信息。信息需要用某种物理方式表达出来,如用语言、文字、图画和编码等来表达。将这些语言、文字、图画和编码等按一定规则组织起来得到含有信息的约定符号,这种用约定方式组成的符号统称为消息。我们把消息中有意义的内容称为信息。通常用信息熵衡量信息量的大小,信息量 $I=-\log_a P(x)$,其中 $P(x)$ 是事件发生的概率,当 $a=2$ 时,信息量的单位为 bit。

消息一般不便于直接传输,需要利用一些转换设备把各种不同的消息转变成便于传输的信号。最常见的信号是电信号,它是随着时间变化的电压或电流等电的量,这种变化与语言的声音变化或者图画的色光变化等是相对应的。这种变化着的电压或电流,分别构成了代表声音、图像和编码等消息的信号。因为信号中包含了消息中所含有的信息,所以带有信息的信号是信息传输技术的工作对象。

在信号传输系统中,传输的主体是信号,系统所包含的各种电路、设备则是为实施这种传输的各种手段。因此,电路、设备的设计和制造的要求,必然要取决于信号的特性。随着信息技术的不断发展,信息的传输速度越来越快,容量越来越大,对通信技术提出的要求也就越来越高。相应地,信号传输系统中的元器件和电路、设备的结构等也日益复杂。这就是信号分析具有重要意义的原因。

广义地说,信号是随着时间变化的某种物理量。在电系统中,信号是随着时间变化的电量,它们通常是电压或电流,在某些情况下,也可以是电荷或磁通。在其他的系统中,信号也可以是其他的物理量,如温度、湿度、应力、动能和势能等,甚至可以是一些非物理量,如股票的价格、股市的指数等。

1.2 信号的描述

信号可以表示为时间的函数,所以在信号分析中,信号和函数二词常相通用。除了表示为时间变量的函数以外,有些信号也可以表示成其他变量的函数。例如,静态图像可以表示为空间坐标的函数,动态图像可以同时表示为空间和时间的函数等。本书中介绍的信号主要是以时间为变量的函数,这样可以便于读者理解相关概念。信号的描述方法有解析法、图形法和罗列法等。

(1) 解析法。用数学表达式描述信号的变化规律,如 $y(t) = \cos(t)$ 将信号表示为连续变量 t 的函数,而 $y(n) = \cos(n)$ 将信号表示为离散变量 n 的离散值。

(2) 图形法。用图形的方式描述信号的变化规律,对应的图形称为信号的波形图。图 1.2.1(a) 所示为连续余弦信号 $y(t) = \cos(t)$ 的波形;图 1.2.1(b) 所示为离散余弦信号 $y(n) = \cos(n)$ 的波形。用图形描述信号的变化规律更直观,更有助于分析信号的特点和处理过程。

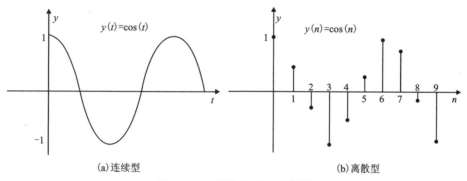

图 1.2.1 图形表示法示意图

(3) 罗列法。对于自变量是离散取值的信号,序列 $y(n)$ 可以用数学表达式写成闭合形式,如 $y(n) = \cos(n)$;或如图 1.2.1(b) 所示,画出信号的波形图;也可以如下式所示,罗列出 $y(n)$ 的值。

$$y(n) = \begin{cases} 1, & n = 0 \\ 0.54, & n = 1 \\ -0.42, & n = 2 \\ -0.99, & n = 3 \\ -0.65, & n = 4 \\ 0.28, & n = 5 \\ 0.96, & n = 6 \\ 0.75, & n = 7 \\ -0.15, & n = 8 \\ -0.91, & n = 9 \end{cases} \quad (1.2.1)$$

通常把对应序号 n 的序列值称为第 n 个点的"样值"。除此之外,也可以按照如下形式罗列。

$$y(n) = \{\underline{1}, 0.54, -0.42, -0.99, -0.65, 0.28, 0.96, 0.75, -0.15, -0.91\},$$
$$n = \{0, 1, 2, \cdots, 9\}$$

序列中数字 1 下面的横线表示信号在 $n = 0$ 处的取值，左右两边依次是 n 取负整数和 n 取正整数时相对应的 $y(n)$ 值。

1.3 信号的分类

信号的分类方法多种多样，本书主要介绍几种常用的分类。

1.3.1 确定信号与随机信号

按照信号是否可以预知进行分类，信号可以分为确定信号和随机信号。确定信号是预先可以知道其变化规律的信号，从表示上来说，它是时间 t 的确定函数，如正、余弦信号，地震勘探中的多次反射波等信号。随机信号是不能预先知道其随时间变化规律的信号，含有不可预测的信息，因此不能用单一时间函数表示出来。所谓随机信号，是指一些不规则的信号，可以用概率和统计的方法对这类信号进行分析。例如，从地下地层反射回来的地震信号，其出现的时间和信号的强度都是随机的。这种信号的基本特性可以用能谱分布及其参数的概率分布来表征。

虽然随机信号在工程中更加常见，但是其表述和分析比确定信号要复杂得多。事实上，实际工程中的随机信号与确定信号有很多相近的特性。例如，乐音在一定时间内近似于周期信号。从这一意义上来说，确定信号是一种近似的、理想化了的随机信号，做这样的处理能够使问题分析大为简化，便于工程上的实际应用。而且对确定信号进行分析的很多方法和结论对随机信号的分析也有很大的借鉴意义。本书将主要对确定信号进行分析，对随机信号的分析读者们可查阅相关参考文献。

1.3.2 连续信号与离散信号

连续信号：在连续的时间范围内，除了若干不连续点外，该信号都给出确定的函数值，这种信号就称为连续时间信号，简称连续信号。在日常生活中遇到的信号大多属于连续信号，如音乐、声音、电路中的电流和电压等。这里的连续是指函数的定义域——时间（或其他量）是连续的，至于信号的值域可以是连续的也可以不是。图 1.3.1 所示的两个函数，都是在时间间隔 $-\infty < t < +\infty$ 内和值域 $[-1, 1]$ 上的连续信号。

图 1.3.1(a) 中的信号表示为

$$f_1(t) = \sin(\pi t) \tag{1.3.1}$$

图 1.3.1(b) 中的信号 $f_2(t)$ 表示为

$$f_2(t) = \begin{cases} 0, & t < 0 \\ 1, & 0 < t < 1 \\ -1, & 1 < t < 2 \end{cases} \tag{1.3.2}$$

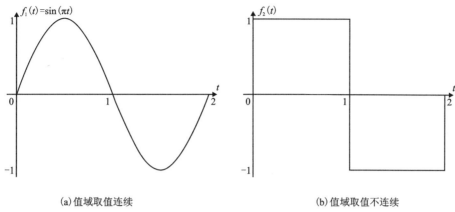

(a) 值域取值连续　　　　　　　　　(b) 值域取值不连续

图 1.3.1　连续信号示意图

注意：

(1) 连续信号中可以包含不连续的点。如图 1.3.1(b)所示，$t=0, t=1$ 及 $t=2$ 是 3 个不连续的点(左右极限值不相等)。

(2) 若用 $f(t_0^+)$ 表示 $\lim\limits_{\epsilon \to 0} f(t_0+\epsilon)$，用 $f(t_0^-)$ 表示 $\lim\limits_{\epsilon \to 0} f(t_0-\epsilon)$，则 $f(t_0^+) - f(t_0^-)$ 称为 $t=t_0$ 处的不连续值。

(3) 信号中不连续的点称为断点，在断点处的不连续值常称为跳变值。如果不连续值为正，则称为正跳变；否则为负跳变。图 1.3.1(b)中 $t=0$ 和 $t=2$ 处有正跳变，$t=1$ 处是负跳变。

离散信号：仅在一些离散的瞬间才有定义的信号称为离散时间信号，简称离散信号。这里"离散"是指信号的定义域——时间(或其他量)是离散的，它只取某些规定的值。如果信号的自变量是时间 t，那么离散信号是定义在一些离散时间 $t_k(k=0,\pm 1,\pm 2,\cdots)$ 的信号，在其余时间，不予定义。时刻 t_k 与 t_{k+1} 之间的间隔 $T_k = t_{k+1} - t_k$ 可以是常数，也可以是随 k 变化的变量。本书只讨论 T_k 等于常数的情况。若令相继时刻 t_{k+1} 与 t_k 之间的间隔为常数 T，则离散信号只在均匀离散时刻 $t = \cdots, -2T, -T, 0, T, 2T, \cdots$ 时有定义，它可表示为 $f(kT)$。为了简便，不妨把 $f(kT)$ 简记为 $f(k)$，这样的离散信号也常称为序列。

与图 1.2.1(b)一致，图 1.3.2(a)中的信号 $f_1(k)$ 为

$$f_1(k) = \begin{cases} 0, & k < -1 \\ 1, & k = -1 \\ 2, & k = 0 \\ 0.5, & k = 1 \\ -1, & k = 2 \\ 0, & k > 2 \end{cases} \tag{1.3.3}$$

为了简化表达方式，信号 $f_1(k)$ 也可表示为

$$f_1(k) = \{0, 1, \underline{2}, 0.5, -1, 0\} \tag{1.3.4}$$

序列中数字 2 下面的横线表示与 $k=0$ 相对应,左右两边依次是 k 取负整数和 k 取正整数时相对应的 $f_1(k)$ 值。

图 1.3.2(b)所示为单边指数序列,以闭合形式表示为

$$f_2(k) = \begin{cases} 0, & k < 0 \\ e^{-\alpha k}, & k \geq 0, \alpha > 0 \end{cases} \quad (1.3.5)$$

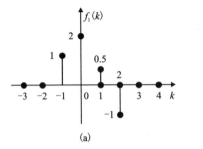
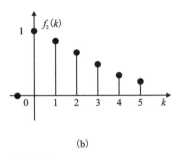

图 1.3.2 离散序列示意图

> **注意**:信号的取值可以是连续的或离散的,信号的幅值也可以是连续的或离散的。时间和幅值均为连续的信号称为模拟信号,时间和幅值均为离散的信号称为数字信号。在工程应用中,连续信号与模拟信号两个词常常不予区分,离散信号与数字信号两个词也常互相通用。

1.3.3 周期信号与非周期信号

周期信号是指定义在区间 $(-\infty, +\infty)$ 上,每隔一定时间 T 或整数 N 按相同规律重复变化的信号。

连续周期信号 $f(t)$ [图 1.3.3(a)]满足

$$f(t) = f(t \pm mT), \quad m = 0, \pm 1, \pm 2, \cdots \quad (1.3.6)$$

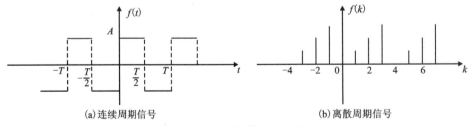

图 1.3.3 周期信号示意图

离散周期信号 $f(k)$ [图 1.3.3(b)]满足

$$f(k) = f(t \pm mT), \quad m = 0, \pm 1, \pm 2, \cdots \quad (1.3.7)$$

满足式(1.3.6)和式(1.3.7)的最小值 T(或整数 N)称为该信号的周期,不具有周期性的信号为非周期信号。

[**例 1.3.1**] 判断下列信号是否为周期信号。若是,确定其周期。

(1) $f_1(t) = \sin(2t) + \cos(3t)$；

(2) $f_2(t) = \cos(2t) + \sin(\pi t)$。

解：已知 $f_1(t)$ 和 $f_2(t)$ 是周期信号，根据定义有 $f_1(t) = f_1(t+m_1T_1)$ 及 $f_2(t) = f_2(t+m_2T_2)$ 成立。令 $F(t) = f_1(t) + f_2(t)$，则只需要验证是否存在 T 使得 $F(t+nT) = f(t)$ 成立。

因为 $F(t+nT) = f_1(t+nT) + f_2(t+nT)$，若 $F(t+nT)$ 是周期信号，则有 $F(t+nT) = f_1(t+nT) + f_2(t+nT) = f_1(t) + f_2(t) = f_1(t+m_1T_1) + f_2(t+m_2T_2)$，即有 $nT = m_1T_1 = m_2T_2$ 同时成立。

$$T = \frac{m_1}{n}T_1 = \frac{m_2}{n}T_2$$

$$\frac{T}{T_1} : \frac{T}{T_2} = \frac{m_1}{n} : \frac{m_2}{n}$$

$$\frac{2\pi}{T_1} : \frac{2\pi}{T_2} = m_1 : m_2$$

$$\omega_1 : \omega_2 = m_1 : m_2$$

综上可知，$F(t)$ 是周期信号的必要条件是叠加信号的角频率之比为有理数（因为 m_1 和 $m_2 \in R$），因此 $\omega_1 : \omega_2$ 不是有理数，则叠加信号一定不是周期信号。

(1) $\omega_1 : \omega_2 = 2 : 3$，因为比值是有理数，所以这个信号是周期信号。其周期可以这样计算，$T = 2 \cdot \frac{2\pi}{2} = 2\pi$，或者 $3 \cdot \frac{2\pi}{3} = 2\pi$，故 $f_1(t)$ 是周期函数，周期为 2π。

(2) $\omega_1 : \omega_2 = 2 : \pi$，因为比值是无理数，所以第二题的和信号是非周期信号。

[**例 1.3.2**] 判断下列序列是否具有周期性。若有，确定其周期。

(1) $f_1(k) = \sin\left(\frac{\pi}{7}k + \frac{\pi}{6}\right)$；

(2) $f_2(k) = \cos\left(\frac{5\pi}{6}k + \frac{\pi}{12}\right)$；

(3) $f_3(k) = \cos\left(\frac{1}{5}k + \frac{\pi}{3}\right)$。

解：对于正弦序列（或余弦序列）

$$f(k) \triangleq \sin(\beta k) = \sin(\beta k + 2m\pi) = \sin\left[\beta\left(k + m\frac{2\pi}{\beta}\right)\right]$$

其中第二个等号是由连续的正旋函数的周期性得到的，其取值相等。式中 β 称为正弦序列的数字角频率（或角频率），单位为 rad。由上式可见，仅当 $\frac{2\pi}{\beta}$ 为整数时，正弦序列才具有周期 $N = \frac{2\pi}{\beta}$。如下这段 MATLAB 代码绘制了 3 道题目的信号（可以尝试练习）。

```
k1=-14:14;
y1=sin(pi/7* k1+pi/6);
figure(1), stem(k1,y1)
```

```
k2=-15:15;
y2=cos(5* pi/6* k2+pi/12);
figure(2), stem(k2,y2), hold on
k3=-15:0.01:15;
y3=cos(5* pi/6* k3+pi/12);
plot(k3,y3)

k4=-40:40;
k5=-40:0.01:40;
y4=cos(0.2* k4+pi/3);
y5=cos(0.2* k5+pi/3);
figure(3), stem(k4,y4),hold on, plot(k5,y5)
```

这样我们可以得到如图 1.3.4 所示的 3 幅图,分别与例 1.3.2 中的 3 个题目一一对应。

(1) 由于 $\beta_1 = \dfrac{\pi}{7}$,故 $\dfrac{2\pi}{\beta_1} = 14$ 是整数,因此第一题所示的序列是周期序列,其周期为 14。

(2) 由于 $\beta_2 = \dfrac{5\pi}{6}$,故 $\dfrac{2\pi}{\beta_2} = \dfrac{12}{5}$ 因此可以找到一个整数 M,使得 $M \times \dfrac{12}{5} = 12$,是周期的,周期为 12。图 1.3.4(b) 画出了 $\beta_2 = \dfrac{\pi}{6}$,周期 $N=12$ 的情形。它每经过 12 个单元循环一次。此外,当 $\dfrac{2\pi}{\beta_2}$ 为有理数时,即 $\dfrac{2\pi}{\beta_2} = \dfrac{N}{M}$,$M$ 和 N 均为无公因子的整数,正弦序列仍具有周期性,其周期为 $M \dfrac{2\pi}{\beta_2} = N$。

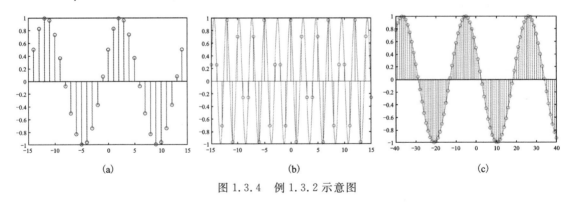

图 1.3.4 例 1.3.2 示意图

(3) 如图 1.3.4(c) 所示,由于 $\beta_3 = \dfrac{1}{5}$,$\dfrac{2\pi}{\beta_3} = 10\pi$(无理数),当 $\dfrac{2\pi}{\beta_3}$ 为无理数时,该序列不具有周期性(找不到等距离间隔数值相等的情况),但其峰值的包络线仍为正弦函数。

1.3.4 能量信号与功率信号

将信号 $f(t)$ 在单位电阻上的瞬时功率表示为 $|f(t)|^2$,在区间 $(-a, +a)$ 的能量记为

$\int_{-a}^{a}|f(t)|^{2}\mathrm{d}t$,则在区间$(-a,+a)$的平均功率为

$$\frac{1}{2a}\int_{-a}^{a}|f(t)|^{2}\mathrm{d}t \tag{1.3.8}$$

信号能量定义为在区间$(-\infty,+\infty)$中信号$f(t)$的能量,用字母E表示,即

$$E\stackrel{\text{def}}{=}\lim_{a\to\infty}\int_{-a}^{a}|f(t)|^{2}\mathrm{d}t \tag{1.3.9}$$

信号功率定义为在区间$(-\infty,+\infty)$中的信号$f(t)$的平均功率,用字母P表示,即

$$\begin{aligned}P&\stackrel{\text{def}}{=}\lim_{a\to\infty}\frac{1}{2a}\int_{-a}^{a}|f(t)|^{2}\mathrm{d}t\\&=\lim_{a\to\infty}\frac{\int_{-a}^{0}|f(t)|^{2}\mathrm{d}t+\int_{0}^{a}|f(t)|^{2}\mathrm{d}t}{2a}\\&=\lim_{a\to\infty}\frac{-\int_{0}^{-a}|f(t)|^{2}\mathrm{d}t+\int_{0}^{a}|f(t)|^{2}\mathrm{d}t}{2a}\\&\xrightarrow{\text{洛必达法则}}\lim_{a\to\infty}\frac{-|f(-a)|^{2}\cdot(-1)+|f(a)|^{2}\cdot 1}{2}\\&=\lim_{a\to\infty}\frac{|f(-a)|^{2}+|f(a)|^{2}}{2a}\end{aligned} \tag{1.3.10}$$

对于离散信号,也有同样的定义方式。对$f(k)$而言,如果满足$E\stackrel{\text{def}}{=}\sum_{k=-\infty}^{+\infty}|f(k)|^{2}<\infty$,那么称其为能量信号。此外,如果离散信号$f(k)$满足$P\stackrel{\text{def}}{=}\lim_{N\to\infty}\frac{1}{2N}\sum_{k=-N}^{N}|f(k)|^{2}<\infty$,则称为功率信号。关于连续型和离散型信号的能量信号和功率信号的分类是一致的,具体信息如表 1.3.1 所示。

表 1.3.1 能量信号和功率信号的信息列表

	表达式	定义	举例
能量信号	连续型 $E=\lim_{a\to\infty}\int_{-a}^{a}|f(t)|^{2}\mathrm{d}t$	$0<E<\infty,P=0$	方波脉冲信号
	离散型 $E=\lim_{N\to\infty}\sum_{k=-N}^{N}|f(k)|^{2}$		
功率信号	连续型 $P=\lim_{a\to\infty}\frac{1}{2a}\int_{-a}^{a}|f(t)|^{2}\mathrm{d}t$	$0<P<\infty,E=\infty$	直流信号、周期信号、阶跃信号
	离散型 $P=\lim_{N\to\infty}\frac{1}{2N}\sum_{k=-N}^{N}|f(k)|^{2}$		

1.3.5 实信号和复信号

物理可实现的信号也称实信号,通常是时间t(或k)的实函数(或序列),其在各时刻的函数(或序列)值为实数,如单边指数信号(正弦与余弦信号二者相位相差$\frac{\pi}{2}$,统称为正弦信号)

等。函数(或序列)值为复数的信号称为复信号,最常用的是复指数信号。连续信号的复指数信号可表示为

$$f(t) = e^{st}, -\infty < t < +\infty \tag{1.3.11}$$

式中:复变量 $s = \sigma + j\omega$,σ 是 s 的实部,记作 $\text{Re}[s]$,ω 是 s 的虚部,记作 $\text{Im}[s]$。

根据欧拉公式,式(1.3.11)可展开为

$$f(t) = e^{(\sigma+j\omega)t} = e^{\sigma t}\cos(\omega t) + j\, e^{\sigma t}\sin(\omega t) \tag{1.3.12}$$

可见,一个复指数信号可分解为实、虚两部分,即

$$\text{Re}[f(t)] = e^{\sigma t}\cos(\omega t) \tag{1.3.13}$$

$$\text{Im}[f(t)] = e^{\sigma t}\sin(\omega t) \tag{1.3.14}$$

两者均为实信号,而且是频率相同、振幅随时间变化的正(余)弦振荡。s 的实部 σ 表征了该信号振幅随时间变化的状况,虚部 ω 则表征了其振荡角频率。若 $\sigma > 0$,它们是增幅振荡;若 $\sigma < 0$,则是衰减振荡;当 $\sigma = 0$ 时,则是等幅振荡。图 1.3.5 画出了 σ 取不同值时,实部信号 $\text{Re}[f(t)]$ 的波形。虚部信号 $\text{Im}[f(t)]$ 的波形与 $\text{Re}[f(t)]$ 的波形相似,只是相位相差 $\frac{\pi}{2}$。

当 $\omega = 0$ 时,复指数信号就成为实指数信号 $e^{\sigma t}$。如果 $\sigma = \omega = 0$ 时,则 $f(t) = 1$,这时就成为直流信号。可见,复指数信号概括了许多常用信号。复指数信号的重要特性之一是它对时间的导数和积分仍然是复指数信号。

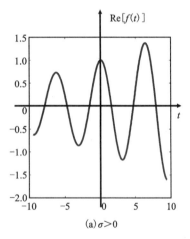
(a) $\sigma > 0$

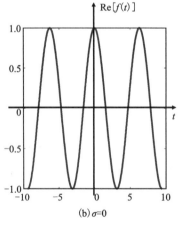
(b) $\sigma = 0$

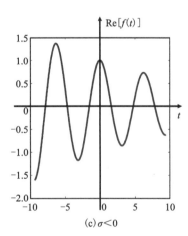
(c) $\sigma < 0$

图 1.3.5 复指数函数的实部

离散时间的复指数序列可表示为

$$f(k) = e^{(\alpha+j\beta)k} = e^{\alpha k}e^{j\beta k} \tag{1.3.15}$$

令 $a = e^{\alpha}$,式(1.3.15)可展开为

$$f(k) = a^k\cos(\beta k) + j\, a^k\sin(\beta k) \tag{1.3.16}$$

其实部、虚部分别为

$$\text{Re}[f(k)] = a^k\cos(\beta k) \tag{1.3.17}$$

$$\text{Im}[f(k)] = a^k\sin(\beta k) \tag{1.3.18}$$

可见,复指数序列的实部和虚部均为幅值随 k 变化的正(余)弦序列。式(1.3.17)中

$a(a=\mathrm{e}^{\alpha})$ 反映了信号振幅随 k 变化的状况,而 β 是振荡角频率。若 $a>1(\alpha>0)$,它们是幅度增长的正(余)弦序列;若 $a<1(\alpha<0)$,则是衰减的正(余)弦序列;若 $a=1(\alpha=0)$,则是等幅的正(余)弦序列。图 1.3.6 画出了 a 取不同值时,复指数序列实部的波形,其中 $\beta=\dfrac{\pi}{4}$。若 $\beta=0$,它就成为实指数序列 $a^k(\mathrm{e}^{\alpha k})$。

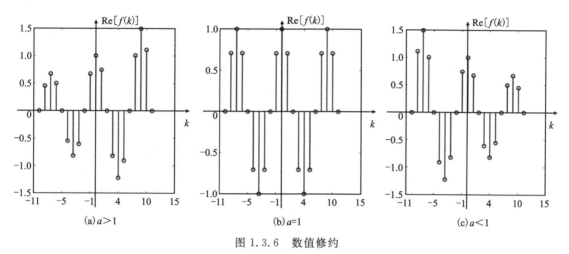

图 1.3.6 数值修约

第 2 章　信号的简单处理

所谓信号的处理,从数学意义上来说,就是将某种信号经过一定的数学运算转变成另一信号。这种处理的过程可以通过算法实现,也可以通过一个实际的电路来实现。本章将介绍信号的一些基本运算,如信号的加法、乘法、平移、尺度变换及反转、离散序列的尺度变换和差分运算等。此外,本章还介绍了两个典型信号及信号的卷积计算。通过本章的学习,熟练掌握信号的基本运算,灵活理解卷积的本质和原理,并能够熟练运用这些基本运算解决信号的分解和合成等复杂工程问题。

2.1　信号的基本运算

本节将介绍一些简单的信号处理,如加法(叠加)、乘法(调制)、平移(延迟)、反转(倒放)、尺度(展缩)变换等。至于对信号复杂的处理运算将在第二部分和第三部分详细介绍。

2.1.1　信号的加法和乘法

在日常生活中,信号的叠加现象比较常见,如卡拉 OK 中演唱者的歌声与背景音乐的混合、影视动画中背景的叠加、信号传输过程中噪声的干扰等。信号相乘则常用于如调制、解调、混频及频率变换等系统的分析。

信号 $f_1(\cdot)$ 和 $f_2(\cdot)$ 之和(之积),是指在同一瞬时的信号对应之值相加(相乘)形成的"和信号"("积信号"),即 $f(\cdot) = f_1(\cdot) + f_2(\cdot)$　$[f(\cdot) = f_1(\cdot) \times f_2(\cdot)]$。

其中"·",可以写成连续变量 t,也可以写成离散变量 k。

[例 2.1.1]　信号 $f_1(t) = \dfrac{1}{t}, f_2(t) = \sin(t)$ 分别如图 2.1.1(a)、(b) 所示,请画出信号 $f_1(t) \times f_2(t)$ 的波形。

解:信号 $f_1(t) = \dfrac{1}{t}$ 与信号 $f_2(t) = \sin(t)$ 的乘积为对应时间点上函数值相乘的值,此外,需要考虑在原点处乘积函数的取值问题,具体地有

$$\lim_{t \to 0} \frac{\sin(t)}{t} = \lim_{t \to 0} \frac{[\sin(t)]'}{(t)'} = \lim_{t \to 0} \cos(t) = 1$$

则 $\dfrac{\sin(t)}{t}$ 的波形如图 2.1.2 所示。在信号处理中,$\dfrac{\sin(t)}{t} \triangleq Sa(t)$ 指抽样信号或采样信号。Sa 是单词 Sampling 的缩写。在第二部分取样定理中将详细介绍此信号的特点及性质。

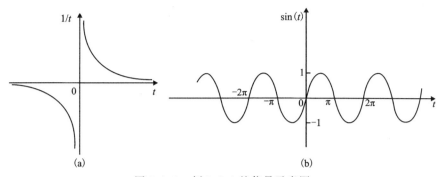

图 2.1.1 例 2.1.1 的信号示意图

[例 2.1.2] 信号 $f_1(k)$ 和 $f_2(k)$ 如下所示，请计算 $f_1(k)+f_2(k)$ 及 $f_1(k)\times f_2(k)$。

$$f_1(k)=\begin{cases}2, & k=-1\\ 3, & k=0\\ 6, & k=1\\ 0, & \text{其他}\end{cases}$$

$$f_2(k)=\begin{cases}3, & k=0\\ 2, & k=1\\ 4, & k=2\\ 0, & \text{其他}\end{cases}$$

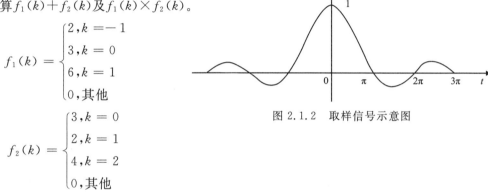

图 2.1.2 取样信号示意图

解：信号 $f_1(k)$ 和 $f_2(k)$ 之和是同一瞬时信号对应值相加的结果；同理，信号 $f_1(k)$ 和第 $f_2(k)$ 之积是同一瞬时信号对应值相乘的结果。计算结果如下所示。

$$f_1(k)+f_2(k)=\begin{cases}2, & k=-1\\ 6, & k=0\\ 8, & k=1\\ 4, & k=2\\ 0, & \text{其他}\end{cases}$$

$$f_1(k)\times f_2(k)=\begin{cases}9, & k=0\\ 12, & k=1\\ 0, & \text{其他}\end{cases}$$

2.1.2 信号的平移

信号在传输过程中总是要花费一定的时间的，这使得接收机收到的信号与发射机发送的信号在时间上有一定滞后，存在着时间上的延迟。例如，在雷达及地震探矿中的反射信号比发射信号要延迟一段时间，其时间取决于信号在信道中传输的速度以及传输信道的长度。此外，信号有时也会通过不同的路径传输到同一个接收机，而不同路径会导致信号所用的传输时间不同，因而接收机接收到的不同信道传来的信号之间也会产生延迟的现象。

信号 $f(t)$ 延迟 t_0 后的信号表示为 $f(t-t_0)$，如图 2.1.3(a)所示，$f(t)$ 在 $t=0$ 时的值

$f(0)$，在 $f(t-t_0)$ 将出现在 $t=t_0$ 时刻。如果 t_0 为正值，则其波形在保持信号形状不变的同时，沿着时间轴向右平移 t_0 距离[图 2.1.3(b)]；如 t_0 为负值则向左移动[图 2.1.3(c)]。

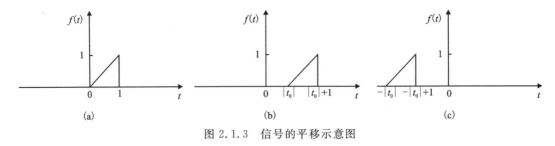

图 2.1.3　信号的平移示意图

2.1.3　信号的尺度变换及反转

当时间坐标的尺度发生变换时，信号将产生展缩。例如，录像机在播放录像带上记录的信号时，如果播放慢镜头，则图像中的动作速度放慢，播放的时间增加；而在播放快镜头时，图像中的动作速度加快，播放时间减少。这些变化统称为信号的时间尺度变换。例如，将录像带倒放，则会造成图像中动作的时间顺序与原动作完全相反。这个变换就是信号的反转，事实上反转是一种特殊的尺度变换。

信号 $f(t)$ 经尺度变换后的信号可以表示为 $f(at)$，其中 a 为一常数。显然在 t 为某值 t_1 的值 $f(t_1)$，在 $f(at)$ 的波形中将出现在 $t=\dfrac{t_1}{a}$ 的位置。因此，如果 a 为正数，当 $a>1$ 时，信号波形被压缩；而 $a<1$ 时，信号波形被展宽。例如 $a=-1$，则 $f(at)$ 的波形为 $f(-t)$，波形对称于纵坐标轴的反褶，如图 2.1.4(b)所示。图 2.1.4 给出了尺度变换引起的信号波形变化的示例。前面提到的录像机快放、慢放和倒放的例子中，如果是两倍速快放，则 $a=2$，如图 2.1.4(c)所示；如果两倍速慢放，则 $a=\dfrac{1}{2}$，如图 2.1.4(e)所示；如果是倒放，则 $a=-1$，如图 2.1.4(b)所示。

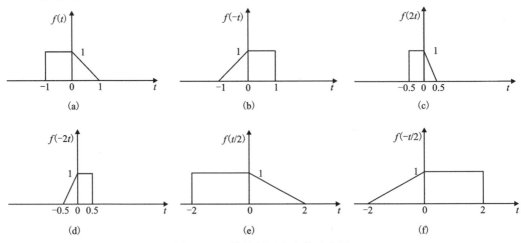

图 2.1.4　信号的尺度变换示意图

在信号简单处理过程中常有综合延迟、尺度变换与反转的情况,这时相应的波形分析可以分步进行,分步的次序可以有所不同。在处理过程中,坐标轴始终是时间 t,因此每一步的处理都应针对时间 t 进行。

[例 2.1.3] 已知信号 $f(t)$ 如图 2.1.5(a)所示,请画出 $f(2-t)$ 的波形图。

解:方法一 我们先进行平移再反转,即 $f(t) \to f(t+2) \to f(-t+2)$,具体实现过程如图 2.1.5 所示。

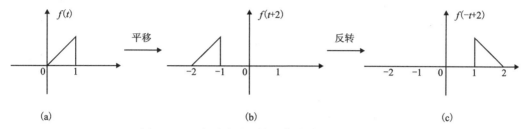

图 2.1.5 先平移再反转的信号波形变化示意图

方法二 我们先反转再平移,即 $f(t) \to f(-t) \to f(-t+2)$,具体实现过程如图 2.1.6 所示。

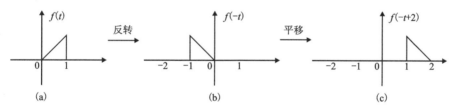

图 2.1.6 先反转再平移的信号波形变化示意图

[例 2.1.4] 已知信号 $f(t)$ 如图 2.1.7(a)所示,请画出 $f(-4-2t)$ 的波形图。

解: 我们仍然可以从 3 个不同的角度去考虑,有 3 种方法。

方法一 先平移再尺度变换(压缩)后反转,即 $f(t) \to f(t-4) \to f(2t-4) \to f(-2t-4)$,具体实现过程如图 2.1.7 所示。

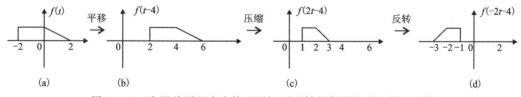

图 2.1.7 先平移再尺度变换(压缩)后反转的信号波形变化示意图

方法二 先尺度变换(压缩)再平移后反转,即 $f(t) \to f(2t) \to f(2t-4) \to f(-2t-4)$,具体实现过程如图 2.1.8 所示。

方法三 先反转再平移后尺度变换(压缩),即 $f(t) \to f(-t) \to f(-t-4) \to f(-2t-4)$,具体实现过程如图 2.1.9 所示。

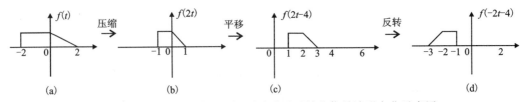

图 2.1.8 先尺度变换(压缩)再平移后反转的信号波形变化示意图

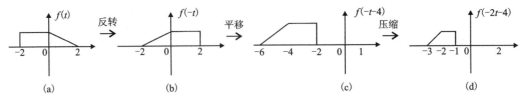

图 2.1.9 先反转再平移后尺度变换(压缩)的信号波形变化示意图

2.1.4 离散序列的尺度变换

对于离散序列而言,尺度变换会使其丢失原信号的部分信息。而在工程信号处理过程中常需要对穴余信息进行筛选(去除一些信号值),或者在信息量不足时,需要对信号补充一些值(零值),这就是离散信号的抽取和插值操作,本质上就是表达式的尺度变换。

离散序列 $f(k)$ 如图 2.1.10 所示,信号的抽取定义为

$$f_{D_\downarrow}(k) \triangleq f(Dk) = \begin{cases} f(Dk), & k = 0, \pm 1, \pm 2, \cdots \\ 0, & 其他 \end{cases}$$

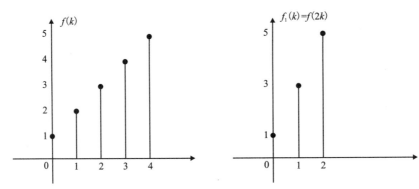

图 2.1.10 离散信号抽取示意图

如图 2.1.11 所示,信号的插值定义为

$$f_{I_\uparrow}(k) = \begin{cases} f\left(\dfrac{k}{I}\right), & k = mI, I 为整数, m = 0, \pm 1, \pm 2, \cdots \\ 0 & 其他 \end{cases}$$

2.1.5 离散序列的差分运算

如果有离散序列 $f(k)$,则 $f(k)$ 的向前差分 $\Delta f(k)$ 和向后差分 $\nabla f(k)$ 分别定义如下。

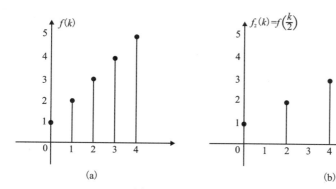

图 2.1.11 离散信号插值示意图

向前差分用符号 Δ 表示,即
$$\Delta f(k) = f(k+1) - f(k) \tag{2.1.1}$$
向后差分用符号 ∇ 表示,即
$$\nabla f(k) = f(k) - f(k-1) \tag{2.1.2}$$
向前差分和向后差分的关系为
$$\nabla f(k) = f(k) - f(k-1) = \Delta f(k-1) \tag{2.1.3}$$

2.2 两个典型信号

函数本身有不连续点(跳变点)或其导数与积分有不连续点的一类函数统称为奇异信号或奇异函数。

阶跃函数(step function)和冲激函数(impulse function)均不属于普通函数,都是奇异函数,这里我们称阶跃函数和冲激函数分别为阶跃信号和冲激信号。

2.2.1 阶跃信号

选定一个函数序列 $\gamma_n(t)$,其波形如图 2.2.1(a)所示。
其中函数序列 $\gamma_n(t)$ 可以表示为
$$\gamma_n(t) = \begin{cases} 0, & t < -\dfrac{1}{n} \\ \dfrac{1}{2} + \dfrac{n}{2}t, & -\dfrac{1}{n} < t < \dfrac{1}{n} \\ 1, & t > \dfrac{1}{n} \end{cases}$$

当 $n \to \infty$ 时,如图 2.2.1(b)所示,函数 $\gamma_n(t)$ 在 $t=0$ 处由 0 立即跃变到 1,其斜率为无限大。单位阶跃信号通常用 $\varepsilon(t)$ 表示,具体定义如下式所示。
$$\varepsilon(t) \stackrel{\text{def}}{=} \lim_{n \to \infty} \gamma_n(t) = \begin{cases} 0, & t < 0 \\ \dfrac{1}{2}, & t = 0 \\ 1, & t > 0 \end{cases} \tag{2.2.1}$$

此时,在 $t=0$ 处 $\gamma_n(t)$ 的左右极限都存在但不相等,称 $t=0$ 为 $\gamma_n(t)$ 的跳变点。这里 $\gamma_n(t)|_{t=0} = \dfrac{1}{2}$ 只是一种常用的定义方式,亦可以取其他值。

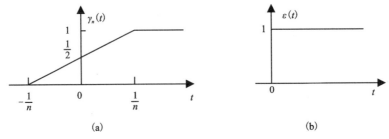

图 2.2.1　阶跃信号示意图

1. 跳变点的物理背景

在 $t=0$(或 t_0)时刻对某一电路接入单位电源(直流电压源或直流电流源),并且无限连续下去,所对应的波形如图 2.2.2(a)、(b)所示。

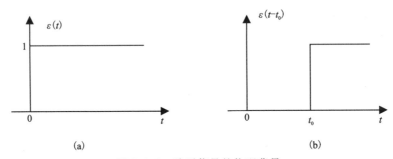

图 2.2.2　阶跃信号的物理背景

延迟单位阶跃信号是指信号在 $\pm t_0(t>0)$ 时刻对某一电路接入单位电源(直流电压源或直流电流源),并且无限连续下去。

$$\varepsilon(t-t_0)=\begin{cases}0, t<t_0\\1, t>t_0\end{cases},\quad \varepsilon(t+t_0)=\begin{cases}0, t<-t_0\\1, t>-t_0\end{cases}$$

思考:阶跃函数的积分 $\displaystyle\int_{-\infty}^{t}\varepsilon(x)\mathrm{d}x=?$

为了计算积分结果,我们需要讨论积分的上下限。当 $t<0$ 时,$\displaystyle\int_{-\infty}^{t}\varepsilon(x)\mathrm{d}x=\int_{-\infty}^{0}\varepsilon(x)\mathrm{d}x=0$。此外,当 $t>0$ 时,$\displaystyle\int_{-\infty}^{t}\varepsilon(x)\mathrm{d}x=\int_{0}^{t}1\mathrm{d}x=x|_{0}^{t}=t$。因此,

$$\int_{-\infty}^{t}\varepsilon(x)\mathrm{d}x=\begin{cases}\displaystyle\int_{-\infty}^{t}\varepsilon(x)\mathrm{d}x=0, & t<0\\ \displaystyle\int_{0}^{t}\varepsilon(x)\mathrm{d}x=\int_{0}^{t}1\mathrm{d}x=x|_{0}^{t}=t, & t>0\end{cases}$$
$$=t\varepsilon(t)$$

对应的波形如图 2.2.3 所示,称为斜升信号。

2. 信号分解(基于阶跃信号)

利用阶跃信号及其延迟信号,可以表示任意分段信号。如图 2.2.4 所示,复杂的信号可以用阶跃信号与延迟阶跃信号表示,即表示为

$$f(t)[\varepsilon(t-t_1)-\varepsilon(t-t_2)]$$

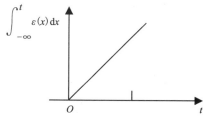

图 2.2.3 阶跃函数积分结果图

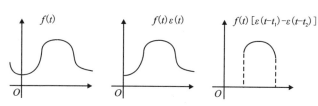

图 2.2.4 用阶跃信号表示其他信号

[**例 2.2.1**] 请写出如图 2.2.5 所示的 $f_1(t), f_2(t), f_3(t)$ 的表达式。

解:

$$f_1(t) = 2[\varepsilon(t)-\varepsilon(t-1)]$$
$$f_2(t) = 4[\varepsilon(t+1)-\varepsilon(t-1)]$$
$$f_3(t) = 2[\varepsilon(t)-\varepsilon(t-1)]+(-1)[\varepsilon(t-1)-\varepsilon(t-2)]$$
$$= 2\varepsilon(t)-2\varepsilon(t-1)-\varepsilon(t-1)+\varepsilon(t-2)$$
$$= 2\varepsilon(t)-3\varepsilon(t-1)+\varepsilon(t-2)$$

[**例 2.2.2**] 请写出如图 2.2.6 所示信号的表达式。

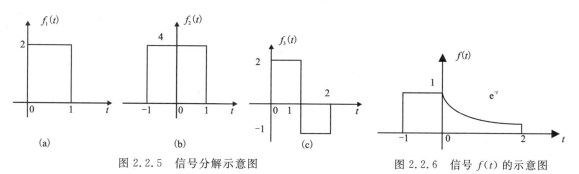

图 2.2.5 信号分解示意图   图 2.2.6 信号 $f(t)$ 的示意图

解:

$$f(t) = \varepsilon(t+1)-\varepsilon(t)+e^{-t}[\varepsilon(t)-\varepsilon(t-2)]$$
$$= \varepsilon(t+1)+(e^{-t}-1)\varepsilon(t)-e^{-t}\varepsilon(t-2)$$

2.2.2 冲激信号

冲激信号是个奇异函数,它是一种对强度极大、作用时间极短的物理量的理想化模型。对函数序列 $\gamma_n(t)$[图 2.2.7(a)]求导,得到如图 2.2.7(b)所示的脉冲序列 $P_n(t)$。

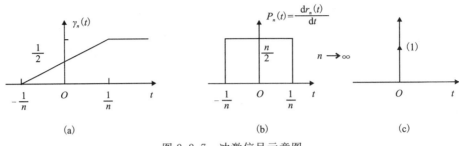

图 2.2.7 冲激信号示意图

注意到无论 n 取何值,$P_n(t)$ 下方围成的矩形面积值总为 1。当 $n \to \infty$ 时,宽度无穷小,高度无穷大,但围成的面积仍为 1。怎样刻画高度无穷大呢?可用一个向上的冲激表示,1 表示围成的面积值,即冲激强度[图 2.2.7(c)]。方向朝上表示向上的冲激,用 $\delta(t)$ 表示。即冲激信号 $\delta(t) \stackrel{\text{def}}{=} \lim_{n \to \infty} P_n(t)$,也可以用下式定义。

$$\begin{cases} \delta(t) = 0, & t \neq 0 \\ \int_{-\infty}^{+\infty} \delta(t) \mathrm{d}t = 1, & t = 0 \end{cases} \tag{2.2.2}$$

那么阶跃信号和冲激信号之间的关系如何呢?已知 $\delta(t) \stackrel{\text{def}}{=} \lim_{n \to \infty} P_n(t) = \lim_{n \to \infty} \frac{\mathrm{d} r_n(t)}{\mathrm{d}t}$,假若积分运算和微分运算可以交换顺序,则有 $\frac{\mathrm{d}}{\mathrm{d}t} \lim_{n \to \infty} \gamma_n(t) = \frac{\mathrm{d}}{\mathrm{d}t} \varepsilon(t)$,故

$$\delta(t) = \frac{\mathrm{d}\varepsilon(t)}{\mathrm{d}t}$$

$$\varepsilon(t) = \int_{-\infty}^{t} \delta(x) \mathrm{d}x$$

注意:对阶跃信号求导会出现冲激信号,只要确定了冲激的位置和强度就确定了冲激信号。冲激的位置一般在阶跃信号的跳变点处。

1. 冲激信号的导数和积分

冲激信号的一阶导数可表示为 $\delta'(t)$ 或者 $\delta^{(1)}(t)$。另外,$\delta(t)$ 的 n 阶导数可表示为 $\delta^{(n)}(t)$。$\delta(t)$ 的一阶导数又称为冲激偶。除了用上述矩形脉冲逼近以外,还可以用三角波逼近,如图 2.2.8 所示。

进而有

$$\int_{-\infty}^{+\infty} \delta'(t) \mathrm{d}t = 0 \text{(从面积的角度理解)}$$

总结有

$$\int_{-\infty}^{+\infty} \delta(x) \mathrm{d}x = 1, \delta(t) = \int_{-\infty}^{t} \delta'(t) \mathrm{d}t, \int_{-\infty}^{+\infty} \delta'(x) \mathrm{d}x = 0$$

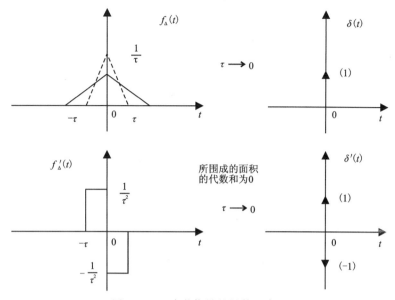

图 2.2.8 冲激信号的导数示意图

2. 冲激函数的性质

注意这里的相关性质及证明都是在工程意义下阐述的,不是严格的数学证明。其详细证明过程见 2.6 节。

1)取样性

(1)如果 $f(t)$ 在 $t=0$ 处连续,则 $f(t)\delta(t-t_0) = f(t_0)\delta(t-t_0)$。

这表明连续时间信号 $f(t)$ 与冲激信号 $\delta(t-t_0)$ 相乘其结果仍然是冲激信号,冲激位置仍在 $t=t_0$ 处且冲激强度为 $f(t_0)$。此外我们还可以得到

$$\int_{-\infty}^{+\infty} \delta(t)f(t)\mathrm{d}t = \int_{-\infty}^{+\infty} f(0)\delta(t)\mathrm{d}t = f(0)\int_{-\infty}^{+\infty} \delta(t)\mathrm{d}t = f(0)$$

(2)冲激函数是偶函数,即 $\delta(t) = \delta(-t)$。

证明:$\int_{-\infty}^{+\infty} \delta(-t)f(t)\mathrm{d}t = \int_{+\infty}^{-\infty} \delta(\tau)f(-\tau)\mathrm{d}(-\tau) = \int_{-\infty}^{+\infty} \delta(\tau)f(-\tau)\mathrm{d}\tau = f(0)$,

而 $\int_{-\infty}^{+\infty} \delta(t)f(t)\mathrm{d}t = f(0)$,故 $\delta(t) = \delta(-t)$。

(3)与冲激偶的乘积。

$$\int_{-\infty}^{+\infty} \delta'(t)f(t)\mathrm{d}t = \int_{-\infty}^{+\infty} f(t)\mathrm{d}\delta(t) = f(t)\delta(t)\Big|_{-\infty}^{+\infty} - \int_{-\infty}^{+\infty} f'(t)\delta(t)\mathrm{d}t$$

$$= -\int_{-\infty}^{+\infty} f'(t)\delta(t)\mathrm{d}t = -f'(t)\Big|_{t=0} = -f'(0)$$

(4)$[f(t)\delta(t)]' = f'(t)\delta(t) + f(t)\delta'(t) = f'(0)\delta(t) + f(t)\delta'(t)$,

而 $f(t)\delta(t) = f(0)\delta(t)$,故 $[f(t)\delta(t)]' = f(0)\delta'(t)$。

由此我们可以从工程意义上得到 $f(t)\delta'(t) = f(0)\delta'(t) - f'(0)\delta(t)$。

[例 2.2.3] 分别简化 $t, \mathrm{e}^{-\alpha t}$（$\alpha$ 为常数）与 $\delta(t)$ 与 $\delta'(t)$ 的乘积。

解：由冲激函数的性质可得

$$t\delta(t) = 0 \cdot \delta(t) = 0$$
$$t\delta'(t) = 0 \cdot \delta'(t) - 1 \cdot \delta(t) = -\delta(t)$$
$$\mathrm{e}^{-\alpha t}\delta(t) = \delta(t)$$
$$\mathrm{e}^{-\alpha t}\delta'(t) = 1 \cdot \delta'(t) - (-\alpha \mathrm{e}^{-\alpha t}|_{t=0}) \cdot \delta(t) = \delta'(t) + \alpha\delta(t)$$

2）移位

$\delta(t)$ 表示在 $t=0$ 处有冲激，那么在 $t=t_0$ 处的冲激可表示为 $\delta(t-t_0)$，t_0 为常数，令 $m=t-t_0$，则有

$$\int_{-\infty}^{+\infty} \delta(t-t_0)f(t)\mathrm{d}t = \int_{-\infty}^{+\infty} \delta(m)f(m+t_0)\mathrm{d}t = f(t_0)$$

同理可以得到

$$f(t)\delta(t-t_0) = f(t_0)\delta(t-t_0)$$
$$f(t)\delta'(t-t_0) = f(t_0)\delta'(t-t_0) - f'(t_0)\delta(t-t_0)$$
$$\int_{-\infty}^{+\infty} \delta'(t-t_0)f(t)\mathrm{d}t = -f'(t)|_{t=t_0} = -f'(t_0)$$

说明：从奇异函数的角度看，间断点处的导数也存在，即出现冲激，如图 2.2.9 所示。

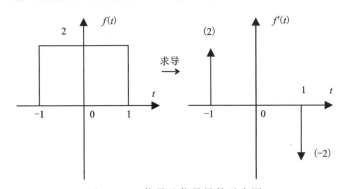

图 2.2.9 信号及信号导数示意图

此外，$f(t)$ 可以表示为 $2\varepsilon(t+1) - 2\varepsilon(t-1)$，其导数 $f'(t) = 2\delta(t+1) - 2\delta(t-1)$。

[例 2.2.4] 计算 $\int_{-\infty}^{+\infty} (t-2)^2 \delta'(t)\mathrm{d}t$。

解：$\int_{-\infty}^{+\infty} (t-2)^2 \delta'(t)\mathrm{d}t = -2(t-2)|_{t=0} = -2 \times (-2) = 4$

注意：这里运用了冲激函数的取样性，取的样值点的位置与冲激的位置相同。

[例 2.2.5] 信号 $f(t)$ 如图 2.2.10 所示，用阶跃信号表达此信号及导数信号，并画出信号导数的波形。

解：图 2.2.10 中的信号可以表示为

$$f(t) = \begin{cases} 0, & t < -1 \\ 2t+2, & -1 < t < 1 \\ -2, & 1 < t < 3 \\ 0, & t > 3 \end{cases}$$

那么
$$f(t) = (2t+2)[\varepsilon(t+1) - \varepsilon(t-1)] - 2[\varepsilon(t-1) - \varepsilon(t-3)]$$
$$= (2t+2)\varepsilon(t+1) - (2t+4)\varepsilon(t-1) + 2\varepsilon(t-3)$$

则有
$$f'(t) = 2\varepsilon(t+1) + (2t+2)\varepsilon'(t+1) - 2\varepsilon(t-1) - (2t+4)\varepsilon'(t-1) + 2\varepsilon'(t-3)$$
$$= 2[\varepsilon(t+1) - \varepsilon(t-1)] + (2t+2)\delta(t+1) - (2t+4)\delta(t-1) + 2\delta(t-3)$$
$$= 2[\varepsilon(t+1) - \varepsilon(t-1)] + (2t+2)|_{t=-1}\delta(t+1) - (2t+4)|_{t=1}\delta(t-1) + 2\delta(t-3)$$
$$= 2[\varepsilon(t+1) - \varepsilon(t-1)] - 6\delta(t-1) + 2\delta(t-3)$$

其图像如图 2.2.11 所示。

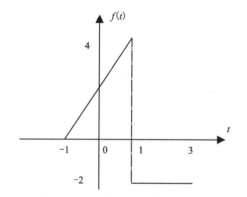

图 2.2.10 例 2.2.5 信号波形图

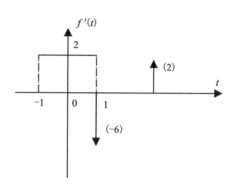

图 2.2.11 例 2.2.5 导数信号波形图

注意：当信号有跳变点时，其一阶导数将在跳变点处出现冲激，跳变值为正则为正冲激，跳变值为负则为负冲激，其强度等于跳变值。

3）尺度变换

设有常数 $a(a \neq 0)$，当 $a > 0$ 时，令 $m = at$，则有

$$\int_{-\infty}^{+\infty} \delta(at) f(t) dt = \int_{-\infty}^{+\infty} \delta(m) f\left(\frac{m}{a}\right) \frac{1}{a} dm = \frac{1}{a} f(0)$$

当 $a < 0$ 时，

$$\int_{+\infty}^{-\infty} \delta(m) f\left(\frac{m}{a}\right) \frac{1}{a} dm = -\int_{-\infty}^{+\infty} \frac{1}{a} \delta(m) f\left(\frac{m}{a}\right) \frac{1}{a} dm = -\frac{1}{a} f(0)$$

综上可得

$$\delta(at) = \frac{1}{|a|} \delta(t)$$

同理，对于 $\delta'(at)$，有

$$\delta'(at) = \frac{1}{|a|}\frac{1}{a}\delta'(t)$$

类推可得

$$\delta^{(n)}(at) = \frac{1}{|a|}\frac{1}{a^n}\delta^{(n)}(t)$$

当 $a=(-1)$ 时,有 $\delta^{(n)}(-t)=(-1)^n\delta^{(n)}(t)$。当 n 为偶数时,$\delta(t),\delta^{(2)}(t),\delta^{(4)}(t),\cdots$ 是 t 的偶函数。当 n 为奇数时,$\delta^{(1)}(t),\delta^{(3)}(t),\cdots$ 是 t 的奇函数。所以有 $\delta(-t)=\delta(t)$ 为偶函数,$\delta'(-t)=-\delta'(t)$ 为奇函数。

4) 复合函数形式的冲激函数

在实践中有时会遇到形如 $\delta[f(t)]$ 的冲激函数,其中 $f(t)$ 是普通函数。考虑到直接求解 $\delta[f(t)]$ 不容易,转而计算 $\varepsilon[f(t)]$,再求导计算,具体步骤如下。

设 $f(t)$ 是普通函数,并且有几个互不相等的实根 $t_i(i=1,2,3,\cdots,n)$,$f'(t_i)$ 表示 $f(t)$ 在 $t=t_i$ 处的导数,由于 $t=t_i$ 是 $f(t)$ 的单根,故 $f'(t_i)\neq 0$,于是有

$$\frac{\mathrm{d}}{\mathrm{d}t}\varepsilon[f(t)] = \delta[f(t)]f'(t)$$

考虑到 $f(t)$ 有多个单根,再由阶跃信号的特点可知这些单根就是阶跃信号的间断点,因此求导之后会出现冲激,即

$$\delta[f(t)]f'(t) = \sum_{i=1}^{n}\delta(t-t_i)$$

由于 $f'(t_i)\neq 0$,得

$$\delta[f(t)] = \frac{1}{f'(t)}\sum_{i=1}^{n}\delta(t-t_i)$$

由于冲激信号的取样性,可得

$$\delta[f(t)] = \sum_{i=1}^{n}\frac{1}{f'(t)}\delta(t-t_i)$$

[例 2.2.6] 已知信号 $f(t)=4t^2-1$,其波形如图 2.2.12 所示,求 $\delta[f(t)]$。

解:首先计算 $\varepsilon[f(t)]$,即

$$\varepsilon[f(t)] = \varepsilon(4t^2-1) = \begin{cases} 1, & \text{当 } t>\frac{1}{2} \text{ 或 } t<-\frac{1}{2} \text{ 时} \\ 0, & \text{当 } -\frac{1}{2}<t<\frac{1}{2} \text{ 时} \end{cases}$$

如图 2.2.13 所示

$$\varepsilon[f(t)] = \varepsilon\left(t-\frac{1}{2}\right)+\varepsilon\left(-t-\frac{1}{2}\right)$$

则

$$\frac{\mathrm{d}\varepsilon[f(t)]}{\mathrm{d}t} = \delta\left(t-\frac{1}{2}\right)\cdot 1+\delta\left(-t-\frac{1}{2}\right)\cdot(-1) = \delta\left(t-\frac{1}{2}\right)-\delta\left(-t-\frac{1}{2}\right)$$

$$= \delta\left(t-\frac{1}{2}\right)+\delta\left(t+\frac{1}{2}\right)$$

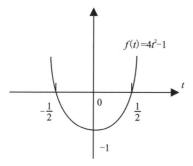
图 2.2.12　$f(t)=4t^2-1$ 信号的波形图

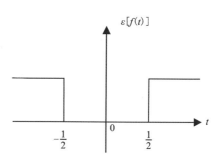
图 2.2.13　$\varepsilon[f(t)]$ 的波形图

其中最后一个等号利用冲激信号的奇偶性得到 $\delta(-t)=\delta(t)$。已知 $f'(t)=8t$，为此

$$\delta[f(t)] = \frac{1}{f'(t)}\delta[f(t)]$$

$$= \frac{1}{8t}\left[\delta\left(t-\frac{1}{2}\right)-\delta\left(t+\frac{1}{2}\right)\right]$$

$$= \frac{1}{8t}\bigg|_{t=\frac{1}{2}}\delta\left(t-\frac{1}{2}\right)-\frac{1}{8t}\bigg|_{t=-\frac{1}{2}}\delta\left(t+\frac{1}{2}\right)$$

$$= \frac{1}{4}\delta\left(t-\frac{1}{2}\right)+\frac{1}{4}\delta\left(t+\frac{1}{2}\right)$$

注意：关于奇异信号性质的严格证明请参见 2.6 节。

2.2.3　两个基本信号(离散型)

单位样值序列也称为单位脉冲序列，用 $\delta(k)$ 表示，定义为

$$\delta(k)=\begin{cases}1, & k=0 \\ 0, & k\neq 0\end{cases},\quad \delta(k-i)=\begin{cases}1, & k=i \\ 0, & k\neq i\end{cases}$$

其波形如图 2.2.14 所示。

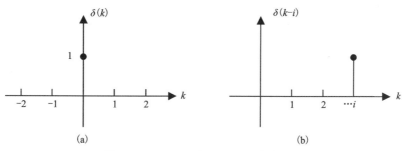

图 2.2.14　$\delta(k)$ 和 $\delta(k-i)$ 的波形图

单位脉冲序列在离散系统中的作用，类似于连续时间系统中的单位冲激信号 $\delta(t)$。$\delta(k)$ 也有类似的取样性质，即

$$f(k)\delta(k-i)=f(i)\delta(k-i)$$

而单位阶跃序列

$$\varepsilon(k) = \begin{cases} 1, & k \geqslant 0 \\ 0, & k < 0 \end{cases}, \varepsilon(k-i) = \begin{cases} 1, & k \geqslant i \\ 0, & k < i \end{cases}$$

其波形如图 2.2.15 所示。

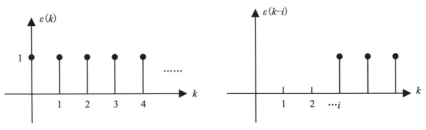

图 2.2.15　$\varepsilon(k)$ 和 $\varepsilon(k-i)$ 的波形图

单位阶跃序列在离散系统中的作用,类似连续时间系统中的单位阶跃函数 $\varepsilon(t)$。

注意:(1) $\delta(k)$ 在 $k=0$ 点的取值有限且确定,即值为 1。这与连续时域中的单位冲激信号 $\delta(t)$ 不同,$\delta(t)$ 是幅度无穷大,宽度无限宽,积分面积为 1 的冲激,是一种奇异函数。

(2) $\varepsilon(k)$ 在 $k=0$ 点有值,即值为 1,这与连续时域中的阶跃函数 $\varepsilon(t)$ 是不同的,$\varepsilon(t)$ 在 $t=0$ 处间断,取值不定。

(3) $\delta(k)$ 与 $\varepsilon(k)$ 之间的关系为

$$\delta(k) = \varepsilon(k) - \varepsilon(k-1) = \nabla \varepsilon(k)$$

此外,

$$\varepsilon(k) = \sum_{i=-\infty}^{k} \delta(i) \tag{2.2.3}$$

令 $i = k - j$,则当 $i = -\infty$ 时,$j = \infty$;当 $i = k$ 时,$j = k - k = 0$。

故式(2.2.3)可以写为

$$\varepsilon(k) = \sum_{i=-\infty}^{k} \delta(i) = \sum_{j=+\infty}^{0} \delta(k-j) = \sum_{j=0}^{+\infty} \delta(k-j)$$

2.3　信号的卷积

2.3.1　信号的卷积和

定义　一般而言,若有两个序列 $x(n)$ 和 $h(n)$,它们的卷积和 $y(n)$ 为

$$y(n) = x(n) * h(n) \stackrel{\text{def}}{=} \sum_{m=-\infty}^{+\infty} x(m)h(n-m) \tag{2.3.1}$$

卷积和的计算方法有图解法、列表法和长乘法等。在用式(2.3.1)进行卷积和计算时,正确地选定参变量 n 的适用区域以及确定相应的求和上限和下限是十分关键的步骤,这可借助

作图的方法解决。图解法也是求解简单序列卷积和的有效方法。

1. 图解法

计算序列 $x(n)$ 和 $h(n)$ 的卷积和的步骤为：

(1)换元，将 $x(n)$ 和 $h(n)$ 的自变量 n 换成 m，得到 $x(m)$ 和 $h(m)$。

(2)反转，将 $h(m)$ 以纵坐标轴为轴反转，得到 $h(-m)$。

(3)平移，将 $h(-m)$ 沿坐标轴 m 平移 n 个单位，得到 $h(-(m-n))=h(n-m)$。

注意：这里可以是左移，也可以是右移。当 $n>0$ 时，将图像向右移；当 $n<0$ 时，将图像向左移。

(4)相乘再求和，将序列 $x(m)$ 与 $h(n-m)$ 相乘，得到 $x(m)h(n-m)$，再对乘积从 $n\in(-\infty,+\infty)$ 求和。

总而言之，即为

$h(n) \to h(m) \to h(-m) \to h(n-m)$ 与 $x(m)$ 相乘，再相加。

[**例 2.3.1**] $x(n) = \begin{cases} 3-n, & 0\leqslant n\leqslant 3 \\ 0, & 其他 \end{cases}$，$h(n) = \begin{cases} 1, & 0\leqslant n\leqslant 3 \\ 0, & 其他 \end{cases}$，求 $y(n)=x(n)*h(n)$（图 2.3.1）。

解：图解法

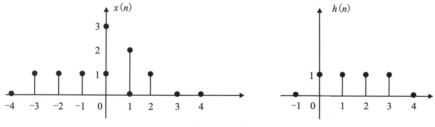

图 2.3.1　例 2.3.1 信号示意图

考虑对信号 $h(n)$ 做翻转平移，当 $n>0$ 时向右移，当 $n<0$ 时向左移。如图 2.3.2 所示，因为向左移两个信号没有相重叠的部分。因此无须考虑 $n<0$ 的情况。当 $n=0$ 时，表示信号翻转的计算，但并不需要平移，后将对应重叠部分相乘。当 $n=1$ 时，表示函数 $h(n)$ 以 y 轴对称翻转得到 $h(-n)$ 后，$h(-n)$ 再向右平移 1 个单位，此处重叠两个部分，需要将重叠的这两个部分相加。当 $n=3,4,5$ 时，以此类推，下列为完整求解过程。

$$y(0) = \sum_{m=-\infty}^{+\infty} x(m) \times h(-m) = 3\times 1 = 3$$

$$y(1) = \sum_{m=-\infty}^{+\infty} x(m) \times h(1-m) = 3\times 1 + 2\times 1 = 5$$

$$y(2) = \sum_{m=-\infty}^{+\infty} x(m) \times h(2-m) = 3\times 1 + 2\times 1 + 1\times 1 = 6$$

$$y(3) = \sum_{m=-\infty}^{+\infty} x(m) \times h(3-m) = 3\times 1 + 2\times 1 + 1\times 1 + 1\times 0 = 6$$

$$y(4) = \sum_{m=-\infty}^{+\infty} x(m) \times h(4-m) = 2\times 1 + 1\times 1 = 3$$

$$y(5) = \sum_{m=-\infty}^{+\infty} x(m) \times h(5-m) = 1\times 1 = 1$$

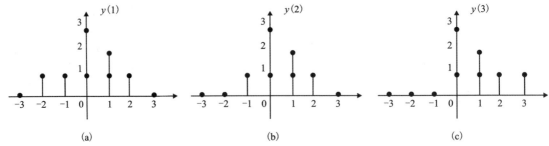

图 2.3.2　$y(1)$、$y(2)$、$y(3)$ 的波形图

综上，$y(n)$ 的图像如图 2.3.3 所示。

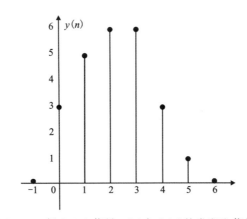

图 2.3.3　例 2.3.1 信号 $x(n)$ 与 $h(n)$ 的卷积和信号图

2. 列表法

设 $f_1(k)$ 和 $f_2(k)$ 都是因果序列（0 时刻之后取值，为非必要条件），则

$$f(k) = f_1 * f_2(k) = \sum_{i=0}^{k} f_1(i) f_2(k-i)$$

当 $k=0$ 时，$y(0) = f_1(0) f_2(0)$。

当 $k=1$ 时，$y(1) = f_1(0) f_2(1) + f_1(1) f_2(0)$。

当 $k=2$ 时，$y(2) = f_1(0) f_2(2) + f_1(1) f_2(1) + f_1(2) f_2(0)$。

当 $k=3$ 时，$y(3) = f_1(0) f_2(3) + f_1(1) f_2(2) + f_1(2) f_2(1) + f_1(3) f_2(0)$。

将其归纳整理如表 2.3.1 所示。

对角斜线各数值就是 $f_1(i) f_2(k-i)$ 的值，对角斜线上各个数值之和为 $y(k)$ 各项的值。

因此列表法只需依次排列离散值,再求出对应格中的乘值,最后将对角线上的值求和即可。

表 2.3.1 列表法示意图

	$f_1(0)$	$f_1(1)$	$f_1(2)$	$f_1(3)$
$f_2(0)$	$f_1(0)\,f_2(0)$	$f_1(1)\,f_2(0)$	$f_1(2)\,f_2(0)$	$f_1(3)\,f_2(0)$
$f_2(1)$	$f_1(0)\,f_2(1)$	$f_1(1)\,f_2(1)$	$f_1(2)\,f_2(1)$	$f_1(3)\,f_2(1)$
$f_2(2)$	$f_1(0)\,f_2(2)$	$f_1(1)\,f_2(2)$	$f_1(2)\,f_2(2)$	$f_1(3)\,f_2(2)$
$f_2(3)$	$f_1(0)\,f_2(3)$	$f_1(1)\,f_2(3)$	$f_1(2)\,f_2(3)$	$f_1(3)\,f_2(3)$

3. 长乘法

将序列 $f_1(k)$ 和 $f_2(k)$ 依次排序,末尾对齐,计算对应序列的乘积,如表 2.3.2 所示。

表 2.3.2 长乘法示意图

		$f_1(1)$	$f_1(2)$	$f_1(3)$
	×		$f_2(0)$	$f_2(1)$
		$f_1(1)\,f_2(1)$	$f_1(2)\,f_2(1)$	$f_1(3)\,f_2(1)$
+	$f_1(1)\,f_2(0)$	$f_1(2)\,f_2(0)$	$f_1(3)\,f_2(0)$	
	$f_1(1)\,f_2(0)$	$f_1(1)\,f_2(1)$ $+f_1(2)\,f_2(0)$	$f_1(2)\,f_2(1)$ $+f_1(3)\,f_2(0)$	$f_1(3)\,f_2(1)$

即可得到
$$y(k) = \{0, f_1(0)\,f_2(0), f_1(1)\,f_2(1) + f_1(2)\,f_2(0), f_1(2)\,f_2(1) + \\ f_1(3)\,f_2(0), f_1(3)\,f_2(1), 0\}$$

[**例 2.3.2**] 已知 $x(n) = \{0, 0, \cdots, 1, 2, 4, 3, 0, 0, \cdots\}$,$h(n) = \{0, 0, \cdots, 2, 3, 5, 0, 0, \cdots\}$,用 3 种不同的方法分别求解 $y(n) = x(n) * h(n)$(图 2.3.4)。

解:方法一 图解法。即将 $h(n)$ 翻转,平移,再与 $x(n)$ 乘积,不为 0 的点计算方式为

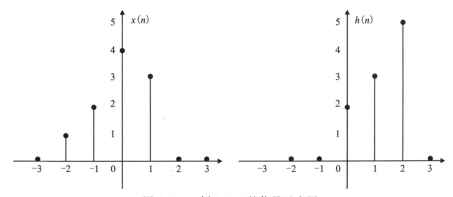

图 2.3.4 例 2.3.2 的信号示意图

$$y(0) = 4 \times 2 + 3 \times 2 + 5 \times 1 = 19$$
$$y(1) = 4 \times 3 + 3 \times 2 + 5 \times 2 = 28$$
$$y(2) = 3 \times 3 + 5 \times 4 = 29$$
$$y(3) = 5 \times 3 = 15$$
$$y(-1) = 2 \times 2 + 3 \times 1 = 7$$
$$y(-2) = 1 \times 2 = 2$$

方法二 列表法(表 2.3.3)。

表 2.3.3 例 2.3.2 列表法示意图

	$f_1(0)$	$f_1(1)$	$f_1(2)$	$f_1(3)$
$f_2(0)$	$f_1(0)\,f_2(0)$	$f_1(1)\,f_2(0)$	$f_1(2)\,f_2(0)$	$f_1(3)\,f_2(0)$
$f_2(1)$	$f_1(0)\,f_2(1)$	$f_1(1)\,f_2(1)$	$f_1(2)\,f_2(1)$	$f_1(3)\,f_2(1)$
$f_2(2)$	$f_1(0)\,f_2(2)$	$f_1(1)\,f_2(2)$	$f_1(2)\,f_2(2)$	$f_1(3)\,f_2(2)$
$f_2(3)$	$f_1(0)\,f_2(3)$	$f_1(1)\,f_2(3)$	$f_1(2)\,f_2(3)$	$f_1(3)\,f_2(3)$

整理斜对角线上的元素,得到

$$y(-2) = 2$$
$$y(-1) = 3 + 4 = 7$$
$$y(0) = 5 + 6 + 8 = 19$$
$$y(1) = 10 + 12 + 6 = 28$$
$$y(2) = 20 + 9 = 29$$
$$y(3) = 15$$

方法三 长乘法(表 2.3.4)。

表 2.3.4 例 2.3.2 长乘法示意图

			$x(-2)$	$x(-1)$	$x(0)$	$x(1)$
			1	2	4	3
				$h(0)$	$h(1)$	$h(2)$
	×			2	3	5
				5	10	20	15
		3	6	12	9	
	2	4	8	6		
	2	7	19	28	29	15

因此 $y(n) = \{\cdots, 0, 2, 7, 19, 28, 29, 15, 0, \cdots\}$。

[例 2.3.3] 若 $x(n)$ 在范围 $N_3 \leqslant n \leqslant N_4$ 内有非零值,$h(n)$ 在范围 $N_1 \leqslant n \leqslant N_2$ 内有非零值,请确定 $y(n) = x(n) * h(n)$ 的非零值范围。

解:

$$y(n) = x(n) * h(n) = \sum_{m=-\infty}^{+\infty} x(m) \cdot h(n-m) \qquad (2.3.2)$$

已知 $N_3 \leqslant m \leqslant N_4$ 时,$x(m)$ 有非零值,由此可知 $N_1 \leqslant n-m \leqslant N_2$ 时,$h(n-m)$ 有非零值,即有

$$N_1 + m \leqslant n \leqslant N_2 + m \text{ 时},h(n-m) \text{ 有非零值} \qquad (2.3.3)$$

联立由式(2.3.2)和式(2.3.3)可知,当 $N_1 + N_3 \leqslant N_1 + m \leqslant n \leqslant N_2 + m \leqslant N_2 + N_4$ 时,$x(m) \cdot h(n-m)$ 有非零值,则 $y(n)$ 的非零区间为 $[N_1 + N_3, N_2 + N_4]$。

定义: 若某离散信号在某个有限的区间之外取值为零(之内:大部分非零也可能存在零值),则称此有限区间的长度为此离散信号的长度。

结论: 针对上例,我们有 $x(n)$ 的长度为 $N_4 - N_3 + 1 \triangleq l_1$,$h(n)$ 的长度为 $N_2 - N_1 + 1 \triangleq l_2$,则两个有限长信号的卷积和也是有限长的,其长度为 $l_1 + l_2 - 1$。

2.3.2 卷积和的性质

(1) 交换律:$f_1(k) * f_2(k) = f_2(k) * f_1(k)$。

(2) 分配律:$f_1(k) * [f_2(k) + f_3(k)] = f_1(k) * f_2(k) + f_1(k) * f_3(k)$。

(3) 结合律:$f_1(k) * [f_2(k) * f_3(k)] = [f_1(k) * f_2(k)] * f_3(k)$。

(4) 与冲激序列运算:$f_1(k) * \delta(k) = \delta(k) * f_1(k) = \sum_{i=-\infty}^{+\infty} \delta(i) f(k-i) = f(k)$。

(因为只有 $i = 0$ 时,$\delta(i) = 1$)

$$f_1(k) * \delta(k - k_1) = \sum_{i=-\infty}^{+\infty} f(i) \delta(k - i - k_1) = f(k - k_1)$$

[当 $k - i - k_1 = 0$ 时,即 $i = k - k_1$ 时,$\delta(k - i - k_1) = 1$]

$$\delta(k - k_1) * \delta(k - k_2) = \sum_{i=-\infty}^{+\infty} \delta(i - k_1) \delta(k - i - k_2)$$

进而满足

$$\begin{cases} i - k_1 = 0 \\ k - i - k_2 = 0 \end{cases} \text{时},\delta(i - k_1) \delta(k - i - k_2) = 1$$

不难计算得 $k = k_1 + k_2$,因此

$$\delta(k - k_1) * \delta(k - k_2) = \delta(k - k_1 - k_2)$$
$$f_1(k - k_1) * f_2(k - k_2) = f(k - k_1 - k_2)$$

其中 $f(k) = f_1(k) * f_2(k)$,因为

$$f_1(k - k_1) * f_2(k - k_2) = f_1(k) * \delta(k - k_1) * f_2(k) * \delta(k - k_2)$$
$$= f_1(k) * f_2(k) * \delta(k - k_1) * \delta(k - k_2)$$
$$= f(k) * \delta(k - k_1 - k_2)$$
$$= f(k - k_1 - k_2)$$

(5) 差分运算。
$$\nabla[f_1(k) * f_2(k)] = f_1 * f_2(k) - f_1 * f_2(k-1)$$
$$= \sum_{i=-\infty}^{+\infty} f_1(i) * f_2(k-i) - \sum_{i=-\infty}^{+\infty} f_1(i) * f_2(k-i-1)$$
$$= \sum_{i=-\infty}^{+\infty} f_1(i) * [f_2(k-i) - f_2(k-i-1)]$$

由卷积和的交换律可得
$$\nabla[f_1(k) * f_2(k)] = f_1(k) * \nabla f_2(k) = \nabla f_1(k) * f_2(k)$$

(6) 与阶跃序列运算：当 $k-i \geqslant 0$ 时，$\varepsilon(k-i) = 1$，则
$$f_1(k) * \varepsilon(k) = \sum_{i=-\infty}^{+\infty} f(i)\varepsilon(k-i)$$

当 $k-i \geqslant 0$ 时，即 $i \leqslant k$，有 $\varepsilon(k-i) = 1$，故原和式 $= \sum_{i=-\infty}^{k} f(i)$

[例 2.3.4] 已知 $h_1(k) = a^k\varepsilon(k), h_2(k) = b^k\varepsilon(k)$（$a, b$ 为常数），计算 $h_1(k) * h_2(k)$。

解：
$$h_1(k) * h_2(k) = \sum_{i=-\infty}^{+\infty} a^i\varepsilon(i) * b^{k-i}\varepsilon(k-i)$$

当 $i \geqslant 0$ 且 $k-i \geqslant 0$ 时 $\varepsilon(i) * \varepsilon(k-i) \neq 0$，则有
$$h_1(k) * h_2(k) = \sum_{i=0}^{k} a^i * b^{k-i} = b^k \sum_{i=0}^{k} \left(\frac{a}{b}\right)^i$$
$$= b^k \frac{1-\left(\frac{a}{b}\right)^{k+1}}{1-\frac{a}{b}} = \frac{b^{k+1} - a^{k+1}}{b-a} \text{（这里 } a \neq b\text{）}$$

若 $a = b$，则 $h(k) = b^k \sum_{i=0}^{k} 1 = (k+1)b^k$。

上述讨论仅对 $k \geqslant 0$ 成立，故得
$$h_1(k) * h_2(k) = a^k\varepsilon(k) * b^k\varepsilon(k) = \begin{cases} \dfrac{b^{k+1}-a^{k+1}}{b-a}\varepsilon(k), & a \neq b \\ (k+1)b^k\varepsilon(k), & a = b \end{cases}$$

具体地，若 $a \neq 1, b = 1$，则有
$$a^k\varepsilon(k) * \varepsilon(k) = \frac{1-a^{k+1}}{1-a}\varepsilon(k)$$

若 $a = b = 1$，则有
$$\varepsilon(k) * \varepsilon(k) = (k+1)\varepsilon(k)$$

[例 2.3.5] 请计算 $\varepsilon(k+2) * \varepsilon(k-5)$。

解：
$$\varepsilon(k+2) * \varepsilon(k-5) = \varepsilon(k) * \delta(k+2) * \varepsilon(k) * \delta(k-5)$$
$$= \varepsilon(k) * \varepsilon(k) * \delta(k-3) = (k+1)\varepsilon(k) * \delta(k-3)$$
$$= (k-3+1)\varepsilon(k-3) = (k-2)\varepsilon(k-3)$$

2.3.3 卷积积分

卷积积分是一种数学运算,它有许多运算规则,灵活地运用它们能简化系统分析,以下的讨论均假设卷积积分是收敛的(或存在的),这时二重积分的次序可交换,导数与积分的次序也可交换。

从信号分解讲起,设信号 $P(t)$ 及 $f_1(t)$ 如图 2.3.5 所示,那么 $f_1(t)$ 与 $P(t)$ 之间具有怎样的关系?

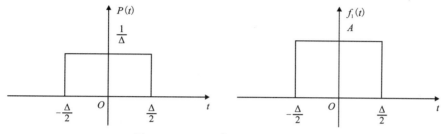

图 2.3.5 $P(t)$ 与 $f_1(t)$ 的波形图

直观地,从图 2.3.6 可以看出 $f_1(t)=A\cdot\Delta P(t)$,事实上,$f_1(t)=A\left[\varepsilon\left(t+\dfrac{\Delta}{2}\right)-\varepsilon\left(t-\dfrac{\Delta}{2}\right)\right]$,而对于信号 $f(t)$,所有小矩形脉冲求和有

$$f(t) \approx \sum_{i=-\infty}^{+\infty} f(t_i)[\varepsilon(t-t_i)-\varepsilon(t-t_i-\Delta)]$$

$$= \sum_{i=-\infty}^{+\infty} f(t_i)\frac{\varepsilon(t-t_i)-\varepsilon(t-t_i-\Delta)}{\Delta}\Delta$$

进而有

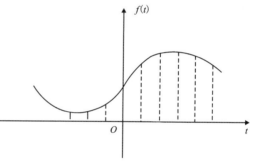

图 2.3.6 脉冲求和的波形图

$$f(t) \approx \lim_{\Delta \to 0}\sum_{i=-\infty}^{+\infty} f(t_i)[\varepsilon(t-t_i)-\varepsilon(t-t_i-\Delta)]$$

$$= \lim_{\Delta \to 0}\sum_{i=-\infty}^{+\infty} f(t_i)\frac{\varepsilon(t-t_i)-\varepsilon(t-t_i-\Delta)}{\Delta}\Delta$$

$$= \sum_{i=-\infty}^{+\infty} f(t_i)\lim_{\Delta \to 0}\frac{\varepsilon(t-t_i)-\varepsilon(t-t_i-\Delta)}{\Delta}\Delta$$

$$= \lim_{\Delta \to 0}\sum_{i=-\infty}^{+\infty} f(t_i)\delta(t-t_i)\Delta$$

$$= \int_{-\infty}^{+\infty} f(\tau)\delta(t-\tau)\mathrm{d}\tau$$

$$= f(t)$$

其中最后一个等式是由冲激信号的取样性及奇偶性得到的。

定义:在区间 $(-\infty,+\infty)$ 上的两个函数 $f_1(t)$ 和 $f_2(t)$,则定义积分

$$f_1(t) * f_2(t) = \int_{-\infty}^{+\infty} f_1(\tau)f_2(t-\tau)\mathrm{d}\tau \tag{2.3.4}$$

为 $f_1(t)$ 和 $f_2(t)$ 的卷积积分,简称卷积(convolution)。可见上述讨论 $f(t) = f(t) * \delta(t)$。

> **注意**:积分是在变量 τ 下进行的,τ 为积分变量,t 为参变量,结果为 t 的函数。卷积积分的计算方法有定义法、图解法。卷积积分的定义法是直接根据卷积积分的定义来求解计算。

[例 2.3.6] 已知 $f_1(t) = 3\mathrm{e}^{-2t}\varepsilon(t)$,$f_2(t) = 2\varepsilon(t)$,$f_3(t) = \varepsilon(t)$,$f_4(t) = t\varepsilon(t)$,$f_5(t) = 2\varepsilon(t-2)$,请求解:

(1) $f_1(t) * f_2(t)$;
(2) $f_1(t) * f_5(t)$;
(3) $f_3(t) * f_3(t)$;
(4) $f_3(t) * f_3(-t)$;
(5) $f_3(t) * f_4(t)$。

解:

(1)
$$f_1(t) * f_2(t) = \int_{-\infty}^{+\infty} f_1(\tau) f_2(t-\tau) \mathrm{d}\tau$$
$$= \int_0^t 6\mathrm{e}^{-2\tau} \mathrm{d}\tau$$
$$= -\frac{6}{2} \mathrm{e}^{-2\tau} \Big|_0^t$$
$$= -\frac{6}{2}(\mathrm{e}^{-2t} - 1)\varepsilon(t)$$

(2)
$$f_1(t) * f_5(t) = \int_{-\infty}^{+\infty} f_1(\tau) f_5(t-\tau) \mathrm{d}\tau$$
$$= \int_0^{t-2} 6\mathrm{e}^{-2\tau} \mathrm{d}\tau$$
$$= -\frac{6}{2} \mathrm{e}^{-2\tau} \Big|_0^{t-2}$$
$$= -\frac{6}{2}(\mathrm{e}^{-2(t-2)} - 1)\varepsilon(t-2)$$

(3)
$$f_3(t) * f_3(t) = \int_{-\infty}^{+\infty} f_3(\tau) f_3(t-\tau) \mathrm{d}\tau$$
$$= \int_0^t 1 \mathrm{d}\tau$$
$$= t\varepsilon(t)$$

(4)
$$f_3(t) * f_3(-t) = \int_{-\infty}^{+\infty} f_3(\tau) f_3(t+\tau) \mathrm{d}\tau$$
$$= \int_0^{+\infty} 1 \mathrm{d}\tau$$
$$= \infty$$

说明卷积不存在。

(5)
$$f_3(t) * f_4(t) = \int_{-\infty}^{+\infty} f_3(\tau) f_4(t-\tau) d\tau$$
$$= \int_{-\infty}^{+\infty} \varepsilon(\tau)(t-\tau)\varepsilon(t-\tau) d\tau$$
$$= \int_0^t (t-\tau) d\tau = \left(t \cdot \tau - \frac{1}{2}\tau^2\right)\bigg|_0^t$$
$$= \frac{1}{2} t^2 \varepsilon(t)$$

结论:并非所有卷积都存在。

卷积积分的图解法根据卷积积分的有关图形来直观地表明卷积的含义,有助于对卷积概念的理解。

设有函数 $f_1(t)$ 和 $f_2(t)$ 如图 2.3.7 所示。函数 $f_1(t)$ 是幅度为 2 的矩形脉冲,$f_2(t)$ 是锯齿波。

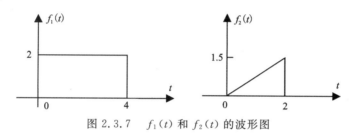

图 2.3.7 $f_1(t)$ 和 $f_2(t)$ 的波形图

在卷积积分式(2.3.4)中,积分变量是 τ,函数 $f_1(\tau)$、$f_2(\tau)$ 与原波形完全相同,只需将横坐标换为 τ 即可。

为了求出 $f_1(t) * f_2(t)$ 在任意时刻(如 $t = t_1$,这里 $0 < t_1 < 2$)的值,其步骤如下。

(1)将函数 $f_1(t) * f_2(t)$ 的自变量 t 用 τ 代换,然后将函数 $f_2(\tau)$ 以纵坐标为轴线反转,就得到与 $f_2(\tau)$ 镜像对称的函数 $f_2(-\tau)$,如图 2.3.8(b)所示。

(2)将函数 $f_2(-\tau)$ 沿正 τ 轴平移时间 $t_1(0 < t_1 < 2)$,就得到函数 $f_2(t_1-\tau)$,如图 2.3.8(c)中实线所示。

注意:$f_2(t_1-\tau)$ 图形的前沿是 t_1,其后沿是 t_1-2。当参变量 t 的值不同时,$f_2(t-\tau)$ 的位置将不同。譬如,$t = t_2$(这里 $4 < t_2 < 6$),则 $f_2(t_2-\tau)$ 的波形如图 2.3.8(c)中虚线所示。

(3)将函数 $f_1(\tau)$ 与函数 $f_2(t_1-\tau)$ 相乘,如图 2.3.8(d)所示,得函数 $f_1(\tau)f_2(t_1-\tau)$,如图 2.3.8(e)实线所示。由图可知,当 $\tau < 0$ 及 $\tau > t_1$ 时,函数 $f_1(\tau)f_2(t_1-\tau)$ 等于零,因而卷积积分的积分限为 0 到 t_1,即

$$f(t_1) = \int_0^{t_1} f_1(\tau) f_2(t-\tau) d\tau$$

其积分值恰好是乘积 $f_1(\tau)f_2(t_1-\tau)$ 曲线下的面积,如图 2.3.8(e)所示。

(4)将波形 $f_2(t-\tau)$ 连续地沿 τ 轴平移,就得到任意时刻 t 的卷积积分 $f(t) = f_1(t) * f_2(t)$,它是 t 的函数。

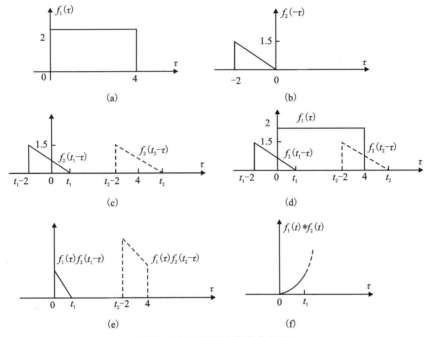

图 2.3.8 图解法的变化过程

由上可见,卷积积分中正确地选取参变量 t 的取值区间和相应的积分上、下限是十分关键的步骤,这可借助于简略的图形协助确定。如图 2.3.8 中,$f_1(\tau)$ 与 $f_2(t_1-\tau)$ 乘积不等于零的时间区间为两函数的重叠部分,如图 2.3.8(e)中实线所示。故 $f_1(\tau)f_2(t_1-\tau)$ 的积分上下限为从 0 到 t_1。

需要注意,当参变量 t 取值不同时,卷积的积分限也不同,如 $t=t_2$,由图 2.3.8(e)中虚线可见,其积分限为从 (t_2-2) 到 4。

[例 2.3.7] $f_1(t)$ 和 $f_2(t)$ 如图 2.3.9 所示,试计算 $f_1(t) * f_2(t)$。

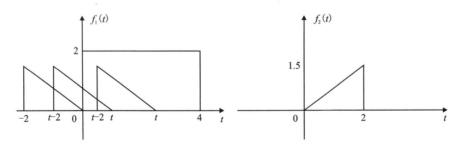

图 2.3.9 $f_1(t)$ 和 $f_2(t)$ 的波形图

解: 将 $f_2(t)$ 反转、平移,观察上图。

当 $t<0$ 或 $t-2>4$(即 $t<0$ 或 $t>6$)时没有交集,则 $f_1(t)*f_2(t)=0$。当 $0<t<4$ 且 $t-2<0$(即 $0<t<2$)时,$f_1(t)*f_2(t)=\int_0^t f_1(\tau)f_2(t-\tau)\mathrm{d}\tau$。

当 $0<t<4$ 且 $0<t-2<4$(即 $2<t<4$)时,$f_1(t)*f_2(t)=\int_{t-2}^t f_1(\tau)f_2(t-\tau)\mathrm{d}\tau$。

当 $t>4$ 且 $0<t-2<4$ 时(即 $4<t<6$), $f_1(t)*f_2(t)=\int_{t-2}^{4}f_1(\tau)f_2(t-\tau)\mathrm{d}\tau$。
故

$$f_1(t)*f_2(t)=\begin{cases}0, & t<0,t>6\\ \int_0^t f_1(\tau)f_2(t-\tau)\mathrm{d}\tau, & 0<t<2\\ \int_{t-2}^{t} f_1(\tau)f_2(t-\tau)\mathrm{d}\tau, & 2<t<4\\ \int_{t-2}^{4} f_1(\tau)f_2(t-\tau)\mathrm{d}\tau, & 4<t<6\end{cases}$$

[例 2.3.8] $f(t)$ 如图 2.3.10 所示,请计算 $f(t)*f(t)$。

解:当 $t+\frac{1}{2}<-\frac{1}{2}$(即 $t<-1$)或 $t-\frac{1}{2}>+\frac{1}{2}$(即 $t>1$)时,$f(t)*f(t)=0$。

当 $-1<t<0$ 时,$f(t)*f(t)=\int_{-\frac{1}{2}}^{t+\frac{1}{2}}1\mathrm{d}\tau=t+1$。

当 $t+\frac{1}{2}>\frac{1}{2}$(即 $t>0$)且 $-\frac{1}{2}<t-\frac{1}{2}<\frac{1}{2}$(即 $0<t<1$)时,$f(t)*f(t)=\int_{t-\frac{1}{2}}^{\frac{1}{2}}1\mathrm{d}\tau=1-t$。

故

$$f(t)*f(t)=\begin{cases}t+1, & -1<t<0\\ 1-t, & 0<t<1\\ 0, & \text{其他}\end{cases}$$

因此,$f(t)*f(t)$ 的图像如图 2.3.11 所示。

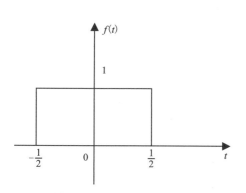

图 2.3.10　$f(t)$ 的波形图

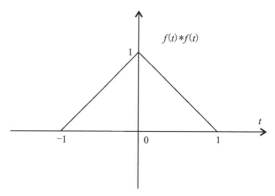

图 2.3.11　信号 $f(t)*f(t)$ 示意图

2.3.4　卷积积分的性质

1)交换律

$$f_1(t)*f_2(t)=f_2(t)*f_1(t)$$

证明:由式(2.3.4)可知,将变量 τ 换为 $(t-\mu)$,则 $(t-\tau)$ 应换为 μ,这样式(2.3.4)可写为

$$f_1(t) * f_2(t) = \int_{-\infty}^{+\infty} f_1(\tau) f_2(t-\tau) d\tau$$

$$= \int_{+\infty}^{-\infty} f_1(t-\mu) f_2(\mu)(-d\mu)$$

$$= \int_{-\infty}^{+\infty} f_2(\mu) f_1(t-\mu) d\mu$$

$$= f_2(t) * f_1(t)$$

2)分配律

$$f_1(t) * [f_2(t) + f_3(t)] = f_1(t) * f_2(t) + f_1(t) * f_3(t)$$

证明：

$$f_1(t) * [f_2(t) + f_3(t)] = \int_{-\infty}^{+\infty} f_1(\tau) [f_2(t-\tau) + f_3(t-\tau)] d\tau$$

$$= \int_{-\infty}^{+\infty} f_1(\tau) f_2(t-\tau) d\tau + \int_{-\infty}^{+\infty} f_1(\tau) f_3(t-\tau) d\tau$$

$$= f_1(t) * f_2(t) + f_1(t) * f_3(t)$$

3)结合律

$$[f_1(t) * f_2(t)] * f_3(t) = f_1(t) * [f_2(t) * f_3(t)]$$

证明：

$$[f_1(t) * f_2(t)] * f_3(t) = \int_{-\infty}^{+\infty} \left[\int_{-\infty}^{+\infty} f_1(\tau) f_2(\eta-\tau) d\tau \right] f_3(t-\eta) d\eta$$

交换上式积分的次序并将括号内的 $(\eta-\tau)$ 换为 x，得

$$[f_1(t) * f_2(t)] * f_3(t) = \int_{-\infty}^{+\infty} f_1(\tau) \left[\int_{-\infty}^{+\infty} f_2(\eta-\tau) f_3(t-\eta) d\eta \right] d\tau$$

$$= \int_{-\infty}^{+\infty} f_1(\tau) \left[\int_{-\infty}^{+\infty} f_2(x) f_3(t-\tau-x) dx \right] d\tau$$

$$= \int_{-\infty}^{+\infty} f_1(\tau) * f_{23}(t-\tau) d\tau$$

$$= f_1(t) * [f_2(t) * f_3(t)]$$

式中 $f_{23}(t-\tau) = \int_{-\infty}^{+\infty} f_2(x) f_3(t-\tau-x) dx$，亦即 $f_{23}(t) = \int_{-\infty}^{+\infty} f_2(x) f_3(t-x) dx = f_2(t) * f_3(t)$。

[**例 2.3.9**] 计算如图 2.3.12 所示的两个方波信号的卷积。

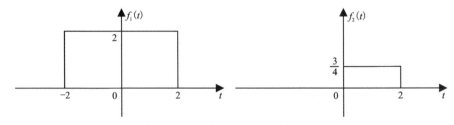

图 2.3.12 两个方波信号的波形图

解:图解法

图解法的过程如图 2.3.13 所示,其计算过程如下:

(1) 当 $t<-2$ 时,乘积为零,故 $f_1(t)*f_2(t)=0$。

(2) 当 $-2<t<2$ 且 $t-2<-2$ 时(即 $-2<t<0$),$f_1(t)*f_2(t)=\int_{-2}^{t}\frac{3}{4}\cdot 2\mathrm{d}\tau=\frac{3}{2}(t+2)$。

(3) 当 $-2<t<2$ 且 $-2<t-2<2$ 时(即 $0<t<2$),$f_1(t)*f_2(t)=\int_{t-2}^{t}\frac{3}{4}\cdot 2\mathrm{d}\tau=\frac{3}{2}\times 2=3$。

(4) 当 $t>2$ 且 $-2<t-2<2$ 时(即 $2<t<4$),$f_1(t)*f_2(t)=\int_{t-2}^{2}\frac{3}{4}\cdot 2\mathrm{d}\tau=\frac{3}{2}(4-t)$。

(5) 当 $t-2>2$ 时,即 $(t>4)$,乘积为零,故 $f_1(t)*f_2(t)=0$。

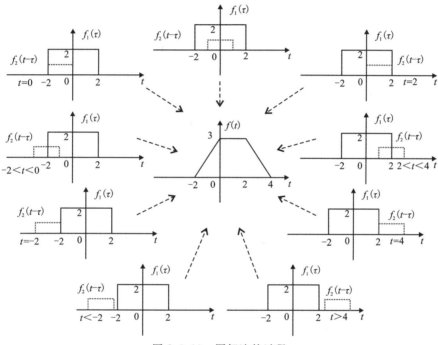

图 2.3.13 图解法的过程

4) 函数与冲激函数的卷积性质

(1) 取样性: $f(t)*\delta(t)=\delta(t)*f(t)=f(t)$。

证明:

$$f(t)*\delta(t)=\int_{-\infty}^{+\infty}\delta(\tau)f(t-\tau)\mathrm{d}\tau=f(t-\tau)\big|_{\tau=0}=f(t)$$

(2) $f(t)*\delta(t-t_0)=f(t-t_0)$。

证明:

$$f(t)*\delta(t-t_0)=\int_{-\infty}^{+\infty}f(\tau)\delta(t-\tau-t_0)\mathrm{d}\tau$$
$$=\int_{-\infty}^{+\infty}f(\tau)\delta(t-\tau+t_0)\mathrm{d}\tau$$

$$= f(\tau)\big|_{\tau=t-t_0}$$
$$= f(t-t_0)$$

或者
$$f(t) * \delta(t-t_0) = \delta(t-t_0) * f(t)$$
$$= \int_{-\infty}^{+\infty} \delta(\tau-t_0) f(t-\tau) \mathrm{d}\tau$$
$$= f(t-\tau)\big|_{\tau=t_0}$$
$$= f(t-t_0)$$

若 $f(t) = \delta(t-t_0)$，则 $\delta(t-t_0) * \delta(t-t_1) = \delta(t-t_0-t_1)$。

若 $f(t) = f(t-t_1)$，则 $f(t) * \delta(t-t_0) = f(t-t_0-t_1)$。

(3) $f_1(t-t_1) * f_2(t-t_2) = f_2(t-t_1) * f_1(t-t_2) = f(t-t_1-t_2)$，其中 $f(t) = f_1(t) * f_2(t)$。

证明思路很重要，即 $f_1(t-t_1) = f_1(t) * \delta(t-t_1)$。

[例 2.3.10] 计算下列卷积积分。

(1) $\varepsilon(t+3) * \varepsilon(t-5)$；

(2) $\mathrm{e}^{-2t}\varepsilon(t+3) * \varepsilon(t-5)$。

解：

(1)
$$\varepsilon(t+3) * \varepsilon(t-5) = \varepsilon(t) * \delta(t+3) * \varepsilon(t) * \delta(t-5)$$
$$= \varepsilon(t) * \varepsilon(t) * \delta(t+3) * \delta(t-5)$$
$$= \varepsilon(t) * \varepsilon(t) * \delta(t-2)$$
$$= t * \varepsilon(t) * \delta(t-2)$$
$$= (t-2) * \varepsilon(t-2)$$

(2)
$$\mathrm{e}^{-2t}\varepsilon(t+3) * \varepsilon(t-5) = \mathrm{e}^6 \, \mathrm{e}^{-2(t+3)}\varepsilon(t+3) * \varepsilon(t-5)$$
$$= \mathrm{e}^6 \, \mathrm{e}^{-2t}\varepsilon(t) * \varepsilon(t) * \delta(t+3) * \delta(t-5)$$
$$= \mathrm{e}^6 \cdot \frac{1}{2}(1-\mathrm{e}^{-2t})\varepsilon(t) * \delta(t-2)$$
$$= \frac{\mathrm{e}^6}{2}(1-\mathrm{e}^{-2(t-2)})\varepsilon(t-2)$$

[例 2.3.11] 周期性单位冲激函数序列 $\delta_T(t) = \sum_{m=-\infty}^{+\infty} \delta(t-mT)$，如图 2.3.14(a)所示，$f_0(t)$ 如图 2.3.14(b)所示，此时，如何表示 $f(t)$？

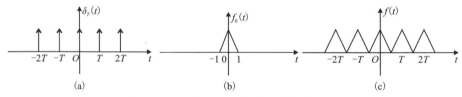

图 2.3.14 例 2.3.10 的所有信号波形图

解：

$$f(t) = f_0(t) * \delta_T(t)$$
$$= f_0(t) * \sum_{m=-\infty}^{+\infty} \delta(t-mT)$$
$$= \sum_{m=-\infty}^{+\infty} [f_0(t) * \delta(t-mT)]$$
$$= \sum_{m=-\infty}^{+\infty} f_0(t-mT)$$

[**例 2.3.12**] 信号 $f_1(t)$、$f_2(t)$、$f_3(t)$ 的波形图如图 2.3.15 所示，请画出下列卷积积分的结果。

(1) $f_1(t) * f_2(t)$；

(2) $f_1(t) * f_3(t)$。

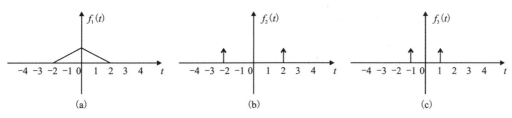

图 2.3.15　$f_1(t)$、$f_2(t)$、$f_3(t)$ 的波形图

解： 卷积积分的结果如图 2.3.16 所示。

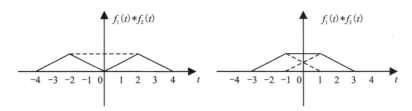

图 2.3.16　卷积积分结果的波形图

5) 卷积的微分与积分

(1) $f^{(1)}(t) \triangleq \dfrac{\mathrm{d}f(t)}{\mathrm{d}t}$，$f^{(-1)}(t) \triangleq \displaystyle\int_{-\infty}^{t} f(\tau)\mathrm{d}\tau$

$$f(t) * \delta'(t) = \int_{-\infty}^{+\infty} f(\tau)\delta'(t-\tau)\mathrm{d}\tau$$
$$= \int_{-\infty}^{+\infty} f(\tau)\delta'(\tau-t)\mathrm{d}\tau$$
$$= -(-f'(\tau))|_{\tau=t}$$
$$= f'(t)$$

或者

$$f(t) * \delta'(t) = \delta'(t) * f(t)$$

$$= \int_{-\infty}^{+\infty} \delta'(\tau) f(t-\tau) d\tau$$
$$= -f'(t-\tau) \cdot (t-\tau)' |_{\tau=0}$$
$$= -f'(t-\tau)(-1)|_{\tau=0}$$
$$= -f'(t-\tau)|_{\tau=0}$$
$$= f'(t)$$

推广：$f(t) * \delta^{(n)}(t) = f^{(n)}(t)$

工程意义下，任意信号的 n 阶微分可以写成这个信号与冲激信号微分的卷积，进而有

$$\frac{d^n}{dt^n}[f_1(t) * f_2(t)] = \frac{d^n f_1(t)}{dt^n} * f_2(t)$$
$$= f_1(t) * \frac{d^n f_2(t)}{dt^n}$$

证明：$\frac{d^n}{dt^n}[f_1(t) * f_2(t)] = \delta^n(t) * f_1(t) * f_2(t) = f_1(t) * \delta^n(t) * f_2(t)$

$$f_1^{(n)}(t) * f_2(t) = f_1(t) * f_2^{(n)}(t)$$

(2) $f_1(t) * \varepsilon(t) = \int_{-\infty}^{+\infty} f(\tau) \varepsilon(t-\tau) = \int_{-\infty}^{t} f(\tau) d\tau$

工程意义下，任意信号在 $(-\infty, t)$ 上的积分可以写成这个信号与阶跃信号的卷积。

$$\int_{-\infty}^{t} [f_1(\tau) * f_2(\tau)] d\tau = \int_{-\infty}^{t} f_1(\tau) d\tau * f_2(\tau) = f_1(\tau) * \int_{-\infty}^{t} f_2(\tau) d\tau$$

证明：$(f_1(t) * f_2(t))^{(-1)} = \varepsilon(t) * f_1(t) * f_2(t) = f_1^{(-1)}(t) * f_2(t) = f_1(t) * f_2(t) * \varepsilon(t) = f_1(t) * f_2^{(-1)}(t)$

(3) 在 $f_1(-\infty) = 0$ 或 $f_2^{(-1)}(\infty) = 0$ 的前提下 $f_1(t) * f_2(t) = f'_1(t) * f_2^{(-1)}(t)$，进而有：$(f_1(t) * f_2(t))^i = f_1^{(j)}(t) * f_2^{(i-j)}(t)$。

[例 2.3.13] 信号 $f_1(t)$ 和 $f_2(t)$ 如图 2.3.17 所示，计算 $f_1(t) * f_1(t)$。

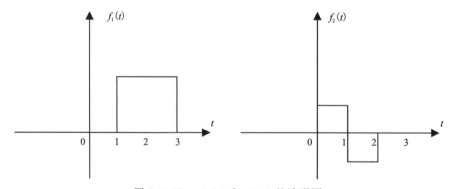

图 2.3.17 $f_1(t)$ 和 $f_1(t)$ 的波形图

解：根据卷积和的积分、微分特性，$f_1(t) * f_2(t) = f_1^{(1)}(t) * f_2^{(-1)}(t)$，如图 2.3.18 所示。

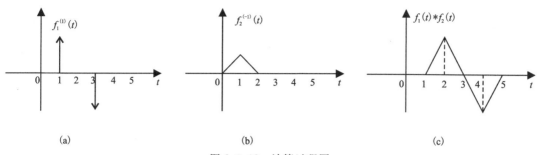

图 2.3.18 计算过程图

2.4 习题

一、自测题

1. 选择题(单选题)

(1)下列信号的分类方法不正确的是( )。
A. 数字信号和离散信号
B. 确定信号和随机信号
C. 周期信号和非周期信号
D. 连续信号和离散信号

(2)信号 $f(t) = \cos 2t + \sin 3t$ 周期为( )。

A. π B. $\dfrac{2}{3}\pi$ C. 2π D. 6π

(3)信号 $f(k) = e^{j\alpha k}$ 是( )。
A. 能量信号
B. 功率信号
C. 既是能量信号又是功率信号
D. 既非能量信号又非功率信号

(4)积分 $\int_{-\infty}^{\infty}(2t^2+1)\delta\left(\dfrac{t}{2}\right)\mathrm{d}t$ 等于( )。

A. 2 B. -2 C. 1 D. 0

(5)下列关于冲激函数性质的表达式不正确的是( )。

A. $\int_{-\infty}^{\infty}\delta'(t)\mathrm{d}t = 0$
B. $\int_{-\infty}^{+\infty}f(t)\delta(t)\mathrm{d}t = f(0)$
C. $\int_{-\infty}^{t}\delta(\tau)\mathrm{d}\tau = \varepsilon(t)$
D. $\int_{-\infty}^{\infty}\delta'(t)\mathrm{d}t = \delta(t)$

2. 判断题

(1)两个周期信号之和必仍为周期信号。( )

(2)非周期信号一定是能量信号。( )

(3)能量信号一定是非周期信号。( )

(4)两个功率信号之和必仍为功率信号。( )

(5)两个功率信号之积必仍为功率信号。( )

(6)能量信号与功率信号之积必为能量信号。( )

(7)随机信号必然是非周期信号。( )

二、练习题

1. 已知信号 $f(t)$ 的波形如图 2.4.1 所示,画出下列各函数的波形。

   (1) $f(2-t)$;(2) $f(1-2t)$;(3) $f\left(\dfrac{1}{2}t-2\right)$;(4) $f(t-1)\varepsilon(t)$;

   (5) $f(t-1)\varepsilon(t-1)$;(6) $f(2-t)\varepsilon(2-t)$;(7) $\dfrac{\mathrm{d}f(t)}{\mathrm{d}t}$;(8) $\int_{-\infty}^{t}f(x)\mathrm{d}x$。

2. 判别下列各序列是否为周期性的,如果是,确定其周期。

   (1) $f_1(k)=\cos\left(\dfrac{3\pi}{5}k\right)$;(2) $f_2(k)=\cos\left(\dfrac{3\pi}{4}k+\dfrac{\pi}{4}\right)+\cos\left(\dfrac{\pi}{3}k+\dfrac{\pi}{6}\right)$;

   (3) $f_3(k)=\sin\left(\dfrac{1}{2}k\right)$;(4) $f_4(k)=\mathrm{e}^{\mathrm{j}\frac{\pi}{3}k}$;

   (5) $f_5(t)=3\cos t+2\sin(\pi t)$;(6) $f_6(t)=\cos(\pi t)\varepsilon(t)$。

3. 已知序列 $f(k)$ 的波形如图 2.4.2 所示,画出下列各序列的图形。

   (1) $f(-k-2)$;(2) $f(k)-f(k-3)$。

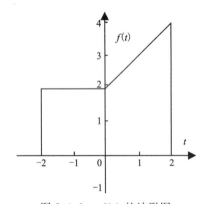
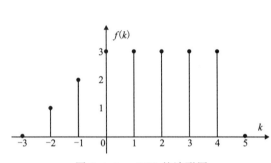

图 2.4.1　$f(t)$ 的波形图　　　　　图 2.4.2　$f(k)$ 的波形图

4. 已知信号的波形如图 2.4.3 所示,请画出 $f(t)$ 的图形。

5. 画出下列信号的波形。

   (1) $f(t)=\sin(\pi t)\varepsilon(t)$;(2) $f(t)=\varepsilon(\sin t)$;

   (3) $f(k)=2^k\varepsilon(k)$;(4) $f(k)=\sin\left(\dfrac{\pi k}{4}\right)\varepsilon(k)$;

   (5) $f(t)=\sin\pi(t-1)[\varepsilon(2-t)-\varepsilon(-t)]$;(6) $f(k)=2^k[\varepsilon(3-k)-\varepsilon(-k)]$;

   (7) $f(k)=k[\varepsilon(k)-\varepsilon(k-5)]$。

6. 已知信号的波形如图 2.4.4 所示,画出 $\dfrac{\mathrm{d}f(t)}{\mathrm{d}t}$ 的波形。

7. 计算下列各题。

   (1) $(1-t)\dfrac{\mathrm{d}}{\mathrm{d}t}[\mathrm{e}^{-t}\delta(t)]$;

   (2) $\int_{-\infty}^{+\infty}\dfrac{\sin(\pi t)}{t}\delta(t)\mathrm{d}t$;

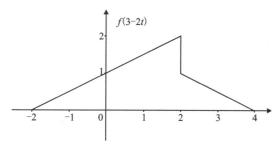

图 2.4.3 $f(t)$ 的波形图

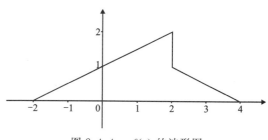

图 2.4.4 $f(t)$ 的波形图

(3) $\int_{-\infty}^{+\infty} \left[t^2 + \sin\left(\frac{\pi}{4}t\right)\right]\delta(t+2)\mathrm{d}t$;

(4) $\int_{-\infty}^{+\infty} (t^3 + 2t^2 - 2t + 1)\delta'(t-1)\mathrm{d}t$;

(5) $\int_{-\infty}^{t} (1-x)\delta'(x)\mathrm{d}x$;

(6) $\int_{-\infty}^{+\infty} (t^2+2)\delta\left(\frac{t}{2}\right)\mathrm{d}t$;

(7) $\int_{-\infty}^{\infty} \sin\left(t-\frac{\pi}{4}\right)\delta(t-\frac{\pi}{2})\mathrm{d}t$;

(8) $\int_{-\infty}^{\infty} e^{-1}\delta(t-3)\mathrm{d}t$;

(9) $\int_{-\infty}^{\infty} 8\left(t-\frac{t_0}{2}\right)\delta(t-t_0)\mathrm{d}t$;

(10) $\int_{-\infty}^{\infty} (t+\sin t)\delta\left(t-\frac{\pi}{6}\right)\mathrm{d}t$。

8. 证明题

设 a、b 为常数($a \neq 0$),试证:

$$\int_{-\infty}^{\infty} f(t)\delta(at-b)\mathrm{d}t = \frac{1}{|a|}f\left(\frac{b}{a}\right)$$

(提示:先证 $a > 0$,再证 $a < 0$)

9. $f_1(k)$ 和 $f_2(k)$ 的波形如图 2.4.5 所示,求 $f_1(k) + f_2(k)$ 和 $f_1(k) * f_2(k)$。

10. 给定信号

$$f(k) = \begin{cases} 2k+5, & -4 \leqslant k \leqslant -1 \\ 6, & 0 \leqslant k \leqslant 4 \\ 0, & \text{其他} \end{cases}$$

(1) 画出 $f(k)$ 序列的波形,标上各序列值;

(2) 试用延迟的单位脉冲序列及其加权和表示 $f(k)$ 序列。

11. 已知序列 $f(k)$ 的波形如图 2.4.6 所示,画出下列各序列的图形。

(1) $f(k-2)\varepsilon(k)$;(2) $f(k-2)\varepsilon(k-2)$;

(3) $f(k-2)[\varepsilon(k)-\varepsilon(k-4)]$;(4) $f(-k-2)$;

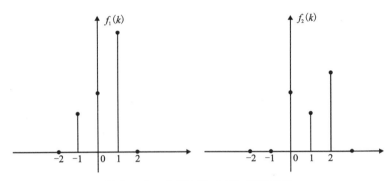

图 2.4.5　$f_1(k)$ 和 $f_2(k)$ 的波形图

(5) $f(-k+2)\varepsilon(-k+1)$；(6) $f(k)-f(k-3)$。

12. 已知信号 $f(t)$ 的波形如图 2.4.7 所示，画出 $f(t+1)$ 和 $f(3t/2)$ 的波形图。

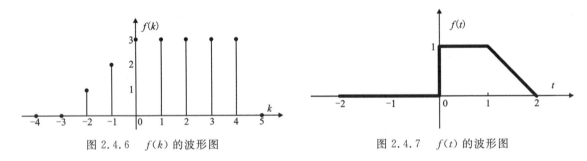

图 2.4.6　$f(k)$ 的波形图　　　　　图 2.4.7　$f(t)$ 的波形图

13. 已知 $f(t)$ 的波形如图 2.4.8 所示，画出 $f(-2t-4)$ 的波形图。

14. 已知连续信号 $f(t)$ 的波形如图 2.4.9 所示，画出下列信号的波形图。

(1) $f(t+3)$；(2) $f(-3t+3)$。

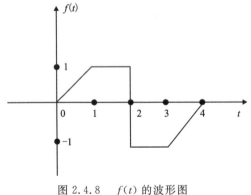
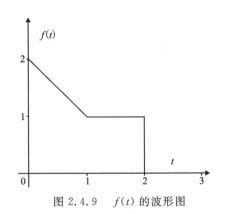

图 2.4.8　$f(t)$ 的波形图　　　　　图 2.4.9　$f(t)$ 的波形图

15. 画出下列离散信号的波形。

(1) $f(k)=2^k\varepsilon(k)$；

(2) $f(k)=2^k[\varepsilon(3-k)-\varepsilon(-k)]$；

(3) $f(k)=k[\varepsilon(k)-\varepsilon(k-5)]$；

(4) $f(k) = \sin\left(\dfrac{\pi k}{4}\right)\varepsilon(k)$。

16. 画出下列函数的图形。

(1) $x(t) = \varepsilon(t) - \varepsilon(t-2)$；

(2) $x(t) = t[\varepsilon(t+1) - \varepsilon(t-1)]$；

(3) $x(t) = \delta(t) - 2\delta(t-2)$；

(4) $x(t) = \varepsilon(t+1) - 2\varepsilon(t-1) + \varepsilon(t-2)$；

(5) $x(t) = \varepsilon(t) - \varepsilon(t-2) - \delta(t-2)$。

17. 求下列积分的值。

(1) $\displaystyle\int_{-4}^{4}(t^2+3t+2)[\delta(t)+2\delta(t-2)]\mathrm{d}t$；

(2) $\displaystyle\int_{-4}^{4}(t^2+1)[\delta(t+5)+\delta(t)+\delta(t-2)]\mathrm{d}t$；

(3) $\displaystyle\int_{-\pi}^{\pi}(1-\cos t)\delta(t-\pi/2)\mathrm{d}t$；

(4) $\displaystyle\int_{-2\pi}^{2\pi}(1+t)\delta(\cos t)\mathrm{d}t$。

18. 写出图 2.4.10 和图 2.4.11 中所示 $f_1(t)$、$f_2(t)$ 的表达式。

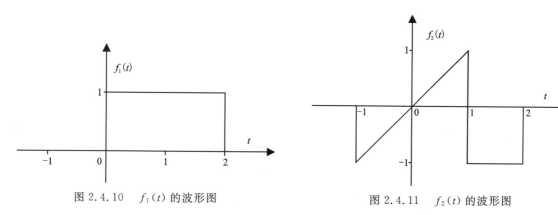

图 2.4.10　$f_1(t)$ 的波形图　　　　图 2.4.11　$f_2(t)$ 的波形图

19. 各序列的波形如图 2.4.12 所示，求下列卷积和。

(1) $f_1(k) * f_2(k)$；(2) $f_2(k) * f_3(k)$；

(3) $f_3(k) * f_4(k)$；(4) $[f_2(k) - f_1(k)] * f_3(k)$。

20. 各函数的波形如图 2.4.13 所示，请画出下列表达式对应的波形图。

(1) $f_1(t) * f_4(t)$；

(2) $f_1(t) * f_2(t) * f_3(t)$；

(3) $f_1(t) * [2f_4(t) - f_3(t-3)]$。

21. 计算下列函数的卷积积分 $f_1(t) * f_2(t)$。

(1) $f_1(t) = t\varepsilon(t)$，$f_2(t) = \varepsilon(t)$；

(2) $f_1(t) = \mathrm{e}^{-6t}\varepsilon(t)$，$f_2(t) = \varepsilon(t)$；

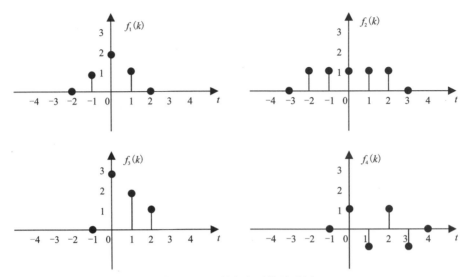

图 2.4.12 所有序列的波形图

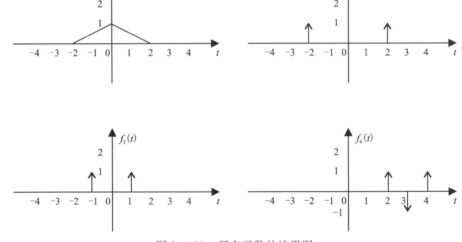

图 2.4.13 所有函数的波形图

(3) $f_1(t) = \varepsilon(t+2), f_2(t) = \varepsilon(t-3)$；

(4) $f_1(t) = t\varepsilon(t), f_2(t) = \varepsilon(t)$；

(5) $f_1(t) = t\varepsilon(t), f_2(t) = \varepsilon(t) - \varepsilon(t-2)$；

(6) $f_1(t) = t\varepsilon(t-1), f_2(t) = \varepsilon(t+3)$；

(7) $f_1(t) = t\varepsilon(t-1), f_2(t) = \delta''(t-2)$。

22.请画出下列信号的卷积结果(图 2.4.14)。

(1)求 $f_1(t) * f_1(t)$，注意 A 和 a 不一定相等。

(2)求 $f_1(t) * f_2(t)$，注意 A 和 B 不一定相等，a 和 b 不一定相等。

23.给定信号 $f_1(t) = \varepsilon(t) - \varepsilon(t-3), f_2(t) = e^{-t}\varepsilon(t)$，求 $y(t) = f_1(t) * f_2(t)$。

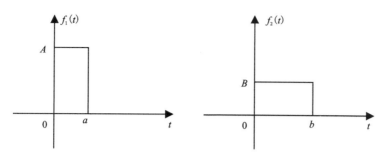

图 2.4.14　$f_1(t)$ 和 $f_2(t)$ 的波形图

24. 已知 $f_1(t)=t\varepsilon(t)$，$f_2(t)=\varepsilon(t)-\varepsilon(t-2)$，求 $y(t)=f_1(t)*f_2(t-1)*\delta'(t-2)$。

25. 已知 $f(t)$ 的波形图如图 2.4.15 所示，求 $y(t)=f(t)*\delta'(2-t)$。

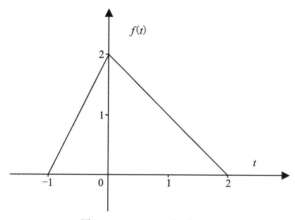

图 2.4.15　$f(t)$ 的波形图

2.5　实操环节

MATLAB(矩阵实验室,matrix laboratory),除具备卓越的数值计算能力外,还提供了专业水平的符号计算、文字处理、可视化建模仿真和实时控制等功能。MATLAB 具有友好的工作平台和编程环境,简单易懂的程序语言,强大的科学计算机数据处理能力和出色的图形处理功能。在工程计算、控制设计、信号处理与通信、图像处理、信号检测、金融建模设计与分析等领域具有广泛的应用。为了加深对信号与系统相关知识的理解,本书在各章之后会介绍相关的 MATLAB 函数与实现代码,供大家学习和参考。本章常用的 MATLAB 函数如下。

1. stepfun

功能:用来产生阶跃函数的图像。

调用格式:$y=\mathrm{stepfun}(t,t_0)$。

其中,y 表示产生的阶跃信号;t 表示时间向量;t_0 表示产生阶跃的时间点。

2. square

功能:用来产生周期性方波信号。

调用格式:$y = \text{square}(t, \text{duty})$。

其中,y 表示所产生的方波信号;t 表示方波信号所对应的时间向量;duty 为信号 y 的占空比,其取值范围是 0 到 100。

2.5.1 实例

(1)连续信号 $f(t) = 5\,\text{e}^{-0.8t}\sin(\pi t), 0 < t < 5$ 的输入及绘图。

程序如下:

```
1  b=5;
2  a=0.8;
3  t=0:0.01:5;
4  y1=b*exp(- a*t).*sin(pi*t);   % 输入信号表达式
5  plot(t,y1)                    % 画出信号波形
```

结果如图 2.5.1 所示。

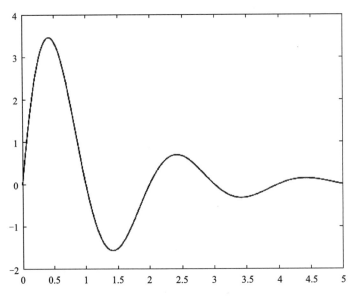

图 2.5.1 连续信号 $f(t)$ 波形图

(2)离散信号 $f(k) = 2\,(0.8)^k, -5 < k < 5$ 的输入及绘图。

程序如下:

```
1  c=2;
2  d=0.8;
3  k=-5:5;
4  y2=c*d.∧k;      % 输入信号表达式
5  stem(k,y2)      % 画出信号波形
```

结果如图 2.5.2 所示。

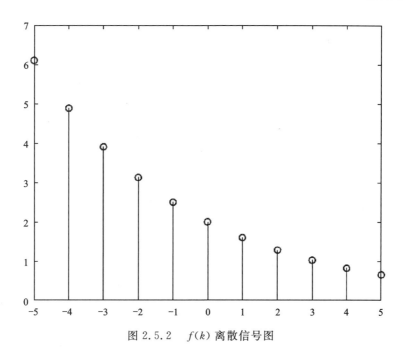

图 2.5.2 $f(k)$ 离散信号图

(3) 利用 MATLAB 生成序列：$f_1(k)=u(k),-5 \leqslant k \leqslant 15 ; f_2(k)=u(k-5),-5 \leqslant k \leqslant 15$。

程序如下：

```
1   k=-5:15;
2   x1=[zeros(1,5)ones(1,16)];
3   x2=[(k-5)>=0];
4   subplot(121),stem(k,x1);
5   xlabel('k');ylabel('f1(k)');title('u(k)');
6   axis([-6 16 -0.1 1.1]);grid;
7   subplot(122),stem(k,x2);
8   xlabel('k');ylabel('f2(k)');title('u(k-5)');
9   axis([-6 16 -0.1 1.1]);grid;
10  set(gef,'color','w');
```

结果如图 2.5.3 所示。

(4) 请利用 MATLAB 绘出门信号 $f(t)=\varepsilon(t+2)-\varepsilon(t-2)$ 的波形。

程序如下：

```
1   t=-4:0.01:4;              % 定义时间样本向量
2   t1=-2;                    % 指定信号发生突变的时刻
3   u1=stepfun(t,t1);         % 产生左移位的阶跃信号
4   t2=2;                     % 指定信号发生突变的时刻
5   u2=stepfun(t,t2);         % 产生右移位的阶跃信号
6   g=u1-u2;                  % 表示门信号
7   plot(t,g)                 % 绘制门函数的波形
8   axis([-4,4,-0.5,1.5])     % 设定坐标轴范围-4< x< 4,-0.5< y< 1.5
```

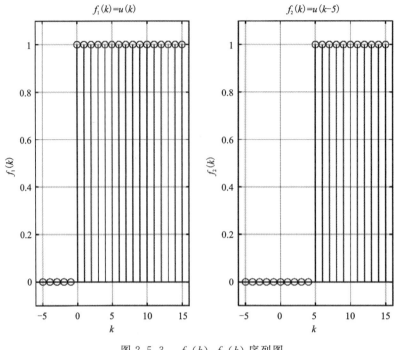

图 2.5.3　$f_1(k)$、$f_2(k)$ 序列图

结果如图 2.5.4 所示。

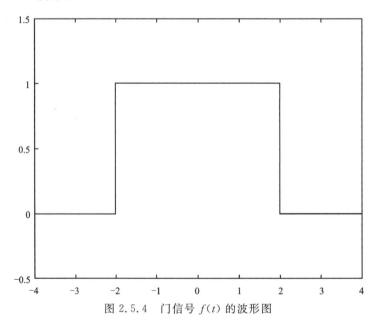

图 2.5.4　门信号 $f(t)$ 的波形图

2.5.2　练习

试用 MATLAB 编程实现如下信号波形的绘制。

(1) $f(t) = 4\,\mathrm{e}^{-0.5t}\cos(\pi t), 0 < t < 1$。

(2) $f(k) = 7\,(0.6)^k \cos(0.9\pi k)$。

2.6 课外阅读

1. 人物介绍

香农(1916—2001),全名 Claude E Shannon,被誉为信息论及数字通信之父,其母亲是城镇高中外语教师兼校长,父亲是商人兼律师,爱迪生是他童年的英雄,数学和科学是他喜爱的学科(图 2.6.1)。他于 1932 年进入密歇根大学,并于 1936 年获电气工程和数学两个学士学位。1936 年,他在 MIT 任研究助理并成为了 MIT 电气工程系研究生,承担用 Bush 分析器解微分方程的工作。1937 年,他在提交的硕士论文《继电器和开关电路符号分析》中,首次提出了可用于设计和分析逻辑电路的系统方法,这是数字信号处理的里程碑之一,该论文于 1940 年获 AfredNoble 优秀论文奖。1940 年,获电气工程硕士学位和数学博

图 2.6.1 信息论之父——香农

士学位,博士论文为《理论遗传学的代数》(未公开发表)。1941—1956 年,于贝尔实验室工作。1948 年,发表了题为《通信的数学理论》的学术论文,这篇具划时代意义的论文的问世,宣告了信息论的诞生,被称为现代信息理论的鼻祖。1956 年,为 MIT 访问学者,第二年接受 MIT 永久聘任,1978 年退休。2001 年 2 月 24 日病逝,享年 84 岁。Shannon 精通通信与数学,将数理知识和工程很好地融合在一起。大数学家 Kolmogrov 很好地总结了 Shannon 作为一个学者的才华,他说:"香农是科学家的一个卓越的典范,他把深奥和抽象的数学思想与概括而又很具体的对关键技术问题的理解结合起来。他被认为是最近几十年最伟大的工程师之一,同时也被认为是最伟大的数学家之一。"

图 2.6.2 理论物理学家——狄拉克

保罗·阿德里安·莫里斯·狄拉克(Paul Adrien Maurice Dirac,1902—1984),英国理论物理学家,量子力学的基奠者之一,对量子电动力学早期的发展有重要贡献(图 2.6.2)。为了处理在研究过程中的连续变量,狄拉克引入了新的数学工具——狄拉克 δ 函数,该函数又被称为单位冲激函数。狄拉克一生荣誉斐然。1933 年,他因创立有效的、新型式的原子理论,并给出了狄拉克方程而获得诺贝尔物理学奖。同时他对量子电动力学的发展也作出了重要贡献,提出了大数假说、磁单极等概念。他曾经担任剑桥大学的卢卡斯数学教授席位,并在佛罗里达州立大学度过他人生的最后 14 个年头。1984 年,狄拉克在佛罗里达

州塔拉哈西过世。狄拉克童年在布里斯托所居住的房子所在的道路也被命名为狄拉克路,以彰显他与这个地区的联结。当地主教路小学的墙上挂了一块牌子,展示了狄拉克最著名的狄拉克方程。

2. 从分配函数观点看冲激信号

所谓分配函数或广义函数不像通常函数那样对应于自变量的变化值所取的函数值来定义,而是由它对另一函数(常称检验函数)的作用效果来定义。检验函数被要求是普通函数,它随时间的变化是连续的并且具有任意阶的导数。

例如,为了检测一个集中参数的线性非时变系统的特性,可以通过在系统输入端施加一个测试信号,在系统输出端观察所产生的响应来作出判断。显然此响应由下面积分所确定,即

$$r(t) = e(t) * h(t) = \int_{-\infty}^{\infty} e(\tau)h(t-\tau)\mathrm{d}\tau \tag{2.6.1}$$

如果在系统输出端观察到的响应为单位冲激响应 $h(t)$,则不论所加的为何种测试信号均可看成是单位冲激函数 $\delta(t)$。因为对系统来说,它们产生相同的作用效果,即具有相同的输出。因此从分配函数角度来看,单位冲激函数可定义为

$$\int_{-\infty}^{\infty} \delta(\tau)h(t-\tau)\mathrm{d}\tau = h(t) \tag{2.6.2}$$

如推广到一般情况,式(2.6.2)可改写为

$$\int_{-\infty}^{\infty} \delta(\tau)f(t-\tau)\mathrm{d}\tau = f(t) \tag{2.6.3}$$

式中:$f(t)$ 为任一检验函数。

式(2.6.3)说明,如一分配函数与检验函数的卷积仍为该检验函数本身,则此分配函数即为 $\delta(t)$。这就是单位冲激函数的定义。如检验函数取为 $f(-t)$,则有

$$\int_{-\infty}^{\infty} \delta(\tau)f(-t+\tau)\mathrm{d}t = f(-t) \tag{2.6.4}$$

令 $t=0$,并考虑到检验函数在 $t=0$ 点上是连续的,即有 $f(0^-)=f(0^+)=f(0)$,则式(2.6.4)变为

$$\int_{-\infty}^{\infty} \delta(\tau)f(\tau)\mathrm{d}\tau = f(0) \tag{2.6.5}$$

如将时间变量 τ 改成 t 表示,则有

$$\int_{-\infty}^{\infty} \delta(t)f(t)\mathrm{d}t = f(0) \tag{2.6.6}$$

式(2.6.5)、式(2.6.6)也同样可以表达 $\delta(t)$ 对检验函数 $f(t)$ 的作用效果,因此也是 $\delta(t)$ 的另一定义式。此式表明,如一分配函数与检验函数相乘后取时间自 $-\infty$ 到 $+\infty$ 的积分所得的值,等于该检验函数在 $t=0$ 处的值,则此分配函数即为 $\delta(t)$。

分配函数对某一检验函数的作用效果,也可视为对此函数赋值,即分配函数 $g(t)$ 作用于检验函数 $\varphi(t)$ 时就产生一个与此函数有关的数值,用数学关系表示可写为

$$<g(t),\varphi(t)> = R<\varphi(t)> \tag{2.6.7}$$

式中：<> 表示赋值；R 为与 $\varphi(t)$ 有关的某一数值。

如式(2.6.5)即表明 $\delta(\tau)$ 对检验函数的赋值为 $f(0)$。一般来说，这个赋值是由一个与式(2.6.5)和式(2.6.6)相类似的积分来表达的。只要对检验函数产生相同的赋值，则所积分的应是同一分配函数。所以从分配函数的观点来看，除正文中给出的当 τ 无穷缩小但保持面积为 1 的矩形脉冲满足 $\delta(t)$ 的定义外，还有许多函数的极限也同样满足 $\delta(t)$ 的定义式(2.6.5)和式(2.6.6)。它们也同样可以用来表示 $\delta(t)$。例如：

双边指数函数 $\lim\limits_{\tau \to 0} \dfrac{1}{2\tau} e^{-\frac{|t|}{\tau}}$；

三角脉冲 $\lim\limits_{\tau \to 0} \dfrac{1}{\tau}\left(1 - \dfrac{|t|}{\tau}\right)[\varepsilon(t+\tau) - \varepsilon(t-\tau)]$；

高斯脉冲 $\lim\limits_{\tau \to 0} \dfrac{1}{\tau} e^{-\pi \left(\frac{t}{\tau}\right)^2}$；

抽样脉冲 $\lim\limits_{t \to \infty} \dfrac{\sin kt}{\pi t}$ 等。

下面从分配函数的观点来讨论单位冲激函数 $\delta(t)$ 的一些主要性质。

1) 抽样性

取检验函数为 $f(\tau + t_1)$，由式(2.6.5)则有

$$\int_{-\infty}^{\infty} \delta(\tau) f(\tau + t_1) d\tau = f(t_1) \tag{2.6.8}$$

再令 $t = \tau + t_1$，则式(2.6.8)变成

$$\int_{-\infty}^{\infty} \delta(t - t_1) f(t) dt = f(t_1) \tag{2.6.9}$$

式(2.6.9)表明，延时 t_1 时间的单位冲激函数与 $f(t)$ 相乘后再取积分可抽取出 $f(t)$ 在时间 t_1 处的值。

2) 与普通函数相乘

$$\delta(t - t_1) f(t) = f(t_1) \delta(t - t_1) \tag{2.6.10}$$

如令 $t_1 = 0$，则有

$$\delta(t) f(t) = f(0) \delta(t) \tag{2.6.11}$$

式(2.6.10)和式(2.6.11)表明，在 t_1 时刻出现的单位冲激函数与 $f(t)$ 相乘所得结果仍是在同一时刻出现的冲激函数，仅其冲激强度由 1 变为 $f(t)$ 在 t_1 时刻的函数值。式(2.6.10)和式(2.6.11)证明如下。

因为有

$$\int_{-\infty}^{\infty} \delta(t - t_1) f(t) \varphi(t) dt = f(t_1) \varphi(t_1) \tag{2.6.12}$$

$$\int_{-\infty}^{\infty} f(t_1) \delta(t - t_1) \varphi(t) dt = f(t_1) \varphi(t_1) \tag{2.6.13}$$

式(2.6.10)两边的分配函数对检验函数 $\varphi(t)$ 的赋值相同，故两者相等。

3) 单位冲激函数是单位阶跃函数的导数

因为

$$\int_{-\infty}^{\infty} \frac{\mathrm{d}\varepsilon(t)}{\mathrm{d}t}\varphi(t)\mathrm{d}t = \varepsilon(t)\varphi(t)\Big|_{-\infty}^{\infty} - \int_{-\infty}^{\infty}\varepsilon(t)\varphi'(t)\mathrm{d}t$$

$$= \varphi(\infty) - \int_{0}^{\infty}\varphi'(t)\mathrm{d}t = \varphi(0) \tag{2.6.14}$$

与式(2.6.6)相比较,可见 $\frac{\mathrm{d}\varepsilon(t)}{\mathrm{d}t}$ 与 $\delta(t)$ 有相同的赋值 $\varphi(0)$。所以

$$\frac{\mathrm{d}\varepsilon(t)}{\mathrm{d}t} = \delta(t) \tag{2.6.15}$$

4) $\delta(t)$ 为偶函数

因为

$$\int_{-\infty}^{\infty} f(t_1)\delta(-t)\varphi(t)\mathrm{d}t = \varphi(0^-) \tag{2.6.16}$$

而检验函数在 $t=0$ 处连续,有 $\varphi(0^-) = \varphi(0^+) = \varphi(0)$

故

$$\delta(-t) = \delta(t) \tag{2.6.17}$$

5) 尺度变换

$$\delta(at) = \frac{1}{|a|}\delta(t) \tag{2.6.18}$$

式(2.6.18)表明,如时间尺度压缩 a 倍,则冲激强度变为 $\frac{1}{|a|}$。这也很容易由等式两边对 $\varphi(t)$ 有相同赋值来证明。因为令 $at = \tau$,有

$$\int_{-\infty}^{\infty}\delta(at)\varphi(t)\mathrm{d}t = \frac{1}{|a|}\int_{-\infty}^{\infty}\delta(\tau)\varphi\left(\frac{\tau}{a}\right)\mathrm{d}\tau$$

$$= \frac{1}{|a|}\varphi(0) \tag{2.6.19}$$

$$\int_{-\infty}^{\infty}\frac{1}{|a|}\delta(t)\varphi(t)\mathrm{d}t = \frac{1}{|a|}\varphi(0)$$

故式(2.6.18)成立。

6) 冲激偶 $\delta'(t)$

因为

$$\int_{-\infty}^{\infty}\delta'(t)\varphi(t)\mathrm{d}t = \delta(t)\varphi(t)\Big|_{-\infty}^{\infty} - \int_{-\infty}^{\infty}\delta(t)\varphi'(t)\mathrm{d}t$$

$$= -\varphi'(0) \tag{2.6.20}$$

式(2.6.20)为冲激偶的定义式。即冲激偶与一普通函数相乘后再取由时间 $-\infty$ 到 ∞ 的积分即等于该函数在 $t=0$ 处导数的负值。

7) 冲激偶与普通函数相乘

$$f(t)\delta'(t) = f(0)\delta'(t) - f'(0)\delta(t) \tag{2.6.21}$$

此式仍然可由两边对检验函数 $\varphi(t)$ 有相同赋值来证明。因为由式(2.6.20)有

$$\int_{-\infty}^{\infty}f(t)\delta'(t)\varphi(t)\mathrm{d}t = \int_{-\infty}^{\infty}\delta'(t)[f(t)\varphi(t)]\mathrm{d}t$$

$$= -[f(t)\varphi(t)]'_{t=0} \tag{2.6.22}$$

$$= -f(0)\varphi'(0) - f'(0)\varphi(0)$$

而

$$\int_{-\infty}^{\infty} [f(0)\delta'(t) - f'(0)\delta(t)]\varphi(t)dt = -f(0)\varphi'(0) - f'(0)\varphi(0) \quad (2.6.23)$$

故式(2.6.21)成立。

3. 周期卷积

两个周期序列 $\tilde{x}_1(n)$ 和 $\tilde{x}_2(n)$，周期均为 N，其周期卷积定义为

$$\tilde{x}_1(n) * \tilde{x}_2(n) = \left[\sum_{m=0}^{N-1} \tilde{x}_1(m)\tilde{x}_2(n-m)\right] \quad (2.6.24)$$

从式(2.6.24)可以看出，周期卷积与线性卷积的计算方法相似，但是它不同于线性卷积，二者的差别在于求和区间固定在一个周期内，即 $[0, N-1]$，且卷积结果仍是以 N 为周期的周期序列。

图 2.6.3 显示了两个周期为 $N=7$ 的序列 $\tilde{x}_1(n)$、$\tilde{x}_2(n)$ 进行周期卷积的过程。

第一步：变量替换，即 $n \to m$，得到 $\tilde{x}_1(m)$、$\tilde{x}_2(m)$（图中未画出）。

第二步：将 $\tilde{x}_2(m)$ 以正纵轴反转得 $\tilde{x}_2(-m)$，并进行逐点移位，如图 2.6.3(d)、(f)所示的对应于 $n=0,1,2$ 时的 $\tilde{x}_2(n-m)$。

第三步：每移一位就将 $\tilde{x}_2(n-m)$ 与 $\tilde{x}_1(m)$ 对应点逐点相乘，然后在一个周期内求和，移满一个周期，得到相应于一个周期的卷积和 $x_3(n)$，将 $x_3(n)$ 以周期 N 沿横轴做周期延拓，即得 $\tilde{x}_3(n)$。

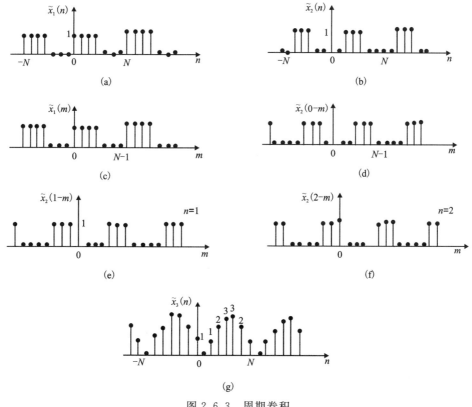

图 2.6.3 周期卷积

4. 圆周卷积

1)圆周移位

在介绍圆周卷积之前,先来了解一下圆周移位的定义。一列长为 N 的有限长序列 $x(n)$,在区间 $[0,N-1]$ 内取非零值,则 $x(n)$ 的圆周移位定义为

$$x_1(n) = \tilde{x}((n+m))_N R_N(n) \qquad (2.6.25)$$

式中:$R_N(n)$ 表示长度为 N 的矩形序列,$n \in [0,N-1]$;$\tilde{x}((n+m))_N$ 表示将原序列 $x(n)$ 以 N 为周期做周期延拓得到周期序列 $\tilde{x}((n))_N$,并对 $\tilde{x}((n))_N$ 进行移位 m 个点,得到 $\tilde{x}((n+m))_N$。

圆周移位是指在区间 $[0,N-1]$ 取出 $\tilde{x}((n+m))_N$ 一个周期的序列值,即得到 $x(n)$ 的周期移位序列 $x_1(n)$。如图 2.6.4 所示,是将 $x(n)$ 圆周右移 2 位后得到的圆周序列 $x_1(n) = \tilde{x}((n-2))_N R_N(n)(N=5)$。

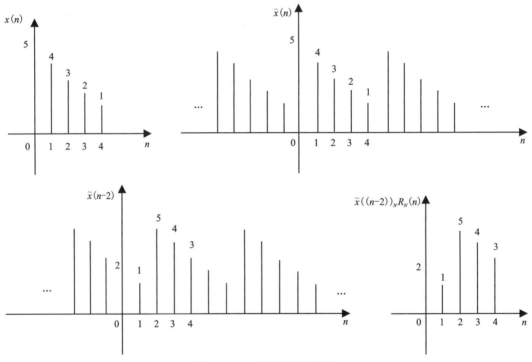

图 2.6.4 序列的圆周移位

这样的移位有一个特点,有限长序列经过了周期延拓,如当序列的第一个周期右移 m 位后,紧靠第一个周期左边序列的序列值就依次填补了第一个周期序列右移后左边的空位,如同序列 $\tilde{x}(n)$ 一个周期的点排列在一个 N 等分圆周上,N 个点首尾相衔接,圆周移 m 位相当于 $x(n)$ 在圆周上旋转 m 位,因此称为圆周移位或循环移位,如图 2.6.5 所示。

2)圆周卷积

设 $x_1(n)$ 与 $x_2(n)$ 的长度均为 N,则两者的 N 点圆周卷积定义为

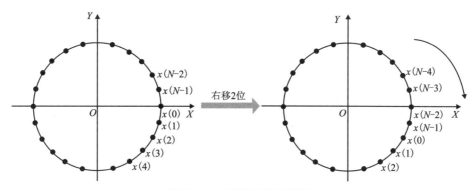

图 2.6.5 圆周移位示意图

$$x_1(n) \oplus x_2(n) = \sum_{m=0}^{N-1} x_1(m) x_2((n-m))_N R_N(n)$$
$$= \sum_{m=0}^{N-1} x_2(m) x_1((n-m))_N R_N(n) \quad (2.6.26)$$

式中：$\oplus$ 表示圆周卷积，实际上，圆周卷积是从 $x_1(n)$ 与 $x_2(n)$ 的 N 点周期卷积结果中取出从 0 开始的一个周期的结果。另外，从定义式中可见，$x_2((n-m))_N R_N(n)$ 实际上就是 $x_2(m)$ 的圆周移位，所以上述的卷积称为圆周卷积。

图 2.6.6 为圆周卷积计算的图解分析，可按照变量替换、翻转、平移、乘积、求和的步骤进行。

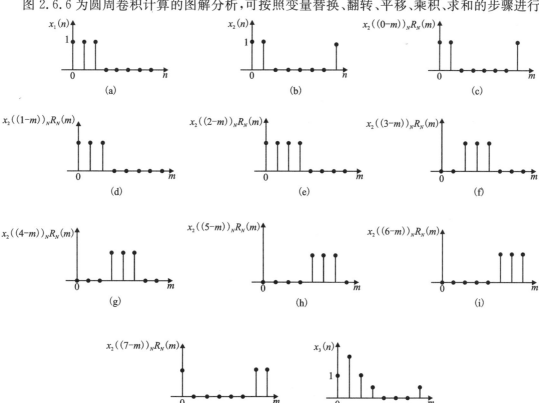

图 2.6.6 圆周卷积计算的图解分析（$N=8$）

最后需要强调一点,两个序列做 N 点圆周卷积,要求两者长度一定相等,若不等,则需要将序列分别在末尾补零至长度 N。

3)圆周卷积与线性卷积的关系

假定 $x(n)$ 是列长为 N 的有限长序列,$x_2(n)$ 是列长为 M 的有限长序列,二者的线性卷积 $x(n) = x_1(n) * x_2(n)$ 也是有限长序列,其长度为 $N+M-1$。

如果计算二者的 L 点圆周卷积,则当 $L \geqslant N+M-1$ 时,有 $x_1(n)(L)x_2(n) = x_1(n) * x_2(n)$,即两序列 L 点圆周卷积与其线性卷积是相等的,具体推导过程如下:由前面讨论可知,两者 L 点的圆周卷积是两者 L 点周期卷积的一个周期的序列,这里设 $L > \max(N, M)$。

令

$$\tilde{x}_1(n) = \sum_{q=-\infty}^{+\infty} x_1(n+qL), \quad \tilde{x}_2(n) = \sum_{k=-\infty}^{+\infty} x_2(n+kL) \tag{2.6.27}$$

则两者的周期卷积为

$$\tilde{x}_L(n) = \tilde{x}_1(n) * \tilde{x}_2(n) = \sum_{m=0}^{L-1} \tilde{x}_1(m) \tilde{x}_2(n-m)$$

$$= \sum_{k=-\infty}^{+\infty} \sum_{m=0}^{L-1} \tilde{x}_1(m) x_2(n+kL-m) \tag{2.6.28}$$

由于 m 在 $[0, N-1]$ 上取值,所以 $\tilde{x}_1(m) = x_1(m)$,式(2.6.28)可进一步写为

$$\tilde{x}_L(n) = \sum_{k=-\infty}^{+\infty} \sum_{m=0}^{L-1} x_1(m) x_2(n+kL-m) = \sum_{k=-\infty}^{+\infty} x(n+kL) \tag{2.6.29}$$

由此可以看出,$x_1(n)$ 和 $x_2(n)$ 的周期卷积是 $x_1(n)$ 和 $x_2(n)$ 的线性卷积结果 $x(n)$ 以 L 为周期的周期延拓。

由前面分析可知,线性卷积 $x(n)$ 具有 $N+M-1$ 个点。因此,如果周期卷积的周期 $L < N+M-1$,则 $x(n)$ 在以 L 为周期进行周期延拓时就必然有一部分序列值产生交叠,发生混淆。只有当 $L \geqslant N+M-1$ 时,才不发生交叠,$\tilde{x}_L(n)$ 中的每一周期 L 内,前 $N+M-1$ 个序列值正是序列 $x(n)$ 的值,而剩下的 $L-(N+M-1)$ 个点上的序列则是补充的零值。

知道了 $\tilde{x}_L(n)$,即可得到 $x_1(n)$ 与 $x_2(n)$ 的 L 点圆周卷积,即

$$\begin{aligned} x_L(n) &= x_1(n)(L)x_2(n) \\ &= \tilde{x}_L(n) R_L(n) \\ &= \left[\sum_{r=-\infty}^{+\infty} x(n+rL) \right] R_L(n) \end{aligned} \tag{2.6.30}$$

所以要使圆周卷积与线性卷积相等,L 需满足以下条件

$$L \geqslant N+M-1 \tag{2.6.31}$$

满足该条件,则 $x_L(n) = x(n)$,即

$$x_1(n)(L)x_2(n) = x_1(n) * x_2(n) \tag{2.6.32}$$

利用上述关系,可以很方便地计算出两个序列的线性卷积,这将在学习离散信号频域分析后,看到其优势。

第二部分　信号的变换域分析

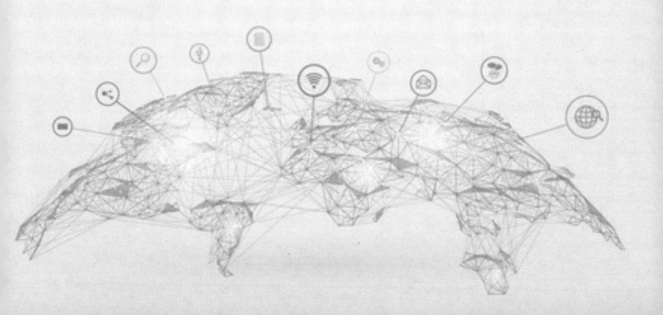

第3章 信号的频域分析

本章讨论的重点是周期信号和非周期信号(连续信号和离散信号)的频谱及从连续信号到数字信号转换的重要定理——取样定理。通过本章的学习,需要了解 Fourier 级数的三角型和指数型表示形式,离散信号的 Fourier 变换形式的定义和相互转换关系;需要熟练掌握非周期信号 Fourier 变换的定义和性质、取样定理的本质及离散 Fourier 变换的快速算法。

3.1 信号分解为正交函数

信号分解为正交函数的原理与矢量分解为正交矢量的概念相似。譬如,平面上的矢量 A 在直角坐标中可以分解为 x 方向分量和 y 方向分量,如图 3.1.1(a)所示。如令 v_x、v_y 为各相应方向的正交单位矢量,则矢量 A 可写为

$$A = C_1 v_x + C_2 v_y$$

为了便于研究矢量分解,将相互正交的单位矢量组成一个二维"正交矢量集"。这样,在此平面上的任意矢量都可用正交矢量集的分量组合表示。对于一个三维空间的矢量,可以用一个三维正交矢量集 v_x, v_y, v_z 的分量组合表示,它可写为

$$A = C_1 v_x + C_2 v_y + C_3 v_z$$

如图 3.1.1(b)所示。此外,空间矢量正交分解的概念可以推广到信号空间,在信号空间找到若干个相互正交的信号作为基本信号,使得信号空间中任意信号均可表示成它们的线性组合。

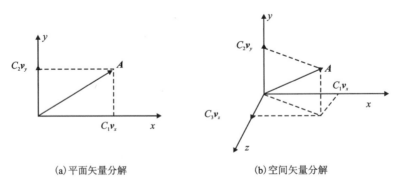

(a) 平面矢量分解　　(b) 空间矢量分解

图 3.1.1　方波信号与各谐波信号叠加结果对比图

3.1.1 正交函数集

如有定义在 (t_1,t_2) 区间的两个函数 $\varphi_1(t)$ 和 $\varphi_2(t)$,若满足

$$\int_{t_1}^{t_2} \varphi_1(t)\,\varphi_2(t)\,\mathrm{d}t = 0$$

则称 $\varphi_1(t)$ 和 $\varphi_2(t)$ 在区间 (t_1,t_2) 内正交。

如有 n 个函数 $\varphi_1(t),\varphi_2(t),\cdots,\varphi_n(t)$ 构成一个函数集,当这些函数在区间 (t_1,t_2) 内满足

$$\int_{t_1}^{t_2} \varphi_1(t)\,\varphi_2(t)\,\mathrm{d}t = \begin{cases} 0, & \text{当 } i \neq j \\ K_i \neq 0, & \text{当 } i = j \end{cases} \tag{3.1.1}$$

式中: K_i 为常数,则称此函数集为在区间 (t_1,t_2) 的正交函数集。在区间 (t_1,t_2) 内相互正交的 n 个函数构成正交信号空间。

如果正交函数集 $\varphi_1(t),\varphi_2(t),\cdots,\varphi_n(t)$ 之外,不存在函数 $\widetilde{\varphi(t)}$ 满足等式

$$\int_{t_1}^{t_2} \varphi_i(t)\,\widetilde{\varphi(t)}\,\mathrm{d}t = 0 \quad (i=1,2,\cdots,n) \tag{3.1.2}$$

则此函数集称为完备正交函数集。也就是说,如能找到一个函数 $\varphi(t)$,使得式(3.1.2)成立,即 $\widetilde{\varphi(t)}$ 与函数集 $\varphi_i(t)$ 的每个函数都正交,那么它本身就应属于此函数集。显然,不包含 $\widetilde{\varphi(t)}$ 的集是不完备的。

例如,三角函数集 $\{1,\cos(\Omega t),\cos(2\Omega t),\cdots,\cos(m\Omega t),\cdots,\sin(\Omega t),\sin(2\Omega t),\cdots,\sin(n\Omega t),\cdots\}$ 在区间 $(t_0,t_0+T)\left(\text{其中 } T=\dfrac{2\pi}{\Omega}\right)$ 组成正交函数集,而且是完备的正交函数集。这是因为

$$\int_{t_0}^{t_0+T} \cos(m\Omega t)\cos(n\Omega t)\,\mathrm{d}t = \begin{cases} 0, & \text{当 } m \neq n \\ \dfrac{T}{2}, & \text{当 } m = n \neq 0 \\ T, & \text{当 } m = n = 0 \end{cases} \tag{3.1.3a}$$

$$\int_{t_0}^{t_0+T} \sin(m\Omega t)\sin(n\Omega t)\,\mathrm{d}t = \begin{cases} 0, & \text{当 } m \neq n \\ \dfrac{T}{2}, & \text{当 } m = n \neq 0 \end{cases} \tag{3.1.3b}$$

即三角函数集满足正交特性式(3.1.1),因而是正交函数集。至于其完备性这里不去讨论。

集合 $\{\sin(\Omega t),\sin(2\Omega t),\cdots,\sin(n\Omega t),\cdots\}$ 在区间 (t_0,t_0+T) 内也是正交函数集,但它是不完备的,因为还有许多函数,如 $\cos(\Omega t),\cos(2\Omega t),\cdots$,也与此集中的函数正交。

如果是复函数集,正交是指若复函数集 $\{\varphi_i(t)\}(i=1,2,\cdots,n)$ 在区间 (t_1,t_2) 满足

$$\int_{t_1}^{t_2} \varphi_i(t)\,\varphi_j^*(t)\,\mathrm{d}t = \begin{cases} 0, & \text{当 } i \neq j \\ K_i \neq 0, & \text{当 } i = j \end{cases} \tag{3.1.4}$$

复函数集 $\{\mathrm{e}^{\mathrm{j}n\Omega t}\}(n=0,\pm 1,\pm 2,\cdots)$ 在区间 (t_0,t_0+T) 内是完备正交函数集,其中 $T=\dfrac{2\pi}{\Omega}$ 它在区间 (t_0,t_0+T) 内满足

$$\int_{t_0}^{t_0+T} e^{jm\Omega t}(e^{jn\Omega t})^* dt = \int_{t_0}^{t_0+T} e^{j(m-n)\Omega t} dt = \begin{cases} 0, & \text{当 } m \neq n \\ T, & \text{当 } m = n \end{cases} \tag{3.1.5}$$

3.1.2 信号分解为正交函数

设有 n 个函数 $\varphi_1, \varphi_2, \cdots, \varphi_n$ 在区间 (t_1, t_2) 构成一个正交函数空间。将任一函数 $f(t)$ 用这 n 个正交函数的线性组合来近似,可表示为

$$f(t) \approx C_1 \varphi_1(t) + C_2 \varphi_2(t) + \cdots + C_n \varphi_n(t) = \sum_{j=1}^{n} C_j \varphi_j(t) \tag{3.1.6}$$

这里的问题是如何选择 C_j 才能得到最佳近似。显然,应选取各系数 C_j 使实际函数与近似函数之间误差在区间 (t_1, t_2) 内为最小。这里"误差最小"不是指平均误差最小,因为在平均误差最小甚至等于零的情况下,也可能有较大的正误差和负误差在平均过程中相互抵消,以致不能正确反映两函数的近似程度。通常选择误差的均方值(或称方均值)最小,这时,可以认为已经得到了最好的近似。误差的均方值也称为均方误差,用符号 $\overline{\varepsilon^2}$ 表示

$$\overline{\varepsilon^2} = \frac{1}{t_2 - t_1} \int_{t_1}^{t_2} \left[f(t) - \sum_{j=1}^{n} C_j \varphi_j(t) \right]^2 dt \tag{3.1.7}$$

在 $j = 1, 2, \cdots, n$ 中,为求得使均方根误差最小的第 j 个系数 C_j,必须使 $\dfrac{\partial \overline{\varepsilon^2}}{\partial C_j} = 0$,即

$$\frac{\partial}{\partial C_j} \left\{ \int_{t_1}^{t_2} \left[f(t) - \sum_{j=1}^{n} C_j \varphi_j(t) \right]^2 dt \right\} = 0 \tag{3.1.8}$$

展开式(3.1.8)的被积函数,注意到由序号不同的正交函数相乘的各项,其积分均为零,而且所有不包含 C_j 的各项对 C_j 求导也等于零。这样式(3.1.8)中只有两项不为零,它可以写为

$$\frac{\partial}{\partial C_j} \left\{ \int_{t_1}^{t_2} \left[-2 C_j f(t) \varphi_j(t) + C_j^2 \varphi_j^2(t) \right] dt \right\} = 0$$

交换微分与积分次序,得

$$-2 \int_{t_1}^{t_2} f(t) \varphi_j(t) dt + 2 C_j \int_{t_1}^{t_2} \varphi_j^2(t) dt = 0$$

于是可求得

$$C_j = \frac{\int_{t_1}^{t_2} f(t) \varphi_j(t) dt}{\int_{t_1}^{t_2} \varphi_j^2(t) dt} = \frac{1}{K_j} \int_{t_1}^{t_2} f(t) \varphi_j(t) dt \tag{3.1.9}$$

其中

$$K_j = \int_{t_1}^{t_2} \varphi_j^2(t) dt \tag{3.1.10}$$

这就是满足最小均方误差的条件下,式(3.1.6)中各系数 C_j 的表达式。此时 $f(t)$ 能获得最佳近似。

当按式(3.1.9)选取系数 C_j 时,将 C_j 代入式(3.1.7),可以得到最佳近似条件下的均方误差为

第 3 章 信号的频域分析

$$\overline{\varepsilon^2} = \frac{1}{t_2 - t_1} \int_{t_1}^{t_2} \left[f(t) - \sum_{j=1}^{n} C_j \varphi_j(t) \right]^2 dt$$

$$= \frac{1}{t_2 - t_1} \left[\int_{t_1}^{t_2} f^2(t) dt + \sum_{j=1}^{n} C_j^2 \int_{t_1}^{t_2} \varphi^2(t) dt - 2 \sum_{j=1}^{n} C_j \int_{t_1}^{t_2} f(t) \varphi_j(t) dt \right]$$

考虑到 $\int_{t_1}^{t_2} \varphi^2(t) dt = K_j, C_j = \frac{1}{K_j} \int_{t_1}^{t_2} f(t) \varphi_j(t) dt$，得

$$\overline{\varepsilon^2} = \frac{1}{t_2 - t_1} \left[\int_{t_1}^{t_2} f^2(t) dt + \sum_{j=1}^{n} C_j^2 K_j - 2 \sum_{j=1}^{n} C_j^2 K_j \right]$$

$$= \frac{1}{t_2 - t_1} \left[\int_{t_1}^{t_2} f^2(t) dt - \sum_{j=1}^{n} C_j^2 K_j \right]$$

(3.1.11)

利用式(3.1.11)可直接求得在给定项数 n 的条件下的最小均方误差。

由均方误差的定义式(3.1.7)可知，由于函数平方后再积分，因而 $\overline{\varepsilon^2}$ 不可能为负，即恒有 $\overline{\varepsilon^2} \geqslant 0$。由式(3.1.11)可知，在用正交函数去近似(或逼近) $f(t)$ 时，所取的项数愈多，即 n 愈大，则均方误差愈小。当 $n \to +\infty$ 时，$\overline{\varepsilon^2} = 0$。由式(3.1.11)可得，如 $\overline{\varepsilon^2} = 0$，则有

$$\int_{t_1}^{t_2} f^2(t) dt = \sum_{j=1}^{\infty} C_j^2 K_j \quad (3.1.12)$$

式(3.1.12)称为帕塞瓦尔(Parseval)方程。

如果信号 $f(t)$ 是电压或电流，那么，式(3.1.12)等号左端就是在 (t_1, t_2) 区间上信号的能量，等号右端是在 (t_1, t_2) 区间信号各正交分量的能量之和(这在 3.3 节中将详细阐述)。式(3.1.12)表明：在区间 (t_1, t_2) 信号所含能量恒等于此信号在完备正交函数集中各正交分量能量的总和。与此相反，如果信号在正交函数集中的各正交分量能量总和小于信号本身的能量，这时式(3.1.12)不成立，该正交函数集不完备。

这样，当 $n \to +\infty$ 时，均方误差 $\overline{\varepsilon^2} = 0$，式(3.1.6)可写为

$$f(t) = \sum_{j=1}^{\infty} C_j \varphi_j(t) \quad (3.1.13)$$

即函数 $f(t)$ 在区间 (t_1, t_2) 可分解为无穷多项正交函数之和。

当正交函数集为复函数集时，系数可按下式确定。

$$C_j = \frac{\int_{t_1}^{t_2} f(t) \varphi_j^*(t) dt}{\int_{t_1}^{t_2} \varphi_j(t) \varphi_j^*(t) dt} \quad (3.1.14)$$

其中，$f(t)$ 可以是实函数，也可以是复函数。

3.2 连续周期信号的频谱分析

3.2.1 Fourier 级数

由之前的课程内容可知，周期信号是定义在 $(-\infty, +\infty)$ 之间，每隔一定时间 T，按相同规律重复变化的信号，即式 $f(t) = f(t + mT)$ 中的 m 为任意常数，时间 T 称为该信号的重复

周期,简称周期。周期的倒数称为该信号的频率。周期信号 $f(t)$ 在区间 (t_0, t_0+T) 可以展开成在完备正交信号空间中的无穷级数。如果完备的正交函数集是三角函数集或指数函数集,那么周期信号所展开的无穷级数就分别为"三角型 Fourier 级数"或"指数型 Fourier 级数",统称为"Fourier 级数"。

本节首先介绍三角型 Fourier 级数。设某周期信号 $f(t)$,其周期为 T,角频率为 $\Omega=2\pi/T$,若满足狄利赫里(Dirichlet)条件(充分非必要条件):①绝对可积,即满足 $\int_{-\frac{T}{2}}^{\frac{T}{2}} |f(t)|\,\mathrm{d}t < \infty$;②在一个周期内只有有限个不连续的点;③在一个周期内只有有限个极大值和极小值。则可以将该周期信号分解成为如下三角级数的形式。

$$f(t) = \frac{a_0}{2} + a_1\cos(\Omega t) + a_2\cos(2\Omega t) + \cdots + b_1\sin(\Omega t) + b_2\sin(2\Omega t) + \cdots$$
$$= \frac{a_0}{2} + \sum_{n=1}^{\infty} a_n\cos(n\Omega t) + \sum_{n=1}^{\infty} b_n\sin(n\Omega t) \tag{3.2.1}$$

称式(3.2.1)为 Fourier 级数的三角型 I 型公式。其中 a_n、b_n 为 $f(t)$ Fourier 级数对应的 Fourier 系数,即

$$a_n = \frac{2}{T}\int_{-\frac{T}{2}}^{\frac{T}{2}} f(t)\cos(n\Omega t)\,\mathrm{d}t, n=0,1,2,\cdots \tag{3.2.2}$$

$$b_n = \frac{2}{T}\int_{-\frac{T}{2}}^{\frac{T}{2}} f(t)\sin(n\Omega t)\,\mathrm{d}t, n=1,2,3,\cdots \tag{3.2.3}$$

可见,a_n 是 n 的偶函数,即 $a_{-n}=a_n$,而 b_n 是 n 的奇函数,即 $b_{-n}=-b_n$。将三角型 I 型中同频率项合并,可以写成如下形式。

$$f(t) = \frac{A_0}{2} + A_1\cos(\Omega t + \varphi_1) + A_2\cos(2\Omega t + \varphi_2) + \cdots$$
$$= \frac{A_0}{2} + \sum_{n=1}^{\infty} A_n\cos(n\Omega t + \varphi_n) \tag{3.2.4}$$

称式(3.2.4)为 Fourier 级数的三角型 II 型公式,其中 $A_0=a_0$,$A_n=\sqrt{a_n^2+b_n^2}$,$\varphi_n=-\arctan\left(\dfrac{b_n}{a_n}\right)$,$n=1,2,3,\cdots$

由此可见 A_n 是 n 的偶函数,即 $A_{-n}=A_n$,而 φ_n 是 n 的奇函数,即 $\varphi_{-n}=-\varphi_n$。如果要将三角型 II 型公式化为三角型 I 型公式,它们的系数关系为:$a_0=A_0$,$a_n=A_n\cos\varphi_n$,$b_n=-A_n\sin\varphi_n$,$n=1,2,3,\cdots$

根据上面的分析可以得出,周期信号可以分解为直流和多余弦的分量相叠加的形式。其中 $\dfrac{A_0}{2}$ 为直流分量;当 $n=1$ 时,$A_1\cos(\Omega t+\varphi_1)$ 为基波或称作一次谐波,其频率与原周期信号相同;当 $n=2$ 时,$A_2\cos(2\Omega t+\varphi_2)$ 为二次谐波,频率是基波的2倍。以此类推,$A_n\cos(n\Omega t+\varphi_n)$ 称为 n 次谐波,其中 A_n 为 n 次谐波分量的振幅,φ_n 为 n 次谐波分量的初相位。

[例 3.2.1] 将图 3.2.1 所示的方波信号展开为 Fourier 级数。

解:首先

$$a_n = \frac{2}{T}\int_{-\frac{T}{2}}^{\frac{T}{2}} f(t)\cos(n\Omega t)\,\mathrm{d}t, n=0,1,2,\cdots$$

$$b_n = \frac{2}{T}\int_{-\frac{T}{2}}^{\frac{T}{2}} f(t)\sin(n\Omega t)\mathrm{d}t, n=0,1,2,\cdots$$

由图 3.2.1 可知，信号 $f(t)$ 为奇函数，而 $\cos(n\Omega t)$ 为偶函数，因此 $a_0 = 0$。由于 $\sin(n\Omega t)$ 是奇函数，所以与 $f(t)$ 乘积为偶函数，则 b_n 的计算简化为

$$b_n = \frac{4}{T}\int_0^{\frac{T}{2}} f(t)\sin(n\Omega t)\mathrm{d}t = \frac{4}{T}\int_0^{\frac{T}{2}} \sin(n\Omega t)\mathrm{d}t$$

$$= \left[\frac{4}{T}\cdot\frac{1}{n\Omega}(-\cos(n\Omega t))\right]_0^{\frac{T}{2}} \xrightarrow{T=\frac{2\pi}{\Omega}} \frac{2}{n\pi}(1-\cos(n\pi)) = \begin{cases} 0, n=2,4,6,\cdots \\ \dfrac{4}{\pi n}, n=1,3,5,\cdots \end{cases}$$

故 $f(t) = \dfrac{4}{\pi}\left[\sin\Omega t + \dfrac{1}{3}\sin(3\Omega t) + \dfrac{1}{5}\sin(5\Omega t) + \cdots + \dfrac{1}{n}\sin(n\Omega t) + \cdots\right]$，其只含有奇次谐波。

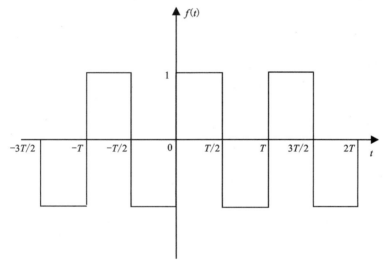

图 3.2.1 $f(t)$ 的波形图

由于使用有限项级数逼近 $f(t)$，因此在计算时会产生均方误差，其计算方式如下。

由于 $t_1 = -\dfrac{T}{2}, t_2 = \dfrac{T}{2}$，如式(3.1.10)所示，$K_j = \int_{-\frac{T}{2}}^{\frac{T}{2}} \sin^2(n\Omega t)\mathrm{d}t = \dfrac{T}{2}$，故可计算出均方误差。

$$\overline{\varepsilon^2} = \frac{1}{(t_2-t_1)}\left[\int_{t_1}^{t_2} f^2(t)\mathrm{d}t - \sum_{j=1}^{n} b_j^2 K_j\right] = \frac{1}{T}\left[\int_{-\frac{T}{2}}^{\frac{T}{2}} f^2(t)\mathrm{d}t - \sum_{j=1}^{n} b_j^2 \frac{T}{2}\right]$$

$$= \frac{1}{T}\left[\int_{-\frac{T}{2}}^{\frac{T}{2}} \mathrm{d}t - \frac{T}{2}\sum_{j=1}^{n} b_j^2\right] = 1 - \frac{1}{2}\sum_{j=1}^{n} b_j^2$$

当只取基波时

$$\overline{\varepsilon^2} = 1 - \frac{1}{2}\left(\frac{4}{\pi}\right)^2 = 0.189$$

当取基波和三次谐波时

$$\overline{\varepsilon^2} = 1 - \frac{1}{2}\left(\frac{4}{\pi}\right)^2 - \frac{1}{2}\left(\frac{4}{3\pi}\right)^2 = 0.0994$$

当取一、三、五次谐波时

$$\overline{\varepsilon^2} = 1 - \frac{1}{2}\left(\frac{4}{\pi}\right)^2 - \frac{1}{2}\left(\frac{4}{3\pi}\right)^2 - \frac{1}{2}\left(\frac{4}{5\pi}\right)^2 = 0.066\ 9$$

当取一、三、五、七次谐波时

$$\overline{\varepsilon^2} = 1 - \frac{1}{2}\left(\frac{4}{\pi}\right)^2 - \frac{1}{2}\left(\frac{4}{3\pi}\right)^2 - \frac{1}{2}\left(\frac{4}{5\pi}\right)^2 - \frac{1}{2}\left(\frac{4}{7\pi}\right)^2 = 0.050\ 4$$

可以看出,随着 Fourier 级数所取谐波分量项数 n 的增多,相加后波形与原信号之间的均方误差越小,则逼近程度越好。同时,图 3.2.2 画出了一个周期的方波组成情况。可见,与计算结果相同,当包含的谐波分量愈多时,波形愈接近于原来的方波信号 $f(t)$,其均方误差愈小。注意到,频率较低的低频谐波分量的振幅较大,它们主要影响方波的主体;频率较高的高频谐波分量的振幅较小,它们主要影响波形的细节,并且所包含的高次谐波越多,波形的边缘愈陡峭,除间断点附近外,波形愈接近于原方波信号。

在间断点附近,随着所含谐波次数的增加,合成波形的尖峰愈接近间断点,但尖峰幅度并未明显减小。可以证明,即使合成波形所含谐波的次数 $n \to \infty$ 时,在间断点处仍有约 9% 的偏差,这种现象称为 Gibbs 现象。在 Fourier 级数的项数取得很大时,间断点处尖峰下的面积非常小以致趋近于零,因而在均方的意义上合成波形同原方波的真值之间没有区别。

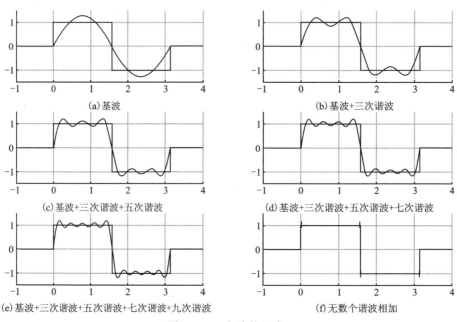

图 3.2.2 方波的组成

在计算时,如果给定的函数具有某些特点,那么,有些 Fourier 系数将等于 0,从而使 Fourier 系数的计算较为简便。这里总结如下。

(1)若 $f(t)$ 为偶函数,即以纵坐标作为对称轴,根据式(3.2.1)~式(3.2.3),此时 b_n 中的 $\sin(n\Omega t)$ 为奇函数,则 $a_n = \frac{4}{T}\int_0^{\frac{T}{2}} f(t)\cos(n\Omega t)\mathrm{d}t, b_n = 0, f(t)$ 的展开为余弦级数。

(2) 若 $f(t)$ 为奇函数,由于 a_n 中的 $\cos(n\Omega t)$ 为偶函数,则 $a_n = 0$, $b_n = \frac{4}{T}\int_0^{\frac{T}{2}} f(t)\sin(n\Omega t)\mathrm{d}t$, $f(t)$ 的展开式如例 3.2.1 所示,为余弦级数。

实际上,任意函数 $f(t)$ 都可以分解成为奇函数和偶函数两个部分,即有
$$f(t) = f_{od}(t) + f_{ev}(t)$$
由于 $f(-t) = f_{od}(-t) + f_{ev}(-t) = -f_{od}(t) + f_{ev}(t)$,所以有
$$\begin{cases} f_{od}(t) = \dfrac{f(t) - f(-t)}{2} \\ f_{ev}(t) = \dfrac{f(t) + f(-t)}{2} \end{cases} \tag{3.2.5}$$

需要注意的是,某函数是否为奇(或偶)函数,不是与周期函数 $f(t)$ 的波形有关,而是与时间坐标原点的选择有关。例如,将一个周期为 T 的偶函数的坐标原点左移 $\dfrac{T}{4}$,它就变成了奇函数。如果将坐标原点移动某一常数 t_0,而 t_0 并不是 $\dfrac{T}{4}$ 的整数倍,那么该函数既不是奇函数,又不是偶函数。

(3) 若 $f(t)$ 的前半周期波形移动了 $\dfrac{T}{2}$ 后,与后半周期波形相对于横轴对称,即满足 $f(t) = -f\left(t \pm \dfrac{T}{2}\right)$,如图 3.2.3 所示,则称这种函数为奇谐函数。其 Fourier 级数展开式中将只包括奇次谐波分量,即有 $a_0 = a_2 = a_4 = \cdots = b_2 = b_4 = b_6 = \cdots = 0$。

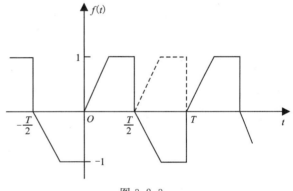

图 3.2.3

三角型的 Fourier 级数含义比较明确,但运算起来复杂、不方便,因而经常采用指数型的 Fourier 级数。

因为 $\cos x = \dfrac{\mathrm{e}^{\mathrm{j}x} + \mathrm{e}^{-\mathrm{j}x}}{2}$,所以三角型Ⅱ型的 Fourier 级数可以写为
$$\begin{aligned} f(t) &= \frac{A_0}{2} + \sum_{n=1}^{\infty} \frac{A_n}{2}\left[\mathrm{e}^{\mathrm{j}(n\Omega t + \varphi_n)} + \mathrm{e}^{-\mathrm{j}(n\Omega t + \varphi_n)}\right] \\ &= \frac{A_0}{2} + \frac{1}{2}\sum_{n=1}^{\infty} A_n \mathrm{e}^{\mathrm{j}\varphi_n} \mathrm{e}^{\mathrm{j}n\Omega t} + \frac{1}{2}\sum_{n=1}^{\infty} A_n \mathrm{e}^{-\mathrm{j}\varphi_n} \mathrm{e}^{-\mathrm{j}n\Omega t} \end{aligned} \tag{3.2.6}$$

将式(3.2.6)第三项中的 n 用 $-n$ 代换,并考虑到 A_n 是 n 的偶函数,即 $A_{-n} = A_n$,φ_n 是 n 的奇函数,即 $\varphi_{-n} = -\varphi_n$,则式(3.2.6)可以写为
$$\begin{aligned} f(t) &= \frac{A_0}{2} + \frac{1}{2}\sum_{n=1}^{\infty} A_n \mathrm{e}^{\mathrm{j}\varphi_n} \mathrm{e}^{\mathrm{j}n\Omega t} + \frac{1}{2}\sum_{n=-1}^{-\infty} A_{-n} \mathrm{e}^{\mathrm{j}\varphi_{-n}} \mathrm{e}^{\mathrm{j}n\Omega t} \\ &= \frac{A_0}{2} + \frac{1}{2}\sum_{n=1}^{\infty} A_n \mathrm{e}^{\mathrm{j}\varphi_n} \mathrm{e}^{\mathrm{j}n\Omega t} + \frac{1}{2}\sum_{n=-1}^{-\infty} A_n \mathrm{e}^{\mathrm{j}\varphi_n} \mathrm{e}^{\mathrm{j}n\Omega t} \end{aligned} \tag{3.2.7}$$

令式(3.2.7)中的 $A_n = A_0 \, e^{j\varphi_0} \, e^{j0\Omega t}$，其中 $\varphi_0 = 0$，则可得

$$f(t) = \frac{1}{2} \sum_{n=-\infty}^{+\infty} A_n \, e^{j\varphi_n} \, e^{jn\Omega t} \tag{3.2.8}$$

令复数量 $\frac{1}{2} A_n \, e^{j\varphi_n} = |F_n| e^{j\varphi_n} = F_n$，称其为复 Fourier 系数，简称 Fourier 系数，其模为 $|F_n|$，相位角为 φ_n，则有

$$f(t) = \sum_{n=-\infty}^{+\infty} F_n \, e^{jn\Omega t} \tag{3.2.9}$$

称式(3.2.9)为 Fourier 级数的指数型公式。

进一步，由前文可知

$$\begin{aligned}
F_n &= \frac{1}{2} A_n \, e^{j\varphi_n} = \frac{1}{2}(A_n \cos\varphi_n + j A_n \sin\varphi_n) = \frac{1}{2}(a_n - j b_n) \\
&= \frac{1}{T} \int_{-\frac{T}{2}}^{\frac{T}{2}} f(t) \cos(n\Omega t) \, dt - j \frac{1}{T} \int_{-\frac{T}{2}}^{\frac{T}{2}} f(t) \cos(n\Omega t) \, dt \\
&= \frac{1}{T} \int_{-\frac{T}{2}}^{\frac{T}{2}} f(t) [\cos(n\Omega t) - j\sin(n\Omega t)] \, dt \\
&= \frac{1}{T} \int_{-\frac{T}{2}}^{\frac{T}{2}} f(t) \, e^{-jn\Omega t} \, dt, \, n = 0, \pm 1, \pm 2, \cdots
\end{aligned} \tag{3.2.10}$$

式(3.2.10)是求指数型 Fourier 级数复系数的公式。

指数型 Fourier 级数中，$f(t)$ 可以是实函数，也可以是复函数，而三角型 Fourier 级数 $f(t)$ 只能是实函数。即周期复信号可以直接代入式(3.2.10)中进行 Fourier 级数分解，无须对其实部、虚部分别分解再相加。由于指数型 Fourier 级数的适用性广（实函数、复函数均可），且运算简便，因此通常采用指数型 Fourier 级数。为此有

$$\begin{cases} |F_{-n}| = |F_n| \\ \varphi_{-n} = \varphi_n \end{cases} \tag{3.2.11}$$

指数型 Fourier 级数中直流分量为 F_0，由式(3.2.9)知，$F_0 = \dfrac{A_0}{2}$，两者的直流分量相同。

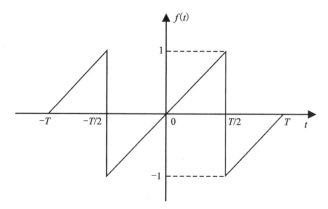

图 3.2.4 周期锯齿波信号图

[**例 3.2.2**] 周期锯齿波信号如图 3.2.4 所示，求该信号的指数型 Fourier 级数。

解：$f(t)$ 在一个周期内的表达式为

$$f(t) = \frac{2}{T} t, \; -\frac{2}{T} < t < \frac{2}{T}$$

故其 Fourier 系数

$$F_n = \frac{1}{T}\int_{-\frac{T}{2}}^{\frac{T}{2}} f(t)\,\mathrm{e}^{-\mathrm{j}n\Omega t}\,\mathrm{d}t = \frac{1}{T}\int_{-\frac{T}{2}}^{\frac{T}{2}} \frac{2}{T}t\,\mathrm{e}^{-\mathrm{j}n\Omega t}\,\mathrm{d}t$$

利用分部积分法对上式进行积分,得

$$F_n = \frac{2}{T^2}\left[\left(\frac{t}{-\mathrm{j}n\Omega}\mathrm{e}^{-\mathrm{j}n\Omega t}\right)_{-\frac{T}{2}}^{\frac{T}{2}} + \frac{1}{\mathrm{j}n\Omega}\int_{-\frac{T}{2}}^{\frac{T}{2}}\mathrm{e}^{-\mathrm{j}n\Omega t}\,\mathrm{d}t\right]$$

由于第二项积分等于 0,故

$$F_n = \mathrm{j}\frac{1}{n\pi}\cos(n\pi)$$

因此有

$$f(t) = \sum_{n=-\infty}^{+\infty} F_n\,\mathrm{e}^{\mathrm{j}n\Omega t} = \sum_{n=-\infty}^{+\infty} \mathrm{j}\frac{1}{n\pi}\cos(n\pi)\,\mathrm{e}^{\mathrm{j}n\Omega t}$$

表 3.2.1 列出了三角型 Fourier 级数和指数型 Fourier 级数的表达式,以及各系数间的关系。

表 3.2.1 周期函数展开为 Fourier 级数

型式	展开式	Fourier 系数	各系数间的关系
指数型	$f(t)=\sum\limits_{n=-\infty}^{+\infty} F_n\,\mathrm{e}^{\mathrm{j}n\Omega t}$ $F_n=\|F_n\|\mathrm{e}^{\mathrm{j}\varphi_n}$	$F_n=\frac{1}{T}\int_{-\frac{T}{2}}^{\frac{T}{2}} f(t)\,\mathrm{e}^{-\mathrm{j}n\Omega t}\,\mathrm{d}t$ $n=0,\pm1,\pm2,\cdots$	$F_n=\frac{1}{2}A_n\mathrm{e}^{\mathrm{j}\varphi_n}=\frac{1}{2}(a_n-\mathrm{j}b_n)$ $\|F_n\|=\frac{1}{2}A_n=\frac{1}{2}\sqrt{a_n^2+b_n^2}$ 是 n 的偶函数; $\varphi_n=-\arctan\left(\frac{b_n}{a_n}\right)$ 是 n 的奇函数
三角型 Ⅰ 型	$f(t)=\frac{a_0}{2}+$ $\sum\limits_{n=1}^{\infty} a_n\cos(n\Omega t)+$ $\sum\limits_{n=1}^{\infty} b_n\sin(n\Omega t)$	$a_n=\frac{2}{T}\int_{-\frac{T}{2}}^{\frac{T}{2}} f(t)\cos(n\Omega t)\,\mathrm{d}t$ $n=0,1,2,\cdots$ $b_n=\frac{2}{T}\int_{-\frac{T}{2}}^{\frac{T}{2}} f(t)\sin(n\Omega t)\,\mathrm{d}t$ $n=1,2,3,\cdots$	$a_n=A_n\cos\varphi_n=F_n+F_{-n}$ 是 n 的偶函数; $b_n=-A_n\sin\varphi_n=\mathrm{j}(F_n+F_{-n})$ 是 n 的奇函数; $A_n=2\|F_n\|$
三角型 Ⅱ 型	$f(t)=\frac{A_0}{2}+$ $\sum\limits_{n=1}^{\infty} A_n\cos(n\Omega t+\varphi_n)$	$A_n=\sqrt{a_n^2+b_n^2}$ $\varphi_n=-\arctan\left(\frac{b_n}{a_n}\right)$	

3.2.2 信号的频谱概念

如前所述,周期信号可以分解成一系列正弦信号或虚指数信号之和,即三角型 Fourier 级数,如式(3.2.4)所示,或指数型 Fourier 级数,如式(3.2.9)所示。

其中,$F_n = \frac{1}{2} A_n e^{j\varphi_n} = |F_n| e^{j\varphi_n}$,为了直观地表示出信号所含分量的振幅,以频率(或角频率)为横坐标,以各谐波的振幅 A_n 或虚指数函数的幅度 $|F_n|$ 为纵坐标,可画出如图 3.2.5 所示的图,称为幅度(振幅)频谱,简称为幅度谱。图中每条竖线代表该频率分量的幅度,称为谱线。连接各谱线顶点的曲线(如图 3.2.5 中虚线所示)称为包络线,它反映了各分量幅度随频率变化的情况。需要说明的是,图 3.2.5(a)中,信号分解为各余弦分量,图中的每一条谱线表示该次谐波的振幅(称为单边幅度谱),图 3.2.5(b)中,信号分解为各虚指数函数,图中的每一条谱线表示各分量的幅度 $|F_n|$(称为双边幅度谱,其中 $|F_n| = |F_{-n}| = \frac{1}{2} A_n$)。

类似地,也可画出各谐波初相角 φ_n 与频率(或角频率)的谱线图,如图 3.2.5(c)、(d)所示,称为相位频谱,简称相位谱。如果 $|F_n|$ 为实数,那么可用 $|F_n|$ 的正负来表示其相位角为 0 或 π,这时常把幅度谱和相位谱画在一张图上。

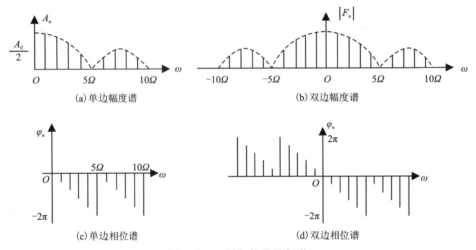

图 3.2.5 周期信号的频谱

[**例 3.2.3**] 周期信号 $f(t) = 1 - \frac{1}{2}\cos\left(\frac{\pi}{4}t - \frac{2\pi}{3}\right) + \frac{1}{4}\sin\left(\frac{\pi}{3}t - \frac{\pi}{6}\right)$,试求该周期信号的基波周期 T,基波角频率 Ω,并画出信号的单边谱和双边谱。

解:首先应用三角诱导公式改写 $f(t)$ 的表达式,即

$$f(t) = 1 + \frac{1}{2}\cos\left(\frac{\pi}{4}t - \frac{2\pi}{3} + \pi\right) + \frac{1}{4}\cos\left(\frac{\pi}{3}t - \frac{\pi}{6} - \frac{\pi}{2}\right)$$

$$= 1 + \frac{1}{2}\cos\left(\frac{\pi}{4}t + \frac{\pi}{3}\right) + \frac{1}{4}\cos\left(\frac{\pi}{3}t - \frac{2\pi}{3}\right)$$

显然 1 是直流分量。信号 $\cos\left(\frac{\pi}{4}t + \frac{\pi}{3}\right)$ 的周期 $T_1 = 8$,信号 $\frac{1}{4}\cos\left(\frac{\pi}{3}t - \frac{2\pi}{3}\right)$ 的周期 $T_2 = 6$,所以 $f(t)$ 的周期 $T = 24$,故基波角频率 $\Omega = \frac{2\pi}{24} = \frac{\pi}{12}$,则有

$$f(t) = 1 + \frac{1}{2}\cos\left(\frac{\pi}{4}t + \frac{\pi}{3}\right) + \frac{1}{4}\cos\left(\frac{\pi}{3}t - \frac{2\pi}{3}\right)$$

$$= 1 + \frac{1}{2}\cos\left(3 \times \frac{\pi}{12}t + \frac{\pi}{3}\right) + \frac{1}{4}\cos\left(4 \times \frac{\pi}{12}t - \frac{2\pi}{3}\right)$$

$$= \frac{A_0}{2} + A_3\cos(3\Omega t + \varphi_3) + A_4\cos(4\Omega t + \varphi_4) \tag{3.2.12}$$

可以看出，$f(t)$ 含有直流分量和三、四次谐波。由式(3.2.12)可以画出 $f(t)$ 的单边谱，如图 3.2.6 所示。幅度谱[图 3.2.6(a)]中的谱线表示各谐波的振幅 A_n，相位谱[图 3.2.6(b)] 则表示各谐波的初相位 φ_n，$\omega=0$ 为直流分量。

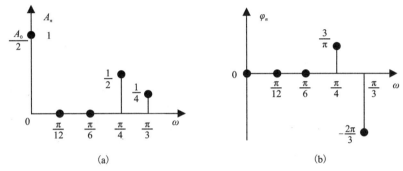

图 3.2.6 单边频谱图

根据式(3.2.9)和式(3.2.11)可由单边谱直接得到 $f(t)$ 的双边谱，为便于理解，给出 Fourier 级数的指数形式，即

$$f(t) = 1 + \frac{1}{4}e^{j\frac{\pi}{3}}e^{j3\Omega t} + \frac{1}{4}e^{-j\frac{\pi}{3}}e^{-j3\Omega t} + \frac{1}{8}e^{-j\frac{2\pi}{3}}e^{j4\Omega t} + \frac{1}{8}e^{j\frac{2\pi}{3}}e^{-j4\Omega t}$$

$f(t)$ 有 5 个频率分量，其双边谱如图 3.2.7 所示。幅度谱[图 3.2.7(a)]表示各频率分量的模 $|F_n|$，相位谱[图 3.2.7(b)]表示各频率分量的初始幅角 φ_n。可以看出，实信号的双边谱具有对称性：双边幅度谱偶对称，即 $|F_{-n}| = |F_n|$，且 $|F_n| = \frac{1}{2}A_n$；双边相位谱奇对称，即 $\varphi_{-n} = -\varphi_n$，如图 3.2.7(b)所示。这种对称性是由欧拉公式决定的，一个余弦分量需要两个

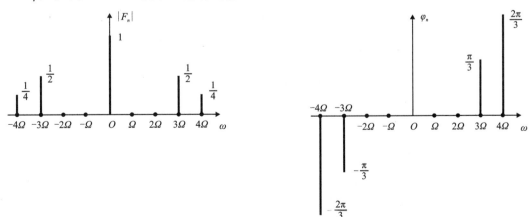

图 3.2.7 双边频谱图

复频率分量才能合成,这两个复频率分量旋转方向相反,系数共轭。对直流分量 $F_0 = \frac{1}{2}A_0$,单、双边频谱是相同的。如果 F_n 是实数,可以用其正负表示相位 0 或者 π。

3.2.3 连续周期信号频谱的特点

[例 3.2.4] 设有一个幅度为 1,脉冲宽度为 τ 的周期矩形脉冲,其周期为 T,如图 3.2.8 所示。根据前述公式,可以求得 Fourier 系数。

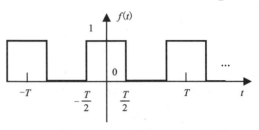

图 3.2.8 例 3.2.2 所示实信号的双边频谱

解:

$$F_n = \frac{1}{T}\int_{-\frac{T}{2}}^{\frac{T}{2}} f(t)\,\mathrm{e}^{-jn\Omega t}\,\mathrm{d}t = \frac{1}{T}\int_{-\frac{\tau}{2}}^{\frac{\tau}{2}} \mathrm{e}^{-jn\Omega t}\,\mathrm{d}t = \frac{1}{T}\frac{\mathrm{e}^{-jn\Omega t}}{-jn\Omega}\bigg|_{-\frac{\tau}{2}}^{\frac{\tau}{2}}$$

$$= \frac{2}{T}\frac{\sin\left(\frac{n\Omega\tau}{2}\right)}{n\Omega} = \frac{\tau}{T}\frac{\sin\left(\frac{n\Omega\tau}{2}\right)}{\frac{n\Omega\tau}{2}}, n = 0, \pm 1, \pm 2, \cdots$$

如令 $\mathrm{Sa}(x) = \frac{\sin x}{x}$,称其为取样函数,当 $x \to 0$ 时,$\mathrm{Sa}(x) = 1$。此时

$$F_n = \frac{\tau}{T}\mathrm{Sa}\left(\frac{n\Omega\tau}{2}\right), n = 0, \pm 1, \pm 2, \cdots \qquad (3.2.13)$$

考虑到 $\Omega = \frac{2\pi}{T}$,式(3.2.13)也可写成 $F_n = \frac{\tau}{T}\frac{\sin\left(\frac{n\pi\tau}{T}\right)}{\frac{n\pi\tau}{T}}, n = 0, \pm 1, \pm 2, \cdots$,那么该周期性矩形脉冲的指数形式 Fourier 级数展开式为

$$f(t) = \sum_{n=-\infty}^{+\infty} F_n \mathrm{e}^{jn\Omega t} = \frac{\tau}{T}\sum_{n=-\infty}^{+\infty} \mathrm{Sa}\left(\frac{n\pi\tau}{T}\right)\mathrm{e}^{jn\Omega t} \qquad (3.2.14)$$

图 3.2.9 画出了 $T = 4\tau$ 的周期性矩形脉冲的频谱,由于 F_n 为实数,其相位为 0 或 π,故未另外画出其相位谱。谱线之间的间隔(基频)为 Ω,可求 $\Omega = \frac{2\pi}{T} = \frac{2\pi}{4\tau} = \frac{\pi}{2\tau}$。对于取样函数有,$\mathrm{Sa}(m\pi) = 0$,故式(3.2.13)中 $\mathrm{Sa}\left(\frac{n\Omega\tau}{2}\right)$ 零点为 $\frac{n\Omega\tau}{2} = m\pi \to n\Omega = \frac{2m\pi}{\tau}$。

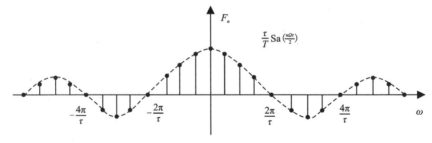

图 3.2.9 周期矩形脉冲信号双边频谱($T = 4\tau$)

具体地,取 $\tau=0.5,T=2$,那么 $\frac{\tau}{T}\mathrm{Sa}\left(\frac{n\Omega\tau}{2}\right)=\frac{1}{4}\mathrm{Sa}\left(\frac{n\Omega}{4}\right)$。这时谱线间隔 $\Omega=\frac{2\pi}{T}=\pi$。再根据取样函数 $\mathrm{Sa}(m\pi)=0$ 的特点,零点为 $m\pi$,得到 $n\Omega=\frac{2m\pi}{\tau}$,即零点 $\omega=\frac{2m\pi}{\tau}=4m\pi$,$m=\pm1,\pm2,\cdots$。为了研究信号波形宽度频谱的变化情况,固定周期 $T=2,\tau$ 分别取 $\frac{1}{2},\frac{1}{4},\frac{1}{8}$,得到信号的频谱图,由于指数形式频谱图关于坐标轴对称,这里只给出半轴图像如图 3.2.10 所示,观察到,随着 τ 的减小,零点的位置 $\frac{2m\pi}{\tau}$ 离原点越来越远,而频谱之间的间隔 Ω 保持不变。随着频率的增大,信号的幅度呈衰减状态。

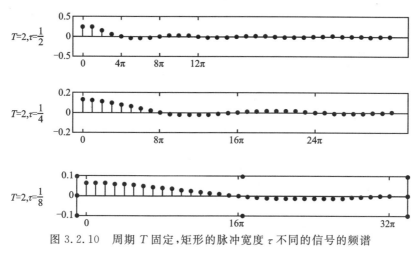

图 3.2.10 周期 T 固定,矩形的脉冲宽度 τ 不同的信号的频谱

进一步,我们固定 $\tau=\frac{1}{2}$,周期 T 分别取 $2,4,8,500$,得到信号的频谱如图 3.2.11(考虑到对称性,只给出半轴图像)。如图 3.2.11 所示,随着 T 增大,零点的位置 $\frac{2m\pi}{\tau}$ 不变,始终等于 $4m\pi$,而频谱间的间隔 Ω 随着 T 增大而变得越来越细。

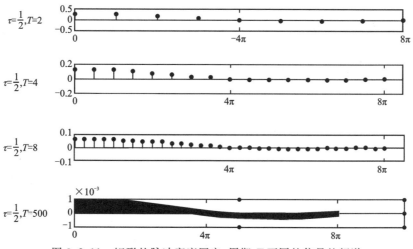

图 3.2.11 矩形的脉冲宽度固定,周期 T 不同的信号的频谱

总结周期信号频谱的特点如下。

(1) 离散性：周期信号的频谱是离散的。

(2) 谐波性：每条谱线都出现在谐波的整数倍上，即 $n\Omega$，且相邻谱线间隔 $\Omega = \dfrac{2\pi}{T}$。如果周期 T 无限增长（此时成为非周期信号），谱线间隔将趋于零，周期信号的离散频谱过渡到非周期信号的连续频谱。

(3) 收敛性：各谐波分量的幅度随着频率的增大而相应减小。

3.2.4 周期信号的功率

如前文所述，周期信号是功率信号。为了方便，研究周期信号在 1Ω 电阻上消耗的平均功率，称为归一化平均功率。如果周期信号 $f(t)$ 是实函数，无论它是电压信号还是电流信号，其平均功率都为 $P = \dfrac{1}{T}\displaystyle\int_{-\frac{T}{2}}^{\frac{T}{2}} f^2(t)\mathrm{d}t$。将 $f(t)$ 的 Fourier 级数代入其中，得到

$$P = \frac{1}{T}\int_{-\frac{T}{2}}^{\frac{T}{2}} \left[\frac{A_0}{2} + \sum_{n=1}^{\infty} A_n \cos(n\Omega t + \varphi_n)\right]^2 \mathrm{d}t \tag{3.2.15}$$

将式(3.2.15)展开，具有 $A_n\cos(n\Omega t + \varphi_n)A_m\cos(m\Omega t + \varphi_m)$ 的项在一个周期内，且 $m \neq n$ 时积分结果为 0，在 $m = n$ 时积分结果为 $\dfrac{T}{2}A_n^2$，具有 $\cos(n\Omega t + \varphi_n)$ 的余弦项在一个周期内积分为 0。故周期信号的功率等于直流功率与各次谐波功率之和，即

$$P = \frac{1}{T}\int_{-\frac{T}{2}}^{\frac{T}{2}} f^2(t)\mathrm{d}t = \left(\frac{A_0}{2}\right)^2 + \sum_{n=1}^{\infty} \frac{1}{2} A_n^2 \tag{3.2.16}$$

因为 $F_n = \dfrac{1}{2}A_n \mathrm{e}^{\mathrm{j}\varphi_n}$，所以 $|F_n| = \dfrac{1}{2}A_n$，进一步得到

$$P = \frac{1}{T}\int_{-\frac{T}{2}}^{\frac{T}{2}} f^2(t)\mathrm{d}t = |F_0|^2 + 2\sum_{n=1}^{\infty} |F_n|^2 = \sum_{n=-\infty}^{+\infty} |F_n|^2 \tag{3.2.17}$$

式(3.2.16)和式(3.2.17)称为 Parseval 恒等式，其意义在于通过频域分析的方式求取周期信号的功率。

[例 3.2.5] 周期信号 $f(t) = 1 - \dfrac{1}{2}\cos\left(\dfrac{\pi}{4}t - \dfrac{2\pi}{3}\right) + \dfrac{1}{4}\sin\left(\dfrac{\pi}{3}t - \dfrac{\pi}{6}\right)$，试求该周期信号的平均功率。

解：$f(t) = 1 + \dfrac{1}{2}\cos\left(3 \times \dfrac{\pi}{12}t + \dfrac{\pi}{3}\right) + \dfrac{1}{4}\sin\left(4 \times \dfrac{\pi}{12}t - \dfrac{\pi}{6}\right)$，分析得：$\dfrac{A_0}{2} = 1$，$A_3 = \dfrac{1}{2}$，$A_4 = \dfrac{1}{4}$。根据 Parseval 等式，其功率为

$$P = \left(\frac{A_0}{2}\right)^2 + \sum_{n=1}^{\infty} \frac{1}{2} A_n^2 = \left(\frac{2}{2}\right)^2 + \frac{1}{2}\left(\frac{1}{2}\right)^2 + \frac{1}{2}\left(\frac{1}{4}\right)^2 = \frac{37}{32}$$

[例 3.2.6] 计算如图 3.2.12 所示信号在频谱第一个零点以内各分量的功率所占总功率的百分比。

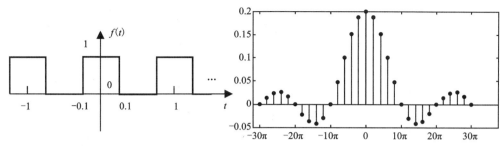

图 3.2.12 周期矩形信号及其频谱图

解： $f(t)$ 的功率为

$$P = \frac{1}{T}\int_{-\frac{T}{2}}^{\frac{T}{2}} f^2(t)\mathrm{d}t = \frac{1}{1}\int_{-0.1}^{0.1} 1^2 \mathrm{d}t = 0.2$$

当 $f(t)$ 展开为指数型 Fourier 级数

$$f(t) = \sum_{n=-\infty}^{+\infty} F_n \mathrm{e}^{jn\Omega t}$$

经计算

$$F_n = \frac{\tau}{T}\mathrm{Sa}\left(\frac{n\pi\tau}{T}\right) = 0.2\mathrm{Sa}(0.2n\pi)$$

零点为 $\frac{2m\pi}{\tau}$，此时 $\tau = 0.2$，则零点为 $10m\pi$。第一个零点在 $n=5$，即 $\omega = 10\pi \mathrm{rad/s}$。因此在第一个零点的各分量的功率和为 $P_{10\pi} = |F_0|^2 + 2\sum_{n=1}^{5}|F_n|^2$，经计算得

$$P_{10\pi} = (0.2)^2 + 2(0.2)^2[\mathrm{Sa}^2(0.2\pi) + \mathrm{Sa}^2(0.4\pi) + \mathrm{Sa}^2(0.6\pi) + \mathrm{Sa}^2(0.8\pi) + \mathrm{Sa}^2(\pi)]$$
$$= 0.04 + 0.08(0.875\ 1 + 0.572\ 8 + 0.254\ 6 + 0.054\ 70 + 0)$$
$$= 0.180\ 6$$

$$\frac{P_{10\pi}}{P} = \frac{0.180\ 6}{0.2} = 90.3\%$$

即频谱第一个零点以内各分量的功率占总功率的 90.3%。可见，信号的能量主要集中在第一个零点内，若信号丢失有效带宽以外的谐波成分，不会对信号产生明显影响。

3.3 连续非周期信号的频谱分析

3.3.1 Fourier 变换

由上一节可知，当谱线都出现在谐波的整数倍上，即 $(n\Omega)$，且相邻谱线间隔 $\Omega = \frac{2\pi}{T}$ 时，当周期 $T \to \infty$，周期信号将变为非周期的信号，其频谱的谱线间隔趋近于无穷小，即谱线无限密集，离散谱变成连续频谱；同时，构成信号的各谐波分量的幅值也趋近于无穷小。但是，这些无穷小量并不相等，且保持一定的比例关系。为了表明这种幅值间的相对差别，有必要引入一个新的量——频谱密度函数。令

$$F(j\omega) = \lim_{T \to \infty} \frac{F_n}{\frac{1}{T}} = \lim_{T \to \infty} F_n T \tag{3.3.1}$$

称 $F(j\omega)$ 为频谱密度函数。

设某一周期信号 $f(t)$ 的 Fourier 系数为 F_n，将 $f(t)$ 展开为指数形式的 Fouier 级数，可得

$$f(t) = \sum_{n=-\infty}^{+\infty} F_n e^{jn\Omega t} = \sum_{n=-\infty}^{+\infty} F_n T e^{jn\Omega t} \frac{1}{T} \tag{3.3.2}$$

其 Fourier 系数

$$F_n = \frac{1}{T} f(t) e^{-jn\Omega t} dt \tag{3.3.3}$$

两边同时乘以 T，可得

$$F_n T = f(t) e^{-jn\Omega t} dt \tag{3.3.4}$$

当周期 T 趋近于无穷大时，Ω 趋近于无穷小，可表示为连续变量，记为 ω。此时，$\frac{1}{T} = \frac{\Omega}{2\pi}$ 趋近于 $\frac{d\omega}{2\pi}$，代式(3.3.1)于式(3.3.2)中，得

$$F(j\omega) = \lim_{T \to \infty} F_n T = \int_{-\infty}^{+\infty} f(t) e^{-j\omega t} dt \tag{3.3.5}$$

$$f(t) = \frac{1}{2\pi} \int_{-\infty}^{+\infty} F(j\omega) e^{j\omega t} d\omega \tag{3.3.6}$$

$F(j\omega)$ 称为函数 $f(t)$ 的 Fourier 变换，$f(t)$ 称为 $F(j\omega)$ 的原函数，可用 $f(t) \leftrightarrow F(j\omega)$ 表示。重新列写一对 Fourier 变换式

$$\begin{cases} F(j\omega) = \int_{-\infty}^{+\infty} f(t) e^{-j\omega t} dt \\ f(t) = \frac{1}{2\pi} \int_{-\infty}^{+\infty} F(j\omega) e^{j\omega t} d\omega \end{cases} \tag{3.3.7}$$

为了方便，习惯上采用如下等式。

$$\begin{cases} F(j\omega) = \mathcal{F}[f(t)] \\ f(t) = \mathcal{F}^{-1}[F(j\omega)] \end{cases} \tag{3.3.8}$$

这时 Fourier 变换与逆变换有很相似的形式。频谱密度 $F(j\omega)$ 是一个复函数，它可以写为

$$F(j\omega) = |F(j\omega)| e^{j\varphi(\omega)}$$

其中，$|F(j\omega)|$ 和 $\varphi(\omega)$ 分别是 $F(j\omega)$ 的模和相位。习惯上，人们把 $|F(j\omega)| \sim \omega$ 的关系称为非周期信号的幅度频谱，把 $\varphi(\omega) \sim \omega$ 的关系称为相位频谱。需要注意：

(1) 函数 $f(t)$ 的 Fourier 变换存在充分条件 $\int_{-\infty}^{+\infty} |f(t)| dt < \infty$，即在无穷区间内 $f(t)$ 内绝对可积。

(2) 有了上述 Fourier 变换和 Fourier 逆变换的定义，也可以利用其计算积分，如

$$\int_{-\infty}^{+\infty} f(t) dt = F(j\omega)|_{\omega=0} = F(0) \tag{3.3.9}$$

此外，也可以方便计算

$$\frac{1}{2\pi} \int_{-\infty}^{+\infty} F(j\omega) d\omega = f(t)|_{t=0} = f(0) \tag{3.3.10}$$

3.3.2 常用的 Fourier 变换

(1) 门函数(矩形脉冲), $g_\tau(t) = \begin{cases} 1, |t| \leqslant \dfrac{\tau}{2} \\ 0, |t| > \dfrac{\tau}{2} \end{cases}$ (图 3.3.1)。

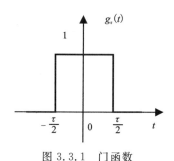

图 3.3.1 门函数

解：

$$F(j\omega) = \int_{-\frac{\tau}{2}}^{\frac{\tau}{2}} e^{-j\omega t} dt = \frac{e^{-j\omega\frac{\tau}{2}} - e^{j\omega\frac{\tau}{2}}}{-j\omega}$$

$$= \frac{-2j\sin\left(\frac{\omega\tau}{2}\right)}{-j\omega} = \frac{2\sin\left(\frac{\omega\tau}{2}\right)}{\omega} = \frac{\tau\sin\left(\frac{\omega\tau}{2}\right)}{\left(\frac{\omega\tau}{2}\right)} \qquad (3.3.11)$$

$$= \tau\mathrm{Sa}\left(\frac{\omega\tau}{2}\right) = \tau\mathrm{Sa}\left(\frac{\tau}{2}\omega\right)$$

(2) 单边指数函数 $f(t) = e^{-\alpha t}\varepsilon(t)$ (图 3.3.2)，其中 $\alpha > 0$，为实数。

解：

$$F(j\omega) = \int_0^{+\infty} e^{-\alpha t} e^{-j\omega t} dt$$

$$= -\frac{1}{\alpha + j\omega} e^{-(\alpha+j\omega)t} \Big|_0^{+\infty} \qquad (3.3.12)$$

$$= \frac{1}{\alpha + j\omega}$$

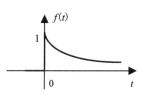

图 3.3.2 单边指数函数

若使用模和相角来表示，则

$$F(j\omega) = \frac{1}{\alpha + j\omega} = \frac{\alpha + j\omega}{(\alpha + j\omega)(\alpha - j\omega)}$$

$$= \frac{\alpha - j\omega}{\alpha^2 + \omega^2} = \frac{1}{\sqrt{\alpha^2 + \omega^2}} e^{-j\arctan\left(\frac{\omega}{\alpha}\right)} \qquad (3.3.13)$$

单边指数函数的频谱图见图 3.3.3。

(3) 双边指数函数 $f(t) = e^{\alpha t}, \alpha > 0$ (图 3.3.4)。

解：

$$F(j\omega) = \int_{-\infty}^{+\infty} f(t) e^{-j\omega t} dt$$

$$= \int_{-\infty}^{0} e^{\alpha t} e^{-j\omega t} dt + \int_{0}^{+\infty} e^{\alpha t} e^{-j\omega t} dt$$

$$= \frac{1}{\alpha - j\omega} + \frac{1}{\alpha + j\omega} = \frac{2\alpha}{\alpha^2 + \omega^2} \qquad (3.3.14)$$

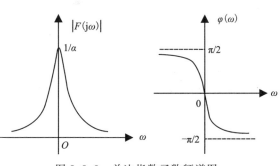

图 3.3.3 单边指数函数频谱图

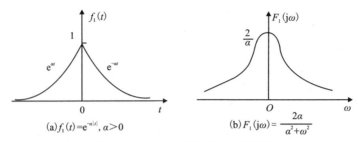

图 3.3.4 双边指数函数与频谱图

幅度频谱 $|F(j\omega)| = \dfrac{2\alpha}{\alpha^2 + \omega^2}$,相位频谱为 $\varphi(\omega) = 0$。

(4)冲击信号 $\delta(t)$(图 3.3.5)。

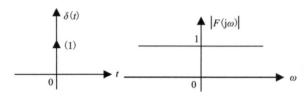

图 3.3.5 冲击信号与频谱图

解:

$$F(j\omega) = \mathcal{F}[\delta(t)] = \int_{-\infty}^{+\infty} \delta(t)\, e^{-j\omega t}\, dt = e^{-j\omega t}\big|_{t=0} = 1 \quad (3.3.15)$$

(5)冲击信号的导数 $\delta'(t)$ 及 $\delta^{(n)}(t)$。

解:

$$\mathcal{F}[\delta'(t)] = \int_{-\infty}^{+\infty} \delta'(t)\, e^{-j\omega t}\, dt = -(e^{-j\omega t})'\big|_{t=0} = j\omega \quad (3.3.16)$$

$$\mathcal{F}[\delta^{(n)}(t)] = \int_{-\infty}^{+\infty} \delta^{(n)}(t)\, e^{-j\omega t}\, dt = (-1)^n (e^{-j\omega t})^{(n)}\big|_{t=0} = (j\omega)^n \quad (3.3.17)$$

(6)直流信号。

方法一:直流信号不满足绝对可积条件,将其看作双边函数 $e^{-\alpha|t|}$ ($\alpha \to \infty$) 的极限,求出其 Fourier 变换。

解:

$$\mathcal{F}[1] = \lim_{\alpha \to 0} \mathcal{F}[1 \times e^{-\alpha|t|}] = \lim_{\alpha \to 0}\left[\dfrac{2\alpha}{\alpha^2 + \omega^2}\right] = \begin{cases} 0, & \omega \neq 0 \\ \infty, & \omega = 0 \end{cases}$$

,这是一个冲击函数,若想知道它冲激的强度,只需计算积分。

$$\lim_{\alpha \to 0}\int_{-\infty}^{+\infty} \dfrac{2\alpha}{\alpha^2 + \omega^2}\, d\omega = \lim_{\alpha \to 0}\int_{-\infty}^{+\infty} \dfrac{2}{1 + \left(\dfrac{\omega}{\alpha}\right)^2}\, d\left(\dfrac{\omega}{\alpha}\right)$$

$$= \lim_{\alpha \to 0} 2\arctan\dfrac{\omega}{\alpha}\bigg|_{-\infty}^{+\infty} = 2\pi \quad (3.3.18)$$

$$1 \leftrightarrow 2\pi\delta(\omega) \quad (3.3.19)$$

方法二：根据性质求解，将 $\delta(\omega) \leftrightarrow 1$ 代入反变换定义式，有

$$\frac{1}{2\pi}\int_{-\infty}^{+\infty} e^{j\omega t} d\omega = \delta(t) \qquad (3.3.20)$$

将 ω 与 t 交换顺序得到

$$\frac{1}{2\pi}\int_{-\infty}^{+\infty} e^{j\omega t} dt = \delta(\omega) \qquad (3.3.21)$$

再将 ω 换成 $-\omega$，得到

$$\frac{1}{2\pi}\int_{-\infty}^{+\infty} e^{-j\omega t} dt = \delta(-\omega) \qquad (3.3.22)$$

进而有 $\int_{-\infty}^{+\infty} e^{-j\omega t} dt = 2\pi\delta(-\omega)$，即 $1 \leftrightarrow 2\pi\delta(\omega)$

(7) 符号函数(信号)，$\mathrm{sgn}(t) = \begin{cases} -1, & t<0 \\ 0, & t=0 \\ 1, & t>0 \end{cases}$（图 3.3.6）。

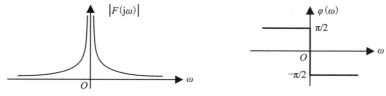

图 3.3.6 符号函数频谱图

解：
$$\begin{aligned}
\mathcal{F}[\mathrm{sgn}(t)] &= \lim_{\alpha \to 0} \mathcal{F}[\mathrm{sgn}(t) e^{-\alpha|t|}] \\
&= \int_{-\infty}^{0} (-1) e^{\alpha t} e^{-j\omega t} dt + \int_{0}^{+\infty} e^{\alpha t} e^{-j\omega t} dt \\
&= -\frac{e^{(\alpha-j\omega)t}}{\alpha-j\omega}\bigg|_{t=-\infty}^{0} - \frac{e^{-(\alpha+j\omega)t}}{\alpha+j\omega}\bigg|_{t=0}^{+\infty} \\
&= \frac{-1}{\alpha-j\omega} + \frac{1}{\alpha+j\omega}
\end{aligned} \qquad (3.3.23)$$

(8) 阶跃信号。

单位阶跃函数 $\varepsilon(t)$（图 3.3.7）不满足绝对可积条件，可将其分解成幅值为 $\frac{1}{2}$ 的直流信号与幅度为 $\frac{1}{2}$ 的符号函数之和。

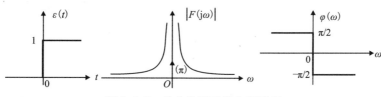

图 3.3.7 单位阶跃函数与频谱图

解：

$$\varepsilon(t) = \frac{1}{2}[\varepsilon(t) + \varepsilon(-t)] + \frac{1}{2}[\varepsilon(t) - \varepsilon(-t)] = \frac{1}{2} + \frac{1}{2}\text{sgn}(t) \quad (3.3.24)$$

$$\mathcal{F}[\varepsilon(t)] = \pi\delta(\omega) + \frac{1}{j\omega} \quad (3.3.25)$$

3.3.3 Fourier 变换的性质

(1)线性：若 $f_1(t) \leftrightarrow F_1(j\omega), f_2(t) \leftrightarrow F_2(j\omega)$，则对任意常数 a_1 和 a_2，有

$$a_1 f_1(t) + a_2 f_2(t) \leftrightarrow a_1 F_1(j\omega) + a_2 F_2(j\omega) \quad (3.3.26)$$

此线性可以推广到多个信号的情形。

[例 3.3.1] 如图 3.3.8 所示的信号 $f(t)$ 的 Fourier 变换是多少？

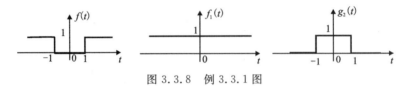

图 3.3.8 例 3.3.1 图

解： $f(t) = f_1(t) - g_2(t)$

其中 $f_1(t) = 1(t), f_1(t) \leftrightarrow 2\pi\delta(\omega), g_2(t) \leftrightarrow 2\text{Sa}(\omega)$

则 $F(j\omega) = 2\pi\delta(\omega) - 2\text{Sa}(\omega)$

(2)时移性质：若 $f(t) \leftrightarrow F(j\omega)$，则

$$f(t - t_0) \leftrightarrow e^{-j\omega t_0} F(j\omega) \quad (3.3.27)$$

其中 t_0 是一个常数。

证明：

$$\mathcal{F}[f(t-t_0)] = \int_{-\infty}^{+\infty} f(t-t_0) e^{-j\omega t} dt$$

$$\xRightarrow{t-t_0=\tau} \int_{-\infty}^{+\infty} f(\tau) e^{-j\omega\tau} e^{-j\omega t_0} d\tau = e^{-j\omega t_0} F(j\omega) \quad (3.3.28)$$

同理有 $f(t+t_0) \leftrightarrow e^{j\omega t_0} F(j\omega)$，综合起来有 $f(t \pm t_0) \leftrightarrow e^{\pm j\omega t_0} F(j\omega)$

[例 3.3.2] 如图 3.3.9 所示的信号 $F(j\omega)$ 是多少？

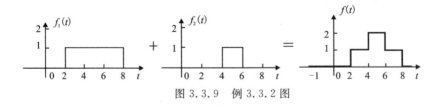

图 3.3.9 例 3.3.2 图

解： $f_1(t) = g_6(t-5), f_2(t) = g_2(t-5)$，

显然有 $f(t) = f_1(t) + f_2(t)$。

因为 $g_6(t) \leftrightarrow 6\text{Sa}(3\omega)$ 及 $g_2(t) \leftrightarrow 2\text{Sa}(\omega)$，

所以 $g_6(t-5) \leftrightarrow 6 e^{-j5\omega}\text{Sa}(3\omega)$ 及 $g_2(t-5) \leftrightarrow 2 e^{-j5\omega}\text{Sa}(\omega)$。

那么有 $F(j\omega) = [6\text{Sa}(3\omega) + 2\text{Sa}(\omega)]e^{-j5\omega}$。

(3) 对称性质：若 $f(t) \leftrightarrow F(j\omega)$，则
$$F(jt) \leftrightarrow 2\pi f(-\omega) \tag{3.3.29}$$

证明：由 Fourier 变换的定义可以得到 $f(t) = \frac{1}{2\pi}\int_{-\infty}^{+\infty} F(j\omega) e^{j\omega t} d\omega$。这里将 ω 和 t 交换顺序，其积分结果不变，有 $f(\omega) = \frac{1}{2\pi}\int_{-\infty}^{+\infty} F(jt) e^{j\omega t} dt$。最后将上式中的 ω 换成 $-\omega$，可以得到 $f(-\omega) = \frac{1}{2\pi}\int_{-\infty}^{+\infty} F(jt) e^{-j\omega t} dt$，进而有 $2\pi f(-\omega) = \int_{-\infty}^{+\infty} F(jt) e^{-j\omega t} dt$。故 $F(jt) \leftrightarrow 2\pi f(-\omega)$。

[例 3.3.3] $f(t) = \frac{1}{1+t^2}$，则 $F(j\omega)$ 是多少？

解：因为 $e^{-\alpha|t|} \leftrightarrow \frac{2\alpha}{\alpha^2 + \omega^2}$，所以当 $\alpha = 1$ 时，$e^{-|t|} \leftrightarrow \frac{2}{1+\omega^2}$。

根据对称性质有 $\frac{2}{1+t^2} \leftrightarrow 2\pi e^{-|-\omega|}$，简化为 $\frac{1}{1+t^2} \leftrightarrow \pi e^{-|\omega|}$。

[例 3.3.4] $f(t) = \frac{t^2 - 2t + 3}{t^2 - 2t + 2}$，则 $F(j\omega)$ 是多少？

解：因为 $f(t) = \frac{t^2 - 2t + 3}{t^2 - 2t + 2} = \frac{t^2 - 2t + 2 + 1}{t^2 - 2t + 2} = 1 + \frac{1}{t^2 - 2t + 2} = 1 + \frac{1}{1 + (t-1)^2}$，

由例 3.3.3 可得 $\frac{1}{1+t^2} \leftrightarrow \pi e^{-|\omega|}$，所以 $\frac{1}{1+(t-1)^2} \leftrightarrow \pi e^{-j\omega} e^{-|\omega|} = \pi e^{-(j\omega + |\omega|)}$，

进而 $F(j\omega) = 2\pi\delta(\omega) + \pi e^{-(j\omega + |\omega|)}$。

(4) 频移性质：若 $f(t) \leftrightarrow F(j\omega)$，则
$$e^{-j\omega_0 t} f(t) \leftrightarrow F[j(\omega - \omega_0)] \tag{3.3.30}$$
其中，ω_0 是实数。

证明：
$$\mathcal{F}[e^{j\omega_0 t} f(t)] = \int_{-\infty}^{+\infty} e^{j\omega_0 t} f(t) e^{-j\omega t} dt$$
$$= \int_{-\infty}^{+\infty} f(t) e^{-j(\omega - \omega_0)t} dt$$
$$= F[j(\omega - \omega_0)]$$

[例 3.3.5] ① $f_1(t) = e^{j3t} \leftrightarrow F_1(j\omega) = ?$

② $f_2(t) = \cos\omega_0 t \leftrightarrow F_2(j\omega) = ?$

解：① 因为 $1 \leftrightarrow 2\pi\delta(\omega)$，所以 $e^{j3t} \leftrightarrow 2\pi\delta(\omega - 3)$。

② $f_2(t) = \frac{1}{2}(e^{j\omega_0 t} + e^{-j\omega_0 t})$，则 $F_2(j\omega) = \pi[\delta(\omega + \omega_0) + \delta(\omega - \omega_0)]$。

(5) 尺度变换性质：若 $f(t) \leftrightarrow F(j\omega)$，则
$$f(at) \leftrightarrow \frac{1}{|a|} F\left(j\frac{\omega}{a}\right) \tag{3.3.31}$$
其中，a 是一个非零实数。

证明：$\mathcal{F}[f(at)] = \int_{-\infty}^{+\infty} f(at) e^{-j\omega t} dt$

若 $a > 0$，$\mathcal{F}[f(at)] \xrightarrow{\tau = at} \int_{-\infty}^{+\infty} f(\tau) e^{-j\omega \frac{\tau}{a}} \frac{1}{a} d\tau = \frac{1}{a} F\left(j\frac{\omega}{a}\right)$；

若 $a < 0$，$\mathcal{F}[f(at)] \xrightarrow{\tau = at} \int_{-\infty}^{+\infty} f(\tau) e^{-j\omega \frac{\tau}{a}} \frac{1}{a} d\tau = -\frac{1}{a} \int_{-\infty}^{+\infty} f(\tau) e^{-j\omega \frac{\tau}{a}} d\tau = -\frac{1}{a} F\left(j\frac{\omega}{a}\right)$；

综上所述，$f(at) \leftrightarrow \frac{1}{|a|} F\left(j\frac{\omega}{a}\right)$。

特别的，当 $a = -1$ 时，$f(-t) \leftrightarrow F(-j\omega)$。

[例 3.3.6] 若已知 $f(t) \leftrightarrow F(j\omega)$，则 $f(at - b)$ 的 $F(j\omega)$ 是多少？

解：方法一：根据 Fourier 变换的时移性质有 $f(t-b) \leftrightarrow e^{-j\omega b} F(j\omega)$，则 $f(at-b) \leftrightarrow \frac{1}{|a|} e^{-j\frac{\omega}{a}b} F\left(j\frac{\omega}{a}\right)$。

方法二：根据 Fourier 变换的尺度变换特性有 $f(at) \leftrightarrow \frac{1}{|a|} F\left(j\frac{\omega}{a}\right)$，则 $f(at-b) = f\left(a\left(t - \frac{b}{a}\right)\right) \leftrightarrow \frac{1}{|a|} e^{-j\frac{\omega}{a}b} F\left(j\frac{\omega}{a}\right)$。

[例 3.3.7] 若已知 $f(t) = \frac{1}{1-jt}$，则 $F(j\omega)$ 是多少？

解：$e^{-t} \varepsilon(t) \leftrightarrow \frac{1}{1+j\omega}$，根据 Fourier 变换的对称性有 $\frac{1}{1+jt} \leftrightarrow 2\pi e^{\omega} \varepsilon(-\omega)$。

再利用尺度变换特性，$a = -1$，$f(-t) \leftrightarrow F(-j\omega)$。因此有 $\frac{1}{1-jt} \leftrightarrow 2\pi e^{-\omega} \varepsilon(\omega)$。

(6) 卷积性质。

时域卷积：如果 $f_1(t) \leftrightarrow F_1(j\omega)$ 及 $f_2(t) \leftrightarrow F_2(j\omega)$，则有
$$f_1(t) * f_2(t) \leftrightarrow F_1(j\omega) F_2(j\omega) \tag{3.3.32}$$

频域卷积：如果 $f_1(t) \leftrightarrow F_1(j\omega)$ 及 $f_2(t) \leftrightarrow F_2(j\omega)$，则有
$$f_1(t) \cdot f_2(t) \leftrightarrow \frac{1}{2\pi} F_1(j\omega) * F_2(j\omega) \tag{3.3.33}$$

[例 3.3.8] 求三角型脉冲 $f_\Delta = \begin{cases} 1 - \frac{2}{\tau}|t|, & |t| < \frac{\tau}{2} \\ 0, & |t| > \frac{\tau}{2} \end{cases}$

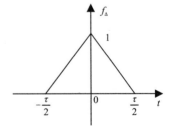

图 3.3.10 例 3.3.8 图

(图 3.3.10) 的频谱函数。

解：因为 $\sqrt{\frac{2}{\tau}} g_{\frac{\tau}{2}}(t) * \sqrt{\frac{2}{\tau}} g_{\frac{\tau}{2}}(t) = f_\Delta$，而 $g_{\frac{\tau}{2}}(t) \leftrightarrow \frac{\tau}{2} \text{Sa}\left(\frac{\tau}{4}\omega\right)$，所以 $\mathcal{F}[f_\Delta] = \sqrt{\frac{2}{\tau}} \cdot \frac{\tau}{2} \text{Sa}\left(\frac{\tau}{4}\omega\right) \cdot \sqrt{\frac{2}{\tau}} \cdot \frac{\tau}{2} \text{Sa}\left(\frac{\tau}{4}\omega\right) = \frac{\tau}{2} \text{Sa}^2\left(\frac{\tau}{4}\omega\right)$。

[例 3.3.9] 求 $\left(\dfrac{\sin t}{t}\right)^2$ 的 Fourier 变换 $F(j\omega)$。

解：因为 $g_2(t) \leftrightarrow 2\mathrm{Sa}(\omega)$，根据对称性可以得到 $2\mathrm{Sa}(t) \leftrightarrow 2\pi g_2(-\omega)$，即 $\mathrm{Sa}(t) \leftrightarrow \pi g_2(-\omega) = \pi g_2(\omega)$。

所以根据频域卷积性质得到 $\mathrm{Sa}^2(t) \leftrightarrow \dfrac{1}{2\pi}[\pi g_2(\omega)] * [\pi g_2(\omega)] = \dfrac{\pi}{2} g_2(\omega) * g_2(\omega)$。

(7) 时域的微分和积分性质：如果 $f(t) \leftrightarrow F(j\omega)$，则

$$f^{(n)}(t) \leftrightarrow (j\omega)^{(n)} F(j\omega) \tag{3.3.34}$$

$$\int_{-\infty}^{t} f(x)\mathrm{d}x \leftrightarrow \pi F(0)\delta(\omega) + \dfrac{F(j\omega)}{j\omega} \tag{3.3.35}$$

其中，$F(0) = F(j\omega)|_{\omega=0} = \displaystyle\int_{-\infty}^{+\infty} f(t)\mathrm{d}t$。

证明：$\mathcal{F}[\delta^{(n)}(t)] = \displaystyle\int_{-\infty}^{+\infty} \delta^{(n)}(t) \mathrm{e}^{-j\omega t} \mathrm{d}t = (-1)^{(n)}(-j\omega)^{(n)} \mathrm{e}^{-j\omega t}\big|_{t=0} = (j\omega)^{(n)}$，而 $f^{(n)}(t) = \delta^{(n)}(t) * f(t)$，所以 $f^{(n)}(t) = \delta^{(n)}(t) * f(t)$。

由时域卷积性质可知，$\delta^{(n)}(t) * f(t) \leftrightarrow (j\omega)^{(n)} F(j\omega)$。

此外，$\displaystyle\int_{-\infty}^{t} f(x)\mathrm{d}x = \int_{-\infty}^{t} f(x)\mathrm{d}x * \delta(t) = f(t) * \varepsilon(t)$，所以 $\displaystyle\int_{-\infty}^{t} f(x)\mathrm{d}x \leftrightarrow \left[\pi\delta(\omega) + \dfrac{1}{j\omega}\right] \cdot F(j\omega) = \pi F(0)\delta(\omega) + \dfrac{F(j\omega)}{j\omega}$。

[例 3.3.10] $f(t) = \dfrac{1}{t^2}$ 的 Fourier 变换是多少？

解：已知 $\mathrm{sgn}(t) \leftrightarrow \dfrac{2}{j\omega}$，由 Fourier 变换的对称性得到 $\dfrac{2}{jt} \leftrightarrow 2\pi \mathrm{sgn}(-\omega)$，进而有 $\dfrac{1}{t} \leftrightarrow -j\pi \mathrm{sgn}(\omega)$，$-\dfrac{1}{t^2} = \dfrac{\mathrm{d}}{\mathrm{d}t}\left(\dfrac{1}{t}\right) \leftrightarrow -(j\omega)j\pi\mathrm{sgn}(\omega) = \pi\omega\mathrm{sgn}(\omega)$（负号是由符号函数的对称性得到的），因此有 $\dfrac{1}{t^2} \leftrightarrow -\pi\omega\mathrm{sgn}(\omega) = -\pi|\omega|$。

[例 3.3.11] $f(t)$ 如图 3.3.11 所示，其 Fourier 变换的 $F(j\omega)$ 是多少？

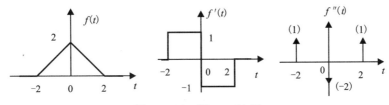

图 3.3.11 例 3.3.11 图

解：如图 3.3.11 所示，$f''(t) = \delta(t+2) - 2\delta(t) + \delta(t-2)$。

因此 $F_2(j\omega) = \mathcal{F}[f''(t)] = \mathrm{e}^{j2\omega} - 2 + \mathrm{e}^{-j2\omega} = 2\cos(2\omega) - 2$，而 $F_2(j\omega) = \mathcal{F}[f''(t)] = (j\omega)^2 F(j\omega)$，所以 $F(j\omega) = \dfrac{F_2(j\omega)}{(j\omega)^2} = \dfrac{2\cos(2\omega) - 2}{(j\omega)^2} = \dfrac{2 - 2\cos(x\omega)}{\omega^2}$。

(8) 频域的微分和积分性质：如果 $f(t) \leftrightarrow F(j\omega)$，则有

$$(-jt)^{(n)} f(t) \leftrightarrow F^{(n)}(j\omega) \qquad (3.3.36)$$

$$\pi f(0)\delta(t) + \frac{1}{-jt}f(t) \leftrightarrow \int_{-\infty}^{\omega} F(jx)dx \qquad (3.3.37)$$

其中，$f(0) = \frac{1}{2\pi}\int_{-\infty}^{+\infty} F(j\omega)d\omega$。

证明：因为 $F^{(n)}(j\omega) = F(j\omega) * \delta^{(n)}(j\omega)$，而 $\delta(t) \leftrightarrow 1$，且 $\delta^{(n)}(t) \leftrightarrow (j\omega)^n$。

由对称性可得 $(jt)^n \leftrightarrow 2\pi\delta^{(n)}(-\omega) = 2\pi(-1)^{(n)}\delta(\omega)$，即 $(-jt)^{(n)} = 2\pi\delta^{(n)}(\omega)$，再由频域卷积定理得 $(-jt)^{(n)} \cdot f(t) \leftrightarrow \frac{1}{2\pi} \cdot 2\pi \cdot \delta^{(n)}(\omega) * F(j\omega) = \delta^{(n)}(\omega) * F(j\omega) = F^{(n)}(j\omega)$。

同理可证积分性质。

[例 3.3.12] $f(t) = t\varepsilon(t)$ 的 Fourier 变换 $F(j\omega)$。

解：因为 $\varepsilon(t) \leftrightarrow \pi\delta(\omega) + \frac{1}{j\omega}$，利用频域微分性质得到 $(-jt)\varepsilon(t) \leftrightarrow \left[\pi\delta(\omega) + \frac{1}{j\omega}\right]'$，因此 $(-jt)\varepsilon(t) \leftrightarrow \pi\delta'(\omega) + \frac{j}{(j\omega)^2}$，进而有 $t\varepsilon(t) \leftrightarrow j\pi\delta'(\omega) - \frac{1}{\omega^2}$。

> **注意**：$t\varepsilon(t) = \varepsilon(t) * \varepsilon(t) \leftrightarrow \left[\pi\delta(\omega) + \frac{1}{j\omega}\right] \times \left[\pi\delta(\omega) + \frac{1}{j\omega}\right]$，这种方法是错误的，因为 $\delta(\omega) \times \delta(\omega)$ 是没有意义的。

[例 3.3.13] 计算 $\int_{-\infty}^{+\infty} \frac{\sin(a\omega)}{\omega} d\omega$。

解：因为 $g_{2a}(t) \leftrightarrow 2a\text{Sa}(a\omega) = \frac{2\sin(a\omega)}{\omega}$，由 Fourier 逆变换的定义可得 $\frac{1}{2\pi}\int_{-\infty}^{+\infty} \frac{2\sin(a\omega)}{\omega} e^{j\omega t} d\omega = g_{2a}(t)$，即 $\frac{1}{\pi}\int_{-\infty}^{+\infty} \frac{\sin(a\omega)}{\omega} e^{j\omega t} d\omega = g_{2a}(t)$，所以 $g_{2a}(0) = \frac{1}{\pi}\int_{-\infty}^{+\infty} \frac{\sin(a\omega)}{\omega} d\omega$，即 $\int_{-\infty}^{+\infty} \frac{\sin(a\omega)}{\omega} d\omega = \pi g_{2a}(0) = \pi$。

(9) 奇偶性：如果 $f(t)$ 是实数，则有

$$\begin{aligned}F(j\omega) &= \int_{-\infty}^{+\infty} f(t) e^{-j\omega t} dt \\ &= \int_{-\infty}^{+\infty} f(t)\cos(\omega t)dt - j\int_{-\infty}^{+\infty} f(t)\sin(\omega t)dt \\ &= R(\omega) + jX(\omega) \end{aligned} \qquad (3.3.38)$$

因此，$|F(j\omega)| = \sqrt{R^2(\omega) + X^2(\omega)}$，$\varphi(\omega) = \arctan\left[\frac{X(\omega)}{R(\omega)}\right]$。使得：① $R(\omega) = R(-\omega)$，$X(\omega) = X(-\omega)$，$|F(j\omega)| = |F(-j\omega)|$，$\varphi(\omega) = -\varphi(-\omega)$。

② 如果 $f(t)$ 是偶函数，则 $X(\omega) = 0$，$F(j\omega) = R(\omega)$，如果 $f(t)$ 是奇函数，则 $R(\omega) = 0$，$F(j\omega) = jX(\omega)$。

3.4 取样定理

取样定理论述了在一定条件下，一个连续信号完全可以用离散样本值表示。这些样本值

包含了该连续信号的全部信息,利用这些样本值可以恢复信号。可以说,取样定理在连续信号与离散信号之间架起了一座桥梁,为其互相转换提供了理论依据。

3.4.1 信号的取样

所谓取样,就是利用"开关函数"$s(t)$从连续信号$f(t)$中抽取一系列离散样本值的过程,通常情况$s(t)$设置为取样脉冲序列,这样得到的离散信号称为取样信号。

如图 3.4.1 所示,对一连续信号$f(t)$用取样脉冲序列$s(t)$进行取样,取样周期称为取样间隔T_s,$f_s = \dfrac{1}{T_s}$称为取样频率。$\omega_s = 2\pi f_s = \dfrac{2\pi}{T_s}$称为取样角频率。如图 3.4.1(c)所示的取样信号$f_s(t)$可以写为

$$f_s(t) = f(t)s(t) \tag{3.4.1}$$

若$f(t) \leftrightarrow F(j\omega)$,$s(t) \leftrightarrow s(j\omega)$,由频域卷积定理,则取样信号$f_s(t)$的频谱函数为

$$F_s(j\omega) = \dfrac{1}{2\pi} F(j\omega) * s(j\omega) \tag{3.4.2}$$

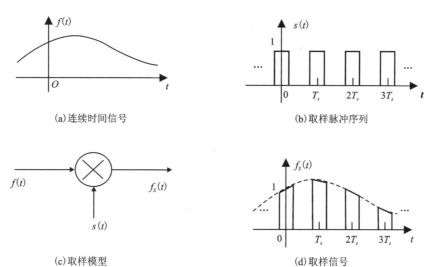

图 3.4.1 信号与采样

定义:若$s(t)$是周期为T_s的冲激函数序列$\delta_{T_s}(t)$,则称为冲激取样。

$$s(t) = \delta_{T_s}(t) = \sum_{n=-\infty}^{+\infty} \delta(t - nT_s) \leftrightarrow \Omega_s \delta_{\Omega_s}(\omega) = \Omega_s \sum_{n=-\infty}^{+\infty} \delta(\omega - n\omega_s)$$

其中,$\Omega_s = \dfrac{2\pi}{T_s}$。

如果$f(t)$是带限信号,即$f(t)$的频谱只在区间$(-\omega_s, \omega_s)$为有限值,而其余区间为 0。设$f(t) \leftrightarrow F(j\omega)$,取样信号$f_s(t)$的频谱函数为$F_s(j\omega)$,根据式(3.4.2)画取样信号$f_s(t)$的频谱$F_s(j\omega)$,设定$\omega_s \geqslant 2\omega_m$,才能保证频谱不发生混叠,为此才能设法(如利用低通滤波器)从$F_s(j\omega)$中取出$F(j\omega)$,即从$f_s(t)$中无失真地恢复原信号$f(t)$,否则将发生频谱混叠,而无法恢复原信号(图 3.4.2)。

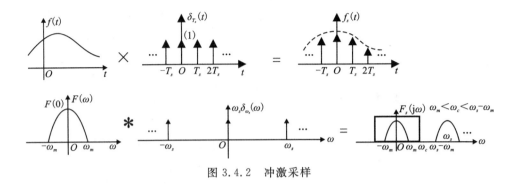

图 3.4.2 冲激采样

3.4.2 时域取样定理

当 $\omega_s \geqslant 2\omega_m$ 时,将取样信号通过下面的低通滤波器 $H(j\omega) = \begin{cases} T_s, |\omega| < \omega_c \\ 0, |\omega| > \omega_c \end{cases}$,其截止角频率 ω_c 取 $\omega_m < \omega_c < \omega_s - \omega_m$,即可恢复原信号(图 3.4.3,图 3.4.4)。

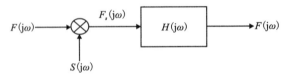

图 3.4.3 冲激取样信号经低通滤波器过程图

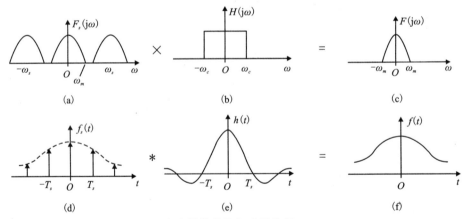

图 3.4.4 由取样信号恢复连续信号 $\omega_c = 0.5\omega_s$

$$f_s(t) = f(t)s(t) = f(t) \sum_{n=-\infty}^{+\infty} \delta(t - nT_s) = \sum_{n=-\infty}^{+\infty} f(nT_s)\delta(t - nT_s)$$

根据

$$H(j\omega) = T_s g_{2\omega_c}(\omega) \leftrightarrow h(t) = T_s \frac{\omega_c}{\pi} \text{Sa}(\omega_c t) \qquad (3.4.3)$$

为方便计算，选 $\omega_c = 0.5\,\omega_s$，则 $\dfrac{T_s\omega_c}{\pi} = 1$，此时 $h(t) = \mathrm{Sa}\left(\dfrac{\omega_s t}{2}\right)$。根据 $f(t) = f_s(t) * h(t)$，得

$$f(t) = \sum_{n=-\infty}^{+\infty} f(nT_s)\delta(t-nT_s) * \mathrm{Sa}\left(\dfrac{\omega_s t}{2}\right)$$
$$= \sum_{n=-\infty}^{+\infty} f(nT_s)\mathrm{Sa}\left[\dfrac{\omega_s}{2}(t-nT_s)\right] \quad (3.4.4)$$

式(3.4.4)表示，连续信号 $f(t)$ 可以展开为 Sa 函数的无穷级数，该级数的系数等于取样值 $f(nT_s)$，只要知道各取样值 $f(nT_s)$，就可唯一地确定出原信号 $f(t)$。也就是说，在取样信号 $f_s(t)$ 每个样值点上画一个峰值为 $f(nT_s)$ 的取样函数，合成的信号就是 $f(t)$。

1. 时域取样定理

一个频谱在区间 $(-\omega_m, \omega_m)$ 以外为 0 的带限信号 $f(t)$，可唯一地由其在均匀间隔 $T_s\left(T_s \leqslant \dfrac{1}{2f_m}\right)$ 上的样值点 $f(nT_s)$ 确定。

$$f(t) = \sum_{n=-\infty}^{+\infty} f(nT_s)\mathrm{Sa}\left[\dfrac{\omega_s}{2}(t-nT_s)\right] \quad (3.4.5)$$

为恢复原信号，必须满足两个条件：① $f(t)$ 必须是带限信号；② 取样频率不能太低，必须满足 $f_s > 2f_m$，或者说取样间隔不能太大，必须 $T_s < \dfrac{1}{2f_m}$，否则将发生混叠。

通常把最低允许的取样频率 $f_s = 2f_m$ 称为奈奎斯特取样频率，把最大允许的取样间隔 $T_s = \dfrac{1}{2f_m}$ 称为奈奎斯特取样间隔。

2. 频域取样定理

根据时域与频域的对称性，可推出频域取样定理。一个在时域时间 $(-t_m, t_m)$ 以外为零的有限时间信号 $f(t)$ 的频谱函数 $F(\mathrm{j}\omega)$，可唯一地由其在均匀频率间隔 $f_s\left(f_s \geqslant \dfrac{1}{2t_m}\right)$ 上的样值点 $F(\mathrm{j}n\omega_s)$ 确定。

$$F(\mathrm{j}\omega) = \sum_{n=-\infty}^{+\infty} F\left(\mathrm{j}\dfrac{n\pi}{t_m}\right)\mathrm{Sa}(\omega t_m - n\pi), t_m = \dfrac{1}{2f_s} \quad (3.4.6)$$

[**例 3.4.1**] 有限频带信号 $f_1(t)$ 和 $f_2(t)$ 的最高频率分别为 $\omega_{m1}(f_{m1})$ 和 $\omega_{m2}(f_{m2})$，对下列信号进行时域取样，试求使频谱不发生混叠的奈奎斯特频率 f_s。

(1) $f_1(at), a \neq 0$；
(2) $f_1(t) + f_2(t)$；
(3) $f_1(t) * f_2(t)$；
(4) $f_1(t)f_2(t)$；
(5) $f_1^2(t)$。

解：

(1)

$$f_1(\alpha t), \alpha \neq 0 \leftrightarrow \frac{1}{|\alpha|} F\left(j\frac{\omega}{\alpha}\right), \left|\frac{\omega}{\alpha}\right| \leqslant \omega_{m1}, |\omega| \leqslant |\alpha|\omega_{m1}, \omega_m = \frac{\omega_m}{2\pi},$$

$$f_m = \frac{\omega_m}{2\pi} = \frac{|\alpha|\omega_{m1}}{2\pi} = |\alpha|f_{m1}$$

所以 $f_s = 2f_m = 2|\alpha|f_{m1}$。

(2)

$$f_1(t) + f_2(t) \leftrightarrow F_1(j\omega) + F_1(j\omega)$$

$$\omega_m = \max\{\omega_{m1}, \omega_{m2}\}$$

$$f_m = \max\{f_{m1}, f_{m2}\}$$

所以，奈奎斯特频率 $f_s = 2f_m = 2\min\{f_{m1}, f_{m2}\}$。

(3)

$$f_1(t) * f_2(t) \leftrightarrow F_1(j\omega) * F_1(j\omega)$$

$$\omega_m = \min\{\omega_{m1}, \omega_{m2}\}$$

$$f_m = \min\{f_{m1}, f_{m2}\}$$

所以，奈奎斯特频率 $f_s = 2f_m = 2\max\{f_{m1}, f_{m2}\}$。

(4)

$$f_1(t)f_2(t) \leftrightarrow \frac{1}{2\pi} F_1(j\omega) * F_2(j\omega)$$

$$\omega_m = \omega_{m1} + \omega_{m2}, f_m = f_{m1} + f_{m2}$$

所以，奈奎斯特频率为 $f_s = 2f_m = 2(f_{m1} + f_{m2})$。

(5)

$$f_1^2(t) \leftrightarrow \frac{1}{2\pi} F_1(j\omega) * F_1(j\omega)$$

$$\omega_m = 2\omega_{m1}, f_m = 2f_{m1}$$

所以，奈奎斯特频率为 $f_s = 2f_m = 4f_{m1}$。

[例3.4.2] 如果对一最高频率为 400Hz 的带限信号 $f(t)$ 进行抽样，并使抽样信号通过一个理想低通滤波器后能够完全恢复出 $f(t)$，问：

(1) 抽样间隔 T 应满足的条件是什么？

(2) 如果以 $T=1$ms 抽样，理想低通滤波器截止频率 $f_c(t)$ 应满足的条件是什么？

解：(1) 由题意，$f(t)$ 的最高频率 $f_m = 400$Hz，则奈奎斯特取样间隔为

$$\frac{1}{2f_m} = \frac{1}{2 \times 400\text{Hz}} = 1.25\text{ms} \tag{3.4.7}$$

因此取样间隔 T_s 应满足 $T_s \leqslant 1.25$ms。

(2) 已知取样间隔 $T_s = 1$ms，则取样频率 $f_s = \frac{1}{T_s} = 1$kHz。

由取样定理，f_c 应满足 $f_m < f_c < f_s - f_m$，即 $400\text{Hz} < f_c < (1000-400)\text{Hz}$，$400\text{Hz} < f_c < 600\text{Hz}$。

3.5 离散时间信号的频谱分析

在分析连续周期信号和非周期信号时,将连续信号分别表示为虚指数信号 $e^{jm\omega t}$ 和 $e^{j\omega t}$,从而实现连续信号的 Fourier 变换和信号频域分析。与此类似,将离散周期序列和离散非周期序列分别表示为虚指数序列 $e^{jm\Omega_0 k}$ 和 $e^{j\Omega k}$,从而引入离散周期序列的离散 Fourier 级数(discrete Fourie rseries,DFS)与离散非周期序列的离散时间 Fourier 变换(discrete time Fourier transform,DTFS),它们是离散时间信号频域分析的重要内容。

3.5.1 离散 Fourier 级数

周期为 N 的离散序列 $\tilde{x}[k]$ 可由 N 项虚指数序列线性表示,即

$$\tilde{x}[k] = \frac{1}{N}\sum_{m=0}^{N-1}\widetilde{X}[m]e^{j\frac{2\pi}{N}mk} = \frac{1}{N}\sum_{m=0}^{N-1}\widetilde{X}[m]e^{jm\Omega_0 k}, \Omega_0 = \frac{2\pi}{N} \qquad (3.5.1)$$

利用虚指数序列的正交性,可得式(3.5.1)中虚指数序列 $e^{jm\Omega_0 k}$ 的加权系数 $\widetilde{X}[m]$ 为

$$\widetilde{X}[m] = \sum_{k=0}^{N-1}\tilde{x}[k]e^{-j\frac{2\pi}{N}mk} = \sum_{k=0}^{N-1}\tilde{x}[k]e^{-jm\Omega_0 k}, \Omega_0 = \frac{2\pi}{N} \qquad (3.5.2)$$

$\widetilde{X}[m]$ 称为周期序列 $\tilde{x}[k]$ 的频谱或 DFS,也是一个周期为 N 的周期序列。

在对周期序列一个周期的样本点求和时,其值与求和起点的选取无关。因此,对周期序列一个周期的求和写为 $\sum_{k=<N>}\tilde{x}[k]$,求和的起点可由实际情况灵活选定。采用上述符号,可将式(3.5.1)和式(3.5.2)改写为

$$\widetilde{X}[m] = \text{DFS}\{\tilde{x}[k]\} = \sum_{k=<N>}\tilde{x}[k]W_N^{mk} \qquad (3.5.3)$$

$$\tilde{x}[k] = \text{IDFS}\{\widetilde{X}[m]\} = \frac{1}{N}\sum_{m=<N>}\widetilde{X}[m]W_N^{-mk} \qquad (3.5.4)$$

其中,$W_N = e^{-j\frac{2\pi}{N}}$。

[例 3.5.1] 求周期为 4 的序列 $\tilde{x}[k] = \{\cdots,\overline{1},2,3,4,\cdots\}$ 的频谱 $\widetilde{X}[m]$。

解: 由 DFS 有

$$\widetilde{X}[m] = \sum_{k=0}^{3}\tilde{x}[k]e^{-j\frac{2\pi}{4}mk}$$

$m = 0$ 时,$\widetilde{X}[0]\tilde{x}[0] + \tilde{x}[1] + \tilde{x}[2] + \tilde{x}[3] = 10$;

$m = 1$ 时,$\widetilde{X}[1] = \tilde{x}[0] + \tilde{x}[1]e^{-j\frac{2\pi}{4}\cdot 1\cdot 1} + \tilde{x}[2]e^{-j\frac{2\pi}{4}\cdot 1\cdot 2} + \tilde{x}[3]e^{-j\frac{2\pi}{4}\cdot 1\cdot 3} = -2 + 2j$;

$m = 2$ 时,$\widetilde{X}[2] = \tilde{x}[0] + \tilde{x}[1]e^{-j\frac{2\pi}{4}\cdot 2\cdot 1} + \tilde{x}[2]e^{-j\frac{2\pi}{4}\cdot 2\cdot 2} + \tilde{x}[3]e^{-j\frac{2\pi}{4}\cdot 2\cdot 3} = -2$;

$m = 3$ 时,$\widetilde{X}[3] = \tilde{x}[0] + \tilde{x}[1]e^{-j\frac{2\pi}{4}\cdot 3\cdot 1} + \tilde{x}[2]e^{-j\frac{2\pi}{4}\cdot 3\cdot 2} + \tilde{x}[3]e^{-j\frac{2\pi}{4}\cdot 3\cdot 3} = -2 - 2j$;

故周期为 4 的序列 $\tilde{x}[k]$ 的频谱 $\widetilde{X}[m] = \{\cdots,\overline{10},-2+2j,-2,-2-2j,\cdots\}$。

离散周期序列频谱的计算也可用矩阵表示。令 $W_4 = e^{-j\frac{2\pi}{4}}$,则 4 点周期序列的频谱 $\widetilde{X}[m]$ 可表示为

$$\widetilde{X}[m] = \sum_{k=0} \widetilde{x}[k] W_4^{mk}$$

其矩阵形式为

$$\begin{bmatrix} \widetilde{X}[0] \\ \widetilde{X}[1] \\ \widetilde{X}[2] \\ \widetilde{X}[3] \end{bmatrix} = \begin{bmatrix} W_4^0 & W_4^0 & W_4^0 & W_4^0 \\ W_4^0 & W_4^1 & W_4^2 & W_4^3 \\ W_4^0 & W_4^2 & W_4^4 & W_4^6 \\ W_4^0 & W_4^3 & W_4^6 & W_4^9 \end{bmatrix} \begin{bmatrix} \widetilde{x}[0] \\ \widetilde{x}[1] \\ \widetilde{x}[2] \\ \widetilde{x}[3] \end{bmatrix}$$

将 W_4^{mk} 和 $\widetilde{x}[k]$ 的值代入上式,即可求得 $\widetilde{x}[k]$ 的频谱 $\widetilde{X}[m]$ 为

$$\begin{bmatrix} \widetilde{X}[0] \\ \widetilde{X}[1] \\ \widetilde{X}[2] \\ \widetilde{X}[3] \end{bmatrix} = \begin{bmatrix} 1 & 1 & 1 & 1 \\ 1 & -j & -1 & j \\ 1 & -1 & 1 & -1 \\ 1 & j & -1 & -j \end{bmatrix} \begin{bmatrix} 1 \\ 2 \\ 3 \\ 4 \end{bmatrix} = \begin{bmatrix} 10 \\ -2+2j \\ -2 \\ -2-2j \end{bmatrix}$$

3.5.2 离散时间 Fourier 变换

周期序列通过离散 Fourier 级数实现信号从时域到频域的映射,非周期序列通过离散时间 Fourier 变换(DTFT)实现信号从时域到频域的映射。满足一定约束条件的非周期序列可以表示为虚指数序列 $e^{j\Omega k}$ 的线性组合,即

$$x[k] = \frac{1}{2\pi} \int_{-\pi}^{\pi} X(e^{j\Omega}) e^{j\Omega k} d\Omega \tag{3.5.5}$$

利用虚指数序列 $e^{j\Omega k}$ 的正交性,可得式(3.5.5)中的加权函数 $X(e^{j\Omega})$ 为

$$X(e^{j\Omega}) = \sum_{k=-\infty}^{\infty} x[k] e^{-j\Omega k} \tag{3.5.6}$$

$X(e^{j\Omega})$ 称为非周期序列 $x[k]$ 的频谱或 DTFT。式(3.5.5)称为离散时间 Fourier 变换(IDTFT)。由式(3.5.6)可知

$$X(e^{j(\Omega+2\pi)}) = \sum_{k=-\infty}^{\infty} x[k] e^{-j(\Omega+\pi)k} = \sum_{k=-\infty}^{\infty} x[k] e^{-j\Omega k} e^{-j2\pi k} = X(e^{j\Omega k})$$

可见非周期序列 $x[k]$ 的频谱 $X(e^{j\Omega})$ 是以 2π 为周期的连续函数。因此 $x[k]$ 和 $X(e^{j\Omega})$ 的对应关系可表示为

$$X(e^{j\Omega}) = \text{DTFT}\{x[k]\} = \sum_{k=-\infty}^{x} x[k] e^{-j\Omega k}$$

$$x[k] = \text{IDTFT}\backslash X(e^{j\Omega}) \mid = \frac{1}{2\pi} \int_{<2\pi>} X(e^{j\Omega}) e^{j\Omega k} d\Omega$$

其中 $\int_{<2\pi>}$ 表示对周期函数 $X(e^{j\Omega})$ 的一个周期 2π 进行积分。

一般来说 $X(e^{j\Omega})$ 是变量 Ω 的复函数,可以用实部和虚部将其表示为

$$X(e^{j\Omega}) = X_r(e^{j\Omega}) + jX_i(e^{j\Omega}) \tag{3.5.7}$$

其中，$X_r(e^{j\Omega})$、$X_i(e^{j\Omega})$ 分别是 $X(e^{j\Omega})$ 的实部和虚部，$X(e^{j\Omega})$ 也可以用幅度和相位表示为

$$X(e^{j\Omega}) = |X(e^{j\Omega})|e^{j\varphi(\Omega)} \tag{3.5.8}$$

称 $|X(e^{j\Omega})|$ 为离散序列 $x[k]$ 的幅度谱、$\varphi(\Omega)$ 为离散序列 $x[k]$ 的相位谱。

[例 3.5.2] 试求非周期右边指数序列 $x[k] = \alpha^k u[k]$ 的频谱 $X(e^{j\Omega})$。

解：由非周期序列 DTFT 的定义可得

$$X(e^{j\Omega}) = \sum_{k=0}^{\infty} \alpha^k e^{-jk\Omega} = \sum_{k=0}^{\infty} (\alpha e^{-j\Omega})^k$$

当 $|\alpha| \geqslant 1$ 时，求和不收敛。即序列 $x[k] = \alpha^k u[k]$ 在 $|\alpha| \geqslant 1$ 时不存在 DTFT。

当 $|\alpha| < 1$，由等比级数的求和公式得 $X(e^{j\Omega})$，即

$$X(e^{j\Omega}) = \frac{1}{1 - \alpha e^{-j\Omega}}, |\alpha| < 1$$

当 α 是实数时，由上式可得序列 $x[k]$ 的幅度谱和相位谱分别为

$$|X(e^{j\Omega})| = \frac{1}{\sqrt{(1-\alpha\cos\Omega)^2 + (\alpha\sin\Omega)^2}} = \frac{1}{\sqrt{1+\alpha^2 - 2\alpha\cos\Omega}}$$

$$\varphi(\Omega) = -\arctan\left(\frac{\alpha\sin\Omega}{1-\alpha\cos\Omega}\right)$$

图 3.5.1 画出了实序列 $x[k] = (0.7)^k u[k]$ 的幅度谱和相位谱。由图可见，离散序列的频谱 $X(e^{j\Omega})$ 是以 2π 为周期的连续函数，且实序列的幅度谱关于 Ω 偶对称，相位谱关于 Ω 奇对称。

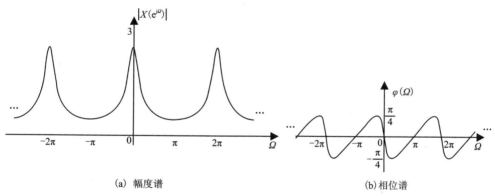

(a) 幅度谱　　　　　　　　　　　(b) 相位谱

图 3.5.1　实序列 $x[k] = (0.7)^k u[k]$ 的幅度谱和相位谱

[例 3.5.3] 试求单位脉冲序列 $x[k] = \delta[k]$ 的频谱 $X(e^{j\Omega})$。

解：由非周期序列 DTFT 的定义可得

$$X(e^{j\Omega}) = \sum_{k=-\infty}^{\infty} \delta[k]e^{-jk\Omega} = 1$$

图 3.5.2 画出了单位脉冲序列及其频谱。

[例 3.5.4] 试求如图 3.5.3(a)所示宽度为 $2M+1$ 的矩阵序列 $x[k]$ 的 $X(e^{j\Omega})$。

解：由非周期序列 DTFT 的定义可得

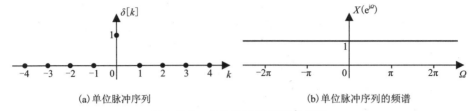

(a) 单位脉冲序列 (b) 单位脉冲序列的频谱

图 3.5.2　单位脉冲序列及其频谱

$$x(e^{j\Omega}) = \sum_{k=-\infty}^{n} x[k]e^{-j\Omega} = \sum_{k=-M}^{M}(e^{-j\Omega})^k = \frac{e^{jM\Omega}(1-e^{-j(2M+1)\Omega})}{1-e^{-j\Omega}} = \frac{\sin(M+0.5)\Omega}{\sin(0.5\Omega)}$$

由于该矩阵序列为实偶对称序列，$x[k]$ 的频谱 $X(e^{j\Omega})$ 也为实偶对称函数。若 $M=4$，则 $X(e^{j\Omega})$ 如图 3.5.3(b)所示。

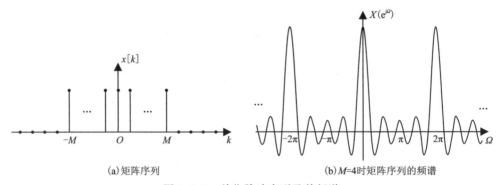

(a) 矩阵序列　(b) $M=4$ 时矩阵序列的频谱

图 3.5.3　单位脉冲序列及其频谱

3.5.3　有限长序列 Fourier 分析

1. 4 种信号的 Fourier 分析

4 种信号是指连续时间周期信号 $\tilde{x}(t)$、连续时间非周期信号 $x(t)$、离散周期信号 $\tilde{x}[k]$、离散非周期信号 $x[k]$，它们都存在相应的 Fourier 变换。信号的 Fourier 变换可以实现将信号从时域映射到频域，建立信号时域与频域之间的对应关系。信号的 Fourier 分析为信号的频域表示和系统的频域描述奠定了理论基础。4 种信号的 Fourier 分析都是将时域信号表示为正弦(虚指数)信号，其 Fourier 表示归纳如下。

周期为 T_0 的连续时间周期信号 $\tilde{x}(t)$ 的 Fourier 表示为

$$\tilde{x}(t) = \sum_{n=-\infty}^{\infty} X(n\omega_0)e^{jn\omega_0 t} \tag{3.5.9}$$

其中

$$X(n\omega_0) = \frac{1}{T_0}\int_{<T_0>}\tilde{x}(t)e^{-jn\omega_0 t}dt \tag{3.5.10}$$

$X(n\omega_0)$ 称为连续时间周期信号 $\tilde{x}(t)$ 的频谱函数，其为非周期的离散谱。$\omega_0 = 2\pi/T_0 = 2\pi f_0$ 称为周期信号 $\tilde{x}(t)$ 的基频，$n\omega_0$ 称为周期信号 $\tilde{x}(t)$ 的谐频。

连续时间非周期信号 $x(t)$ 的 Fourier 表示为

$$x(t) = \frac{1}{2\pi}\int_{-\infty}^{+\infty} X(j\omega)\,e^{j\omega t}\,d\omega \qquad (3.5.11)$$

其中

$$X(j\omega) = \int_{-\infty}^{+\infty} x(t)\,e^{-j\omega t}\,dt \qquad (3.5.12)$$

$X(j\omega)$ 称为连续时间非周期信号 $x(t)$ 的频谱函数,其为非周期的连续谱。

周期为 N 的离散周期信号 $\tilde{x}[k]$ 的 Fourier 表示为

$$\tilde{x}[k] = \text{IDFS}\{\widetilde{X}[m]\} = \frac{1}{N}\sum_{m=0}^{N-1}\widetilde{X}[m]e^{j\frac{2\pi}{N}mk} \qquad (3.5.13)$$

其中

$$\widetilde{X}[m] = \text{DFS}\{\tilde{x}[k]\} = \sum_{k=0}^{N-1}\tilde{x}[k]\cdot e^{-j\frac{2\pi}{N}mk} \qquad (3.5.14)$$

$\widetilde{X}[m]$ 称为离散周期信号的频谱函数,其为周期的离散谱,周期为 N。

离散非周期信号 $x[k]$ 的 Fourier 表示为

$$x[k] = \text{IDTFT}\{X(e^{j\Omega})\} = \frac{1}{2\pi}\int_{<2\pi>} X(e^{j\Omega})\,e^{j\Omega k}\,d\Omega \qquad (3.5.15)$$

其中

$$X(e^{j\Omega}) = \text{DTFT}\{x[k]\} = \sum_{k=-\infty}^{\infty} x[k]e^{-j\Omega k} \qquad (3.5.16)$$

$X(e^{j\Omega})$ 称为离散非周期信号 $x[k]$ 的频谱函数,它是以 2π 为周期的连续谱。

从 4 种信号的 Fourier 表示可见信号 Fourier 变换的物理含义,时域信号可以表达为正弦(虚指数)信号的线性组合,其对应的加权系数就是信号的频谱函数,频谱函数反映了信号中各频率正弦(虚指数)信号的分布特性。从信号变换的角度,式(3.5.10)、式(3.5.12)、式(3.5.14)、式(3.5.16)称为信号的 Fourier 变换,定义了由时域信号计算对应的频谱函数;式(3.5.9)、式(3.5.11)、式(3.5.13)、式(3.5.15)称为信号的 Fourier 逆变换,定义了由信号的频谱函数计算对应的时域信号。

信号的 Fourier 变换建立了信号的时域与频域之间的一一对应关系,为信号与系统的频域分析奠定了理论基础。这意味着在分析信号与系统时,不仅可以对其进行时域分析,也可以根据需要对其进行频域分析。相比于时域分析,信号的频域分析在信号的传输、滤波、检测等方面具有更加清晰的物理概念,因而在信息技术领域得到广泛应用。在对信号进行频谱分析时,首先需要通过信号的 Fourier 变换计算出信号对应的频谱函数。在工程实际中,信号的频谱函数一般都是通过数值方式求解,主要原因有两个方面:其一是对于连续时间信号,如果根据它们的 Fourier 变换的定义直接计算其频谱,需要知道连续时间信号的解析表达式,而许多实际信号根本不存在数学解析式(如心电信号、语音信号等),只能把记录下来的信号数据通过数值计算进行近似求解;其二是数字计算机计算简单快捷,便于进行数字化处理。由上述 4 种信号的 Fourier 变换定义式可见,只有离散周期信号的频谱函数可以由数字化方法直接进行运算,其他 3 种信号的频谱函数则无法由数字系统直接进行运算。在数字信号处理中,希望能够利用数字方法分析 4 种信号的频谱函数,这需要时域信号为有限长序列,其 Fourier 表示也为离散有限项,即有限长序列可表示为有限项的虚指数信号 $\{e^{\frac{2\pi}{N}mk};m=0,1,\cdots,N-1\}$ 的线性组合。如果能够建立有限长序列的 Fourier 表示与 4 种信号的频谱之间的关系,则可以通过有限长序列的 Fourier 表示来分析 4 种信号的频谱。

2. 有限长序列的离散 Fourier 变换

由于信号的时域与频域存在一一对应关系,上述 4 种信号如果在时域存在某种联系,则在其频谱函数之间必然存在相应的联系。根据信号的时域抽样定理,若离散非周期信号 $x[k]$ 是连续非周期信号 $x(t)$ 的等间隔抽样序列,则信号 $x[k]$ 的频谱函数 $X(e^{j\Omega})$ 是信号 $x(t)$ 的频谱函数 $X(j\omega)$ 的周期化,即信号在时域的离散化导致其频谱函数的周期化。根据信号的频域抽样定理,若离散周期信号 $\tilde{x}[k]$ 是离散非周期信号 $x[k]$ 的周期化,则信号 $\tilde{x}[k]$ 的频谱函数 $\tilde{X}[m]$ 是信号 $x[k]$ 的频谱函数 $X(e^{j\Omega})$ 的离散化,即信号在时域的周期化导致其频谱函数的离散化。4 种信号时域和频域之间的对应关系如图 3.5.4 所示。

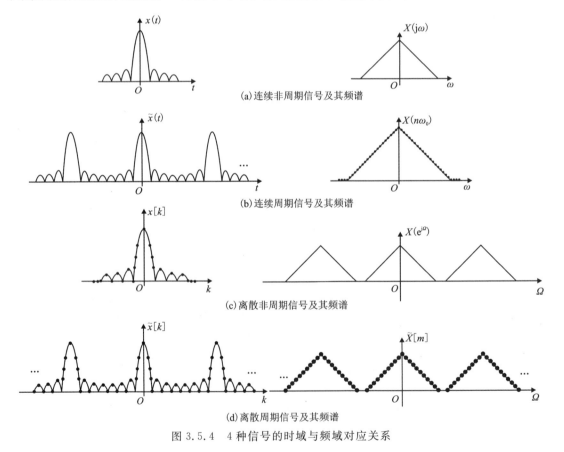

图 3.5.4　4 种信号的时域与频域对应关系

下面根据频域抽样定理来推导有限长序列 $x[k]$ 的 Fourier 表示,从而定义有限长序列 $x[k]$ 的 DFT。对于离散非周期信号 $x[k]$,其频谱函数 $X(e^{j\Omega})$ 为 $x[k]$ 的离散时间 Fourier 变换,$X(e^{j\Omega})$ 是以 2π 为周期的数字角频率 Ω 的连续函数,如定义式(3.5.16)所示。根据频域抽样定理,如果信号 $x[k]$ 为有限长 N 的序列,则 $x[k]$ 可以表示为 N 项虚指数信号 $\{e^{j\frac{2\pi}{N}mk}; m=0,1,\cdots,N-1\}$ 的线性组合,即有限长 N 的序列 $x[k]$ 的 Fourier 表示为

$$x[k] = \frac{1}{N}\sum_{m=0}^{N-1} X[m] e^{j\frac{2\pi}{N}mk}, k=0,1,\cdots,N-1 \tag{3.5.17}$$

其中

$$X[m] = \sum_{k=0}^{N-1} x[k] e^{-j\frac{2\pi}{N}mk}, m=0,1,\cdots,N-1 \tag{3.5.18}$$

式(3.5.18)称为有限长序列 $x[k]$ 的离散 Fourier 变换,简称为 DFT。式(3.5.17)称为有限长序列的离散 Fourier 逆变换,简称为 IDFT。$x[k]$ 和 $X[m]$ 都是长度为 N 的序列,特别适合数字计算。离散 Fourier 变换的物理含义是,对于长度为 N 的时域序列 $x[k]$,可以由 N 项虚指数信号 $\{e^{j\frac{2\pi}{N}mk}; m=0,1,\cdots,N-1\}$ 的加权和表示。不同的序列只是其加权系数不同,该 N 点的加权函数就是序列 $x[k]$ 对应的频域序列 $X[m]$,$x[k]$ 与 $X[m]$ 为一一对应关系。离散 Fourier 变换对用符号表示如下。

正变换:

$$X[m] = \text{DFT}\{x[k]\} \tag{3.5.19}$$

逆变换:

$$x[k] = \text{IDFT}\{X[m]\} \tag{3.5.20}$$

比较式(3.5.16)与式(3.5.18)可知,有限长序列 $x[k]$ 的离散 Fourier 变换 $X[m]$ 是其离散时间 Fourier 变换 $X(e^{j\Omega})$ 在一个周期 $[0,2\pi]$ 内的等间隔抽样,即

$$X[m] = \text{DFT}\{x[k]\} \mid = X(e^{j\Omega}) \mid_{\Omega=\frac{2\pi}{N}m}, m=0,1,\cdots,N-1 \tag{3.5.21}$$

以上从频域抽样的角度引出有限长序列的离散 Fourier 变换,也可从离散周期信号 $\tilde{x}[k]$ 的 Fourier 级数 $\tilde{X}[m]$ 进行解释。从式(3.5.13)与式(3.5.14)的 IDFS 及 DFS 的定义式可知,尽管周期序列 $\tilde{x}[k]$ 和 $\tilde{X}[m]$ 都是周期为 N 的无限长的序列,但它们定义式中的求和只限定在一个周期的主值区间 $[0,N-1]$ 上,因此 IDFS 与 DFS 也可定义为

$$\tilde{x}[k] = \frac{1}{N}\sum_{m=0}^{n-1}\tilde{X}[m]e^{j\frac{2\pi}{N}mk} = \frac{1}{N}\sum_{m=0}^{n-1} X[m]e^{j\frac{2\pi}{N}mk} \tag{3.5.22}$$

$$\tilde{X}[m] = \sum_{k=0}^{N-1}\tilde{x}[k]e^{-j\frac{2\pi}{N}km} = \sum_{k=0}^{N-1} x[k]e^{-j\frac{2\pi}{N}km} \tag{3.5.23}$$

其中,$x[k]$ 与 $X[m]$ 分别是周期序列 $\tilde{x}[k]$ 与 $\tilde{X}[m]$ 在主值区间 $[0,N-1]$ 上的有限序列。这就是说,当计算周期序列 $\tilde{x}[k]$ 时,只需要序列 $\tilde{X}[m]$ 在区间 $[0,N-1]$ 上的数值;同样,当计算周期序列 $\tilde{X}[m]$ 时,也只需序列 $\tilde{x}[k]$ 在区间 $[0,N-1]$ 上的数值。显然,既然式(3.5.22)中的自变量 k 与式(3.5.23)中的自变量 m 可以在整个区间 $(-\infty,+\infty)$ 成立,当然在 $[0,N-1]$ 区间上也成立,即存在下列表达式。

$$x[k] = \frac{1}{N}\sum_{m=0}^{N-1} X[m]e^{j\frac{2\pi}{N}mk} = \tilde{x}[k]R_N[k] \tag{3.5.24}$$

$$X[m] = \sum_{k=0}^{N-1} x[k]e^{-j\frac{2\pi}{N}km} = \tilde{X}[m]R_N[m] \tag{3.5.25}$$

式(3.5.24)与式(3.5.25)实际上就是有限长序列的离散 Fourier 变换对。由此可见,有限长序列的 DFT 与离散周期信号的 DFS 之间存在内在关系,有限长序列 $x[k]$ 的 DFT 就是对应周期序列 $\tilde{x}[k]$ 的 DFS 在主值区间上的值,IDFT 就是对应的 IDFS 在主值区间上的值。实际上,周期序列与有限长序列可以等同对待,因为周期序列在每个周期上的数值都是相同的,可以将有限长序列看作是周期序列中一个周期内的序列。在工程实际中,周期序列 $\tilde{x}[k]$ 的 DFS 的计算都是通过 DFT 计算来实现,周期序列 $\tilde{X}[m]$ 的 IDFS 都是通过 IDFT 计算来实现。通过对时域信号进行离散化或周期化的处理,根据时域抽样定理和频域抽样定理,可以建立 DFT 与 4 种信号频谱之间的对应关系,从而实现利用有限长序列的 DFT 分析 4 种信号的频谱。有限长序列的 DFT 不是一种新的 Fourier 变换,其本质上就是 DFS。有限长序列的 DFT 可以理解为 4 种信号 Fourier 变换的数字化处理方法。

[**例 3.5.5**] 已知某长度为 4 的有限长序列 $x[k] = \{1,1,1,1\}, k = 0,1,2,3$。

(1)计算信号 $x[k]$ 的离散时间 Fourier 变换 $X(e^{j\Omega})$ 和离散 Fourier 变换 $X[m]$,并比较两者之间的关系。

(2)在序列 $x[k]$ 后补 0 得到序列 $x_1[k] = \{1,1,1,1,0,0,0,0; k = 0,1,2,3,4,5,6,7\}$,试计算其离散时间 Fourier 变换 $X_1(e^{j\Omega})$ 和离散 Fourier 变换 $X_1[m]$,有何结论?

解:(1)根据离散时间 Fourier 变换定义式(3.5.16)可得 $X(e^{j\Omega})$ 为

$$X(e^{j\Omega}) = \text{DTFT}\{x[k]\} = \sum_{k=-\infty}^{\infty} x[k] e^{-j\Omega k} = \sum_{k=0}^{3} e^{-j\Omega k} = e^{-j\frac{3}{2}\Omega}\left[2\cos\left(\frac{3}{2}\Omega\right) + 2\cos\left(\frac{1}{2}\Omega\right)\right]$$

根据离散 Fourior 变换定义式(3.5.18)可得序列长度 $N = 4$ 点的 DFT $X[m]$ 为

$$X[m] = \sum_{k=0}^{N-1} x[k] e^{-j\frac{2\pi}{N}mk} = \sum_{k=0}^{3} e^{-j\frac{2\pi}{4}mk} = \begin{cases} 4, & m = 0 \\ 0, & m = 1,2,3 \end{cases}$$

比较 $X(e^{j\Omega})$ 与 $X[m]$,可以验证式(3.5.21)成立,即有

$$X[m] = X(e^{j\Omega})\big|_{\Omega = \frac{2\pi}{4}m}, m = 0,1,2,3$$

(2) $X_1(e^{j\Omega}) = \text{DTFT}\{x_1[k]\} = \sum_{k=0}^{7} x_1[k] e^{-jk\Omega} = \sum_{k=0}^{3} e^{-jk\Omega} = e^{-j\frac{3}{2}\Omega}\left[2\cos\left(\frac{3}{2}\Omega\right) + 2\cos\left(\frac{1}{2}\Omega\right)\right]$

长度 $N = 8$ 点的序列 $x_1[k]$ 对应的 $X_1[m]$ 为

$$X_1[m] = \sum_{k=0}^{N-1} x_1[k] e^{-j\frac{2\pi}{N}km} = \sum_{k=0}^{7} x_1[k] e^{-j\frac{2\pi}{8}km} = \sum_{k=0}^{3} e^{-j\frac{2\pi}{8}km}$$

将 $m = 0,1,2,3,4,5,6,7$ 分别代入上式得

$X_1[m] = \{4, 1-(1+\sqrt{2})j, 0, 1+(1-\sqrt{2})j, 0, 1+(-1+\sqrt{2})j, 0, 1+(1+\sqrt{2})j\}$

序列 $x[k]$ 和 $x_1[k]$ 的 DFT 及 DTFT 的幅度频谱如图 3.5.5 所示。

比较以上计算结果可见,在有限长序列后补 0,不会增加任何信息,补 0 前后的两序列对应的 DIFT 完全一致,即 $X(e^{j\Omega}) = X_1(e^{j\Omega})$,但补 0 前后两序列对应的 DFT 则存在明显差别。以信号表示的角度,对于长度为 N 的时域序列 $x[k]$,可由 N 点 DFT 对应的频域序列 $X[m]$ 唯一表示,$X[m]$ 是序列 $x[k]$ 的离散时间 Fourier 变换 $X(e^{j\Omega})$ 在一个周期 $[0, 2\pi]$ 上的等间隔抽样,由于抽样点数不同,所以 $X[m]$ 和 $X_1[m]$ 不同。但从信号频谱分析的角度,在序列

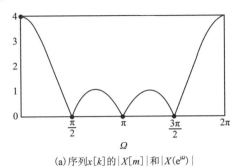
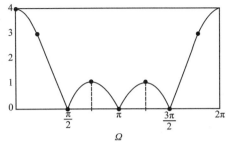

(a) 序列$x[k]$的$|X[m]|$和$|X(e^{j\Omega})|$ (b) 序列$x_1[k]$的$|X_1[m]|$和$|X_1(e^{j\Omega})|$

图 3.5.5 序列 DFT 与 DTFT 关系

$x[k]$ 后补 0,可以在 $X(e^{j\Omega})$ 的一个周期 $[0,2\pi)$ 内获得更多的抽样值。因此,从 $X_1[m]$ 中可以观察到 $X(e^{j\Omega})$ 更多的细节。由于在序列后补 0 不会增加任何信息,在后续章节的信号分析中,序列 $x[k]$ 与其补 0 后得到的序列一般表示为相同序列。

3.5.4 离散 Fourier 变换快速算法

DFT 虽然在理论上阐述了如何利用数字化方法进行信号的分析与处理,但 DFT 的计算量很大,因而 DFT 的应用受到极大的限制。

N 点序列 $x[k]$ 的 DFT 与 IDFT 分别定义为

$$X[m] = \sum_{k=0}^{N-1} x[k] W_N^{km}, m = 0, 1, \cdots, N-1 \quad (3.5.26)$$

$$x[k] = \frac{1}{N} \sum_{m=0}^{N-1} X[m] W_N^{-km}, k = 0, 1, \cdots, N-1 \quad (3.5.27)$$

如果利用式(3.5.26)直接计算 N 点序列 $x[k]$ 的 DFT,由于对每一频率分量,需要计算 N 次复数乘法,$N-1$ 次复数加法,因此,计算 N 个不同频率分量 $X[m]$,共需 N^2 次复数乘法,$(N-1)N$ 次复数加法。IDFT 的直接计算与 DFT 的直接计算具有相同的运算量。显然,随着 N 的增大,DFT 和 IDFT 的运算量将急剧增加,很难满足信号处理实时性的要求。

DFT 在数字信号处理中的重要意义早已被人们所认识,但其得到广泛应用却经历了较长时间,原因就是其计算量太大而难以实用。20 世纪中叶以来,信号处理快速算法研究取得长足进展,其中包括 DFT 的快速算法,即快速 Fourier 变换(fast Fourier transform,FFT),FFT 是各种 DFT 快速算法的统称。在寻求 DFT 快速算法过程中,人们曾进行了长期不懈的努力,发表了许多与 DFT 快速算法有关的论文,但算法的有效性没有得到根本性的改善。

直到 1965 年,Cooley(库利)和 Tukey(图基)在数学刊物上提出了一种 DFT 的快速算法,才使 DFT 的快速运算随着电子技术的发展得到有效解决。该 FFT 算法可以将计算 N 点序列的 DFT 和 IDFT 的复乘次数降低到 $(N/2)\log_2 N$。当 N 较大时,DFT 和 IDFT 的运算效率得到极大提高。例如 $N = 2048$ 时,直接计算 DFT 的复乘次数为 $N^2 = 4\,194\,304$,利用 FFT 算法只需 $(N/2)\log_2 N = 11\,264$ 次。两者相比,FFT 算法的复乘次数约为直接计算 DFT 复乘次数的 0.27%,效果显著。FFT 的出现以及数字计算系统的问世极大地推动了 DFT 应用,满足了许多工程实际中实时处理的需求。尽管后来的 DFT 快速算法类型较多,但其基本原理相似。本节主要介绍 Cooley-Tukey 提出的基 2 时间抽取和频率抽取 FFT 算法原理,在此基础上,简要介绍基 4 时间抽取 FFT 算法的基本思想,并揭示了这些算法之间的对称关系,为后续进一步学习其他快速算法奠定基础。

1. 基 2 时间抽取 FFT 算法原理

基 2 时间抽取(decimation in time,DIT)FFT 算法原理是在时域将序列逐次分解为两个子序列,利用旋转因子 W_N^{mk} 的特性,由子序列的 DFT 来逐次合成实现整个序列的 DFT,从而提高 DFT 的运算效率。旋转因子 $W_N^{mk} = \mathrm{e}^{-\mathrm{j}\frac{2\pi}{N}mk}$ 具有周期性、对称性及可约性等特性。

(1)周期性:旋转因子 $x[k]W_N^{mk}$ 以 N 为周期,即
$$W_N^{mk} = W_N^{k(N+m)} = W_N^{m(k+N)} \tag{3.5.28}$$

(2)对称性:旋转因子 $x[k]W_N^{mk}$ 存在对称性,即
$$W_N^{mk+\frac{N}{2}} = -W_N^{mk}, (W_N^{mk})^* = W_N^{-mk} \tag{3.5.29}$$

(3)可约性:旋转因子 $x[k]W_N^{mk}$ 具有可约性,即
$$W_N^{mk} = W_{nN}^{nmk}, W_N^{mk} = W_{\frac{N}{n}}^{\frac{mk}{n}} \frac{N}{n} \tag{3.5.30}$$

设序列 $x[k]$ 的长度为 $N = 2^M$,M 为正整数。如果序列长度不满足这个条件,可将序列 $x[k]$ 补零以满足该条件。对长度为 N 的序列 $x[k]$ 进行时间抽取,将其分解为两个长度为 $\frac{N}{2}$ 点的序列。两个 $\frac{N}{2}$ 点长度的序列分别为

$$x_1[k] = x[2k], k = 0,1,\cdots,\frac{N}{2}-1 \tag{3.5.31}$$

$$x_2[k] = x[2k+1], k = 0,1,\cdots,\frac{N}{2}-1 \tag{3.5.32}$$

其中,$x_1[k]$ 是序列 $x[k]$ 中的偶数点构成的序列,$x_2[k]$ 是序列 $x[k]$ 中的奇数点构成的序列。

将长序列分解为短序列,通过短序列的 DFT 来实现长序列的 DFT,可以减少运算量。因为 N 点 DFT 的复乘次数为 N^2,将 N 点序列分解为两个 $\frac{N}{2}$ 点的序列后,$\frac{N}{2}$ 点序列 DFT 的复乘次数为 $\left(\frac{N}{2}\right)^2 = \frac{N^2}{4}$,降低了复乘次数。此外,一个长序列分解为两个短序列后,计算两个短序列的 DFT 比计算一个长序列的 DFT 运算量少,但需要考虑由两个短序列的 DFT 表达对应的长序列 DFT 的运算量,因为最终需要的是长序列的 DFT。如果由两个短序列的 DFT 合成其对应的长序列 DFT 的过程十分复杂,运算量大,则将长序列分解为短序列来计算其 DFT 就失去意义。DFT 运算中的旋转因子具有周期性、对称性及可约性等特点,使得合成过程的运算量非常少。下面推导由两个短序列的 DFT 合成相应长序列 DFT 的关系式。

由 DFT 的定义可得

$$X[m] = \text{DFT}\{x[k]\} = \sum_{k=0}^{N-1} x[k] W_N^{km} = \sum_{k=0}^{N-1} x[k] W_N^{km} + \sum_{k=0}^{N-1} x[k] W_N^{km}$$

$$= \sum_{k=0}^{\frac{N}{2}-1} x[2k] W_N^{2km} + \sum_{k=0}^{\frac{N}{2}-1} x[2k+1] W_N^{(2k+1)m}$$

$$= \sum_{k=0}^{\frac{N}{2}-1} x_1[k] W_N^{2km} + W_N^m \sum_{k=0}^{\frac{N}{2}-1} x_2[k] W_N^{2km}$$

由于旋转因子 W_N^{mk} 具有可约性,即 $W_N^{2km} = \mathrm{e}^{-\mathrm{j}\frac{4\pi}{N}mk} = \mathrm{e}^{-\mathrm{j}\frac{2\pi}{(N/2)}mk} = W_{\frac{N}{2}}^{mk}$,故上式可表示为

$$X[m] = \sum_{k=0}^{\frac{N}{2}-1} x_1[k] W_{\frac{N}{2}}^{km} + W_N^m \sum_{k=0}^{\frac{N}{2}-1} x_2[k] W_{\frac{N}{2}}^{km} = X_1[m] + W_N^m X_2[m] \quad (3.5.33)$$

式(3.5.33)中的 $X_1[m]$ 和 $X_2[m]$ 分别是序列 $x_1[k]$ 和 $x_2[k]$ 对应的 $\frac{N}{2}$ 点 DFT,即

$$X_1[m] = \sum_{k=0}^{\frac{N}{2}-1} x_1[k] W_{\frac{N}{2}}^{km} = \sum_{k=0}^{\frac{N}{2}-1} x[2k] W_{\frac{N}{2}}^{km}, m = 0, 1, \cdots, \frac{N}{2} - 1 \quad (3.5.34)$$

$$X_2[m] = \sum_{k=0}^{\frac{N}{2}-1} x_2[k] W_{\frac{N}{2}}^{km} = \sum_{k=0}^{\frac{N}{2}-1} x[2k+1] W_{\frac{N}{2}}^{km}, m = 0, 1, \cdots, \frac{N}{2} - 1 \quad (3.5.35)$$

式(3.5.33)中 $X_1[m]$ 和 $X_2[m]$ 的自变量 m 的取值范围是 0 到 $\frac{N}{2} - 1$,因此需要将式 3.5.33 中 m 加上 $\frac{N}{2}$,得到长序列 DFT 的后半部分,即

$$X\left[m + \frac{N}{2}\right] = X_1\left[m + \frac{N}{2}\right] + W_N^{m+\frac{N}{2}}$$

$$X_2\left[m + \frac{N}{2}\right], m = 0, 1, \cdots, \frac{N}{2} - 1 \quad (3.5.36)$$

利用旋转因子 $W_{\frac{N}{2}}^{mk}$ 的周期性,可得

$$X_1\left[m + \frac{N}{2}\right] = X_1[m] \quad (3.5.37)$$

$$X_2\left[m + \frac{N}{2}\right] = X_2[m] \quad (3.5.38)$$

并且旋转因子存在对称性,即

$$W_N^{m+\frac{N}{2}} = \mathrm{e}^{-\mathrm{j}\pi} W_N^m = -W_N^m \quad (3.5.39)$$

因而式(3.5.37)可表示为

$$X\left[m + \frac{N}{2}\right] = X_1[m] - W_N^m X_2[m], m = 0, 1, \cdots, \frac{N}{2} - 1 \quad (3.5.40)$$

综合式(3.5.33)和式(3.5.40)可得,由两个短序列 DFT 合成长序列 DFT 的关系为

$$X[m] = X_1[m] + W_N^m \cdot X_2[m], m = 0, 1, \cdots, \frac{N}{2} - 1$$

$$X\left[m + \frac{N}{2}\right] = X_1[m] - W_N^m \cdot X_2[m] \quad (3.5.41)$$

式(3.5.41)也可以用矩阵表示为

$$\begin{bmatrix} X[m] \\ X\left[m+\dfrac{N}{2}\right] \end{bmatrix} = \begin{bmatrix} 1 & 1 \\ 1 & -1 \end{bmatrix} \begin{bmatrix} W_N^0 & 0 \\ 0 & W_N^m \end{bmatrix} \begin{bmatrix} X_1[m] \\ X_2[m] \end{bmatrix}, m = 0,1,\cdots,\dfrac{N}{2}-1 \quad (3.5.42)$$

式(3.5.42)中,等式右边第一个矩阵为系数矩阵,第二个矩阵为旋转因子矩阵,短序列 DFT $X_1[m]$ 和 $X_2[m]$ 先与旋转因子矩阵相乘,再与系数矩阵相乘,以得到长 104 个短序列 DFT 合成长序列 DFT。在基 2 时间抽取 FFT 算法中,由两个短序列 DFT 合成长序列 DFT 的频域合成稀疏矩阵与时域到频域变换的系数矩阵相同。该系数矩阵可用单位圆二等分生成,如图 3.5.6(a)所示。系数矩阵的每行都是以 W_2^0 为起点顺时针等间隔采两个点,第一行间隔 W_2^0,第二行间隔 W_2^1,如图 3.5.6(b)所示。

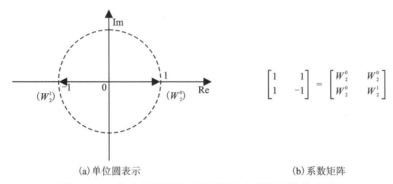

(a) 单位圆表示   (b) 系数矩阵

图 3.5.6 基 2 时间抽取 FFT 算法中系数矩阵的生成

首先介绍 4 点序列的基 2 时间抽取 FFT 算法,当 $N=4$ 时,式(3.5.41)可表达为

$$\begin{aligned} X[m] &= X_1[m] + W_4^m X_2[m], m=0,1 \\ X[m+2] &= X_1[m] - W_4^m X_2[m] \end{aligned} \quad (3.5.43)$$

式(3.5.43)表示 4 点序列的 DFT 可分解为 2 个 2 点序列的 DFT,如图 3.5.7 所示。

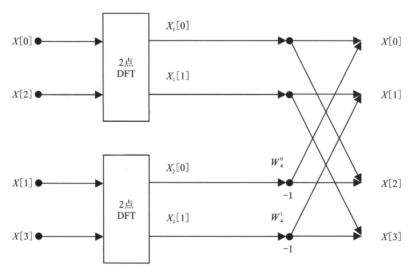

图 3.5.7 4 点序列的 DFT 分解为 2 个 2 点序列的 DFT

根据 2 点序列的 FFT 流图,利用 $W_2^0 = W_4^0 = 1$,可将图 3.5.7 中 2 点序列 DFT 展开,得

到 4 点 FFT 运算流图如图 3.5.8 所示。

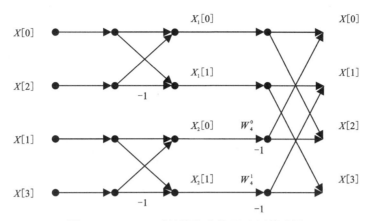

图 3.5.8　$N=4$ 时间抽取法的 FFT 运算流图

当 $N=8$ 时,式(3.5.41)可表达为

$$X[m] = X_1[m] + W_8^m X_2[m], m=0,1,2,3$$
$$X[m+4] = X_1[m] - W_8^m X_2[m]$$
(3.5.44)

式(3.5.44)表示 8 点序列的 DFT 可分解为 2 个 4 点序列的 DFT,如图 3.5.9 所示。

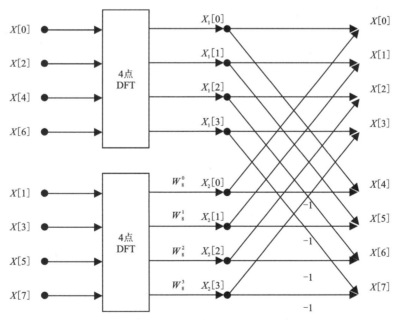

图 3.5.9　8 点序列的 DFT 分解为 2 个 4 点序列的 DFT

将 4 点序列的 FFT 运算流图代入图 3.5.9,并考虑到 $W_4^1 = W_8^2, W_4^0 = W_8^0$,可得 8 点序列的 FFT 运算流图如图 3.5.10 所示。从图中可见,8 点序列最后分解为 4 个 2 点序列,进行 DFT 计算只在此 4 个 2 点序列中根据式(3.5.41)实现,后续的计算都具根据式(3.5.41)进行蝶形计算,以将 2 个 2 点序列的 DFT 合成为 1 个 4 点序列的 DFT,再将 2 个 4 点序列的 DFT 合成为 1 个 8 点序列的 DFT。FFT 运算流图具有对称结构。需要说明的是,图 3.5.10 中的

第一级为时域到频域的运算,其余各级为频域到频域的合成。

2. 基 2 时间抽取 FFT 算法复杂度

图 3.5.10 为 $N = 2^3 = 8$ 点基 2 时间抽取 FFT 算法的信号流图,由 3 级构成,每一级包含 $\frac{N}{2} = 4$ 个蝶形。

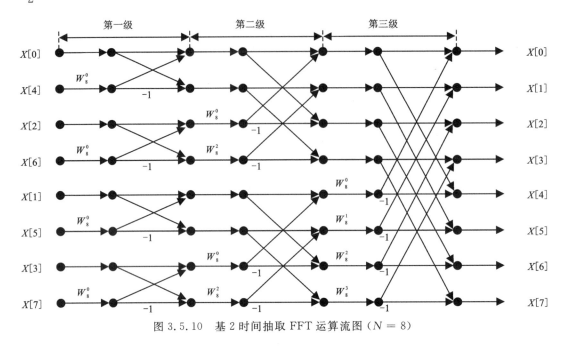

图 3.5.10 基 2 时间抽取 FFT 运算流图($N = 8$)

因此,对于基 2 时间抽取 FFT 算法,当 $N = 2^M$ 时,其信号流图将分解为 $M = \log_2 N$ 级,每一级有 $\frac{N}{2}$ 个蝶形,所以共有 $\frac{N}{2} \times M = \frac{N}{2} \log_2 N$ 个蝶形运算。每个蝶形运算需要一次复数乘法和二次复数乘法,因此总共需要 $\frac{N}{2} \log_2 N$ 次复数乘法,以及次复数加法。由此可见,FFT 算法同时减少了 DFT 的复数乘法次数和复数加法次数,FFT 算法与直接 DFT 运算的复数乘法次数之比为

$$R = \frac{\left(\frac{N}{2}\right)\log_2 N}{N^2} = \frac{\log_2 N}{2N} \tag{3.5.45}$$

由式(3.5.45)可知,FFT 算法的时间复杂度与直接计算 DFT 的时间复杂度相比,N 越大,两者的差距就越大,算法的效果也越明显,两者复数乘法次数随 N 变化的曲线如图 3.5.11 所示。

3. 基 2 时间抽取 FFT 算法的特点

基 2 时间抽取 FFT 算法的流图结构具有对称特性,其每一级都由 $\frac{N}{2}$ 个蝶形运算构成,每

第 3 章 信号的频域分析

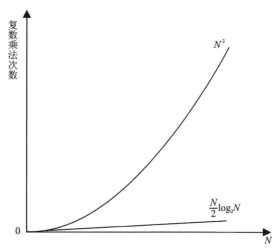

图 3.5.11 FFT 与直接计算 DFT 的复数乘法次数示意图

个蝶形运算由一次复数乘法和二次复数加法运算构成。此外,在原位运算、序列倒序以及旋转因子公布等方面具有明显特点。

1) 序列原位运算

基 2 时间抽取 FFT 运算可以采用原位运算。原位运算是指当数据输入到存储器后,每级运算的结果仍然存储在原来位置,直到最后的输出,无须存储中间计算结果。因为在 FFT 运算中每一级运算只依赖于前一级运算,如在图 3.5.10 中 $N=8$ 的 FFT 运算,输入序列 $x[0]$、$x[4]$、$x[2]$、$x[6]$ $\cdots$ $x[7]$ 可以分别存入 $A(1)$、$A(2)$、$A(3)$、$A(4)$ $\cdots$ $A(8)$ 的 8 个存储单元中。第一级的运算中,存储单元 $A(1)$、$A(2)$ 中的 $x[0]$、$x[4]$ 进入蝶形运算后,其数值就不再需要保存。因此蝶形运算的结果仍然存入存储单元 $A(1)$、$A(2)$ 中。同样,$A(3)$、$A(4)$ 中的 $x[2]$、$x[6]$ 蝶形运算的结果仍存回 $A(3)$、$A(4)$ 中,如此类推,直到完成第一级运算过程。第二级运算仍可以采用这种原位运算方式,只不过运算时,是以第一级运算的结果作为输入数据。因此,每一级运算均可在原位进行,直到最后一级。这种原位运算的结构可以节省大量存储单元,降低设备成本,同时也便于硬件实现。

2) 序列倒序运算

在基 2 时间抽取 FFT 算法的信号流图中,输出序列为 $X[0]$、$X[1]$、$X[2]$、$X[3]$、$X[4]$、$X[5]$、$X[6]$、$X[7]$,其序号是按自然顺序排列,而输入序列 $x[0]$、$x[1]$、$x[2]$、$x[3]$、$x[4]$、$x[5]$、$x[6]$、$x[7]$ 的序号却是按非自然顺序排列。出现这种情况的原因是在每次按时间抽取时,将序列按偶数序列号和奇数序列号分组而形成。当表示 $N=8$ 点序列 $x[k]$ 的分解过程时,可将序列 $x[k]$ 的序号用 3 位二进制数表示,即 $X[000]$、$X[001]$、$X[010]$、$X[011]$、$X[100]$、$X[101]$、$X[110]$、$X[111]$。若二进制数的 3 位数值分别以 k_2、k_1、k_0 表示,则最低位为 0 时对应于偶数序列,最低位为 1 时对应于奇数序列。在第一次分解时,由 k 的最低位 k_0 决定奇、偶序列,k_0 为 0 时,对应于偶数序列 $x[000]$,$x[010]$,$x[100]$,$x[110]$;k_1 为 1 时,对应于奇数序列 $x[001]$、$x[011]$、$x[101]$,$x[111]$。在第二次分解时,由 k 的次低位 k_1 决定奇、偶序列。而在第 3 次分解时,由 k 的最高位 k_2 决定奇、偶序列。最后

得到顺序为 $x[001]$、$x[100]$、$x[010]$、$x[110]$、$x[001]$、$x[101]$、$x[011]$、$x[111]$ 的输入序列,对应的十进制序号表示为 $x[0]$、$x[4]$、$x[2]$、$x[6]$、$x[1]$、$x[5]$、$x[3]$、$x[7]$,这些序数恰好是 3 位二进制数 $k_2 k_1 k_0$ 的倒序(bitreversal),表示为 $k_0 k_1 k_2$,上述分析过程可描述为如图 3.5.12 所示的树状图。

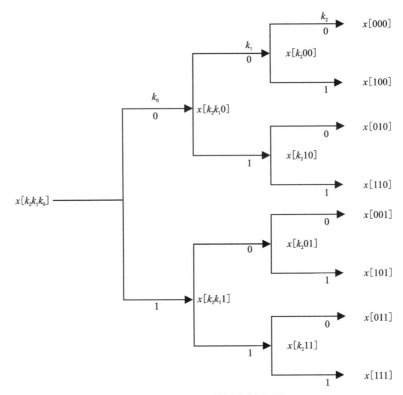

图 3.5.12 二进制倒序树状图

在实际运算中,一般先按照自然顺序将输入序列存入存储单元,为了得到倒序的排列,可以通过变址运算来完成。

3) 旋转因子分布规律

在 FFT 蝶形运算中,两个节点之间的距离以及旋转因子 W_N^k 的变化都呈现一定规律。由图 3.5.10 可知,$N=2^3=8$ 时,第一级蝶形运算中的系数均为 W_8^0,每个蝶形运算中两个节点的距离为 1。在第二级蝶形运算中系数分别为 W_8^0、W_8^2,每个蝶形运算中两个节点的距离为 2。在第三级蝶形运算中系数分别为 W_8^0、W_8^1、W_8^2、W_8^3,每个蝶形运算中两个节点的距离为 4。可见每级蝶形系数的数目比前级增加一倍,节点间的距离也增加一倍。这个结论也可推广到 $N=2^M$ 的一般情况,即

第一级蝶形运算的系数均为 W_N^0,两个节点间距离为 1。

第二级蝶形运算的系数分别为 W_N^0、$W_N^{\frac{N}{4}}$,两个节点间距离为 2。

第三级蝶形运算的系数分别为 W_N^0、$W_N^{\frac{N}{8}}$、$W_N^{\frac{2N}{8}}$、$W_N^{\frac{3N}{8}}$,两个节点间距离为 4。

第 M 级蝶形运算的系数分别为 $W_N^0, W_N^1, \cdots, W_N^{(\frac{N}{2}-1)}$,两个节点间距离为 $\frac{N}{2}$。

3.6 习题

一、自测题(单选题,每题 5 分)

1. 连续周期信号 $f(t)$ 频谱的特征是（　　）。
   A. 同期连续频谱　　　　　　　　　　B. 同期离散频谱
   C. 非同期连续频谱　　　　　　　　　D. 非同期离散频谱

2. 周期信号 $f(t)$ 的频谱如图 3.6.1 所示,则 $f(t)$ 的三角型 Fourier 级数表达式为（　　）。

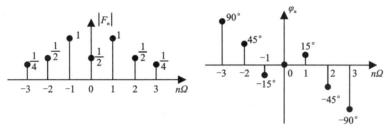

图 3.6.1　$f(t)$ 的频谱图

A. $f(t) = 2\cos(t+15°) + \cos(2t-45°) + \dfrac{1}{2}\cos(3t-90°)$

B. $f(t) = \dfrac{1}{2} + 2\cos(t+15°) + \cos(2t-45°) + \dfrac{1}{2}\cos(3t-90°)$

C. $f(t) = \dfrac{1}{2} + \cos(t+15°) + \dfrac{1}{2}\cos(2t-45°) + \dfrac{1}{4}\cos(3t-90°)$

D. $f(t) = 1 + 2\cos(t+15°) + \cos(2t-45°) + \dfrac{1}{2}\cos(3t-90°)$

3. $f(t) = \dfrac{\sin[2\pi(t-2)]}{\pi(t-2)}$ 的 Fourier 变换 $F(j\omega)$ 为（　　）。

   A. $g_{4\pi}(\omega)\,\mathrm{e}^{\mathrm{j}2\omega}$　　B. $g_{4\pi}(\omega)\,\mathrm{e}^{-\mathrm{j}2\omega}$　　C. $g_{2\pi}(\omega)\,\mathrm{e}^{\mathrm{j}2\omega}$　　D. $g_{2\pi}(\omega)\,\mathrm{e}^{-\mathrm{j}2\omega}$

4. 周期信号 $f(t)$ 的频谱如图 3.6.2 所示,则 $f(t)$ 的平均功率是（　　）。

   A. $\dfrac{23}{8}$　　　　B. 3　　　　C. $\dfrac{25}{16}$　　　　D. $\dfrac{25}{8}$

5. $f(t)$ 如图 3.6.3 所示,其 Fourier 变换为 $F(j\omega)$,则 $F(0)$ 和 $\displaystyle\int_{-\infty}^{\infty} F(j\omega)\mathrm{d}\omega$ 分别为（　　）。

   A. 4, 4　　　　B. 4, 4π　　　　C. 4π, 2　　　　D. 4, 2

6. 若 $F_1(j\omega) = \mathcal{F}[f(t)]$,则 $F_2(j\omega) = \mathcal{F}[f_1(4-2t)] = $（　　）。

   A. $\dfrac{1}{2}F_1(j\omega)\,\mathrm{e}^{-\mathrm{j}4\omega}$　　　　　　　　　　　　B. $\dfrac{1}{2}F_1\left(-\mathrm{j}\dfrac{\omega}{2}\right)\mathrm{e}^{-\mathrm{j}4\omega}$

   C. $F_1(-\mathrm{j}\omega)\,\mathrm{e}^{-\mathrm{j}4\omega}$　　　　　　　　　　　　D. $\dfrac{1}{2}F_1\left(-\mathrm{j}\dfrac{\omega}{2}\right)\mathrm{e}^{-\mathrm{j}2\omega}$

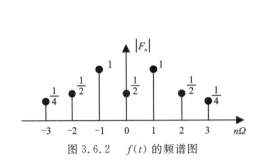

图 3.6.2　$f(t)$ 的频谱图

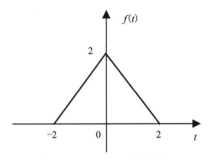

图 3.6.3　$f(t)$ 的波形图

7. 下列 Fourier 变换错误的是（　　）。

A. $1 \leftrightarrow 2\pi\delta(\omega)$

B. $e^{j\omega_0 t} \leftrightarrow 2\pi\delta(\omega - \omega_0)$

C. $\cos(\omega_0 t) \leftrightarrow \pi[\delta(\omega - \omega_0) + \delta(\omega + \omega_0)]$

D. $\sin(\omega_0 t) \leftrightarrow j\pi[\delta(\omega + \omega_0) + \delta(\omega - \omega_0)]$

8. 信号 $f(t)$ 如图 3.6.4 所示，Fourier 变换为（　　）。

A. $[\text{Sa}(\omega)]^2$

B. $[\text{Sa}(2\omega)]^2$

C. $\left[\text{Sa}\left(\dfrac{\omega}{2}\right)\right]^2$

D. $2\left[\text{Sa}\left(\dfrac{\omega}{2}\right)\right]^2$

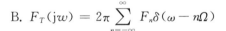

图 3.6.4　$f(t)$ 的波形图

9. 若 $y(t) = f(t) * h(t)$，则 $f(2t) * h(2t)$ 等于（　　）。

A. $2y(0.5t)$ 　　　　　　　　　　　　B. $0.5y(2t)$

C. $2y(2t)$ 　　　　　　　　　　　　　D. $y(2t)$

10. 周期信号 $f_T(t) = \sum\limits_{n=-\infty}^{\infty} F_n e^{jn\Omega t}$ 的 Fourier 变换是（　　）。

A. $F_T(j\omega) = \pi \sum\limits_{n=-\infty}^{\infty} F_n \delta(\omega - n\Omega)$ 　　　B. $F_T(j\omega) = 2\pi \sum\limits_{n=-\infty}^{\infty} F_n \delta(\omega - n\Omega)$

C. $F_T(j\omega) = \sum\limits_{n=-\infty}^{\infty} F_n \delta(\omega - n\Omega)$ 　　　　D. $F_T(j\omega) = 2 \sum\limits_{n=-\infty}^{\infty} F_n \delta(\omega - n\Omega)$

11. 连续时间信号的离散处理主要过程包含（　　）。

A. 信号的采样、信号的处理以及信号的量化

B. 信号的采样、信号的处理以及信号的重构

C. 信号的量化、信号的编码以及信号的重构

D. 信号的采样、信号的量化以及信号的重构

12. 已知信号 $f(t)$ 的 Fourier 变换 $F(j\omega) = \varepsilon(\omega + \omega_0) - \varepsilon(\omega - \omega_0)$，则 $f(t)$ 为（　　）。

A. $\dfrac{\omega_0}{\pi}\text{Sa}\left(\dfrac{\omega_0 t}{2}\right)$ 　　　　　　　　　B. $\dfrac{\omega_0}{\pi}\text{Sa}(\omega_0 t)$

C. $2\omega_0 \text{Sa}(\omega_0 t)$ D. $2\omega_0 \text{Sa}\left(\dfrac{\omega_0 t}{2}\right)$

13. 已知某有限带宽连续信号 $f(t)$ 的最高频率为 100Hz,若对以下信号进行时域取样,则以下哪个信号可采用的奈奎斯特取样频率最高？（   ）

A. $f(t)*f(2t)$ B. $f(t)+f(2t)$
C. $f^2(t)$ D. $f(t)f(2t)$

14. 若对信号 $f(t)$ 进行理想取样,其奈奎斯特取样频率为 f_s,对 $f\left(\dfrac{1}{3}t-2\right)$ 进行取样,其奈奎斯特取样频率为（   ）。

A. $3f_s$ B. $\dfrac{1}{3}f_s$

C. $3(f_s-2)$ D. $\dfrac{1}{3}(f_s-2)$

15. $\varepsilon(k)*\varepsilon(k-1)=$（   ）。

A. $(k+1)\varepsilon(k)$ B. $k\varepsilon(k-1)$
C. $(k-1)\varepsilon(k)$ D. $(k-1)\varepsilon(k-1)$

二、作业题

1. 把函数 $f(t)=\begin{cases}1-t,0<t\leqslant 2\\ t-3,2<t<4\end{cases}$ 在 $(0,4)$ 上展开成余弦级数。

2. 用直接计算 Fourier 系数的方法,求题图 3.6.5 所示周期函数的 Fourier 系数（三角型或指数型）。

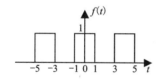 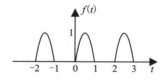

图 3.6.5 周期函数的 Fourier 变换

3. 利用奇偶性判断图 3.6.6 所示各周期信号的 Fourier 系数中所含有的频率分量。

4. 求下列周期信号的基波角频率 Ω 和周期 T。

(1) e^{j100t}；

(2) $\cos\left[\dfrac{\pi}{2}(t-3)\right]$；

(3) $\cos(2t)+\sin(4t)$；

(4) $\cos(2\pi t)+\cos(3\pi t)+\cos(5\pi t)$；

(5) $\cos\left(\dfrac{\pi}{2}t\right)+\sin\left(\dfrac{\pi}{4}t\right)$；

(6) $\cos\left(\dfrac{\pi}{2}t\right)+\cos\left(\dfrac{\pi}{3}t\right)+\cos\left(\dfrac{\pi}{5}t\right)$。

5. 周期信号 $f(t)=1+\dfrac{1}{3}\cos\left(\dfrac{\pi}{4}t-\dfrac{\pi}{3}\right)+\dfrac{1}{4}\sin\left(\dfrac{\pi}{2}t+\dfrac{\pi}{6}\right)$,试求该周期信号的基波周期

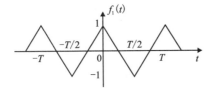
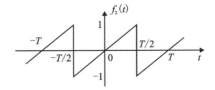
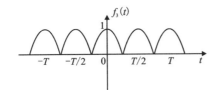
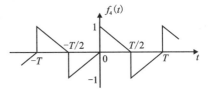

图 3.6.6 周期函数的各频率分量

T，角频率 Ω，画出它的单边频谱图。

6. 周期信号 $f(t) = 3 + \dfrac{1}{4}\cos\left(\dfrac{3\pi}{4}t + \dfrac{\pi}{3}\right) - \dfrac{1}{2}\sin\left(\dfrac{\pi}{2}t + \dfrac{5\pi}{6}\right)$，试画出双边频谱，并求该周期信号的平均功率。

7. 求如图 3.6.7 所示周期信号的指数型和三角型 Fourier 级数。

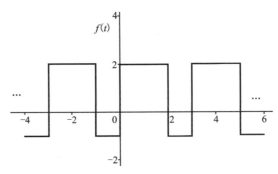

图 3.6.7 周期函数的波形图

8. 正弦交流信号 $\sin(\omega_0 t)$ 经全波或半波整流后的波形如图 3.6.8 所示，试用不同方法分别求它们的 Fourier 级数。

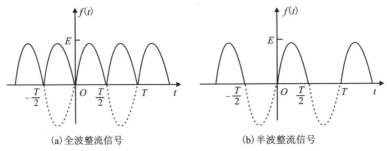

(a) 全波整流信号　　　　　　(b) 半波整流信号

图 3.6.8 全波或半波整流后的波形图

9. 求下列信号的 Fourier 变换。

(1) $f(t) = e^{-jt}\delta(t-2)$；

(2) $f(t) = e^{-3(t-1)}\delta'(t-1)$；

(3) $f(t) = \text{sgn}(t^2 - 9)$；

(4) $f(t) = e^{-2t}\varepsilon(t+1)$；

(5) $f(t) = \varepsilon\left(\dfrac{t}{2} - 1\right)$；

(6) $f(t) = \dfrac{\sin(2\pi t)}{2\pi t} * \dfrac{\sin(8\pi t)}{8\pi t}$。

10. 求图 3.6.9 所示信号的 Fourier 变换。

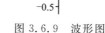

图 3.6.9 波形图

11. 已知信号 $f(t)$ 的 Fourier 变换为 $F(j\omega)$，求下列信号的 Fourier 变换。

(1) $(t-2)f(t)$；

(2) $(1-t)f(1-t)$；

(3) $f(2t-5)$。

12. 求下列函数的 Fourier 逆变换。

(1) $F(j\omega) = \delta(\omega + \omega_0) - \delta(\omega - \omega_0)$；

(2) $F(j\omega) = 2\cos(5\omega)$；

(3) $F(j\omega) = [\varepsilon(\omega) - \varepsilon(\omega - 2)]e^{-j3\omega}$；

(4) $F(j\omega) = \displaystyle\sum_{n=0}^{2} 2\text{Sa}(\omega)\,e^{-j(2n+1)\omega}$。

13. 利用能量等式 $E = \displaystyle\int_{-\infty}^{+\infty}|f(t)|^2\,dt = \dfrac{1}{2\pi}\int_{-\infty}^{+\infty}|F(j\omega)|^2\,d\omega$ 计算下列积分的值。

(1) $\displaystyle\int_{-\infty}^{+\infty}\left|\dfrac{\sin t}{t}\right|^2 dt$；

(2) $\displaystyle\int_{-\infty}^{+\infty}\dfrac{dt}{(1+t^2)^2}$。

14. 分别计算信号 $\cos(10t)\dfrac{\sin 3t}{\pi t}$ 和信号 $\cos(2t)\dfrac{\sin 3t}{\pi t}$。

15. 求如图 3.6.10 所示函数的 Fourier 变换和 Fourier 级数（要求用 Fourier 系数和 Fourier 变换的关系求解 Fourier 级数）。

16. 有限频带信号 $f(t)$ 的最高频率为 100 Hz，若对下列信号进行时域取样，求最小取样频率 f_s。

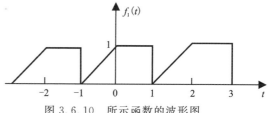

图 3.6.10 所示函数的波形图

(1) $f(3t)$；

(2) $f^2(t)$；

(3) $f(t) * f(2t)$；

(4) $f(t) + f^2(t)$。

17. 对最高频率为 400 Hz 的带限信号 $f(x)$ 进行抽样，求其奈奎斯特取样间隔 T_s。

18. 如果一最高频率为800Hz的带限信号为 $f(t)$，对 $f^2(t)$ 进行抽样，求其奈奎斯特取样间隔 T_s。

19. 已知信号 $f(t)$ 的 Fourier 变换 $F(j\omega) = \begin{cases} 1, |\omega| < 2\text{rad/s} \\ 0, |\omega| > 2\text{rad/s} \end{cases}$，今对信号 $f(t)\cos(2t)$ 进行抽样，求其奈奎斯特间隔 T_s。

20. 有限频带信号 $f(x) = 5 + \cos(2\pi f_1 t) + \cos(4\pi f_1 t)$，其中 $f_1 = 1\text{kHz}$，用 $f = 5\text{kHz}$ 的冲击函数序列 $\delta_T(t)$ 进行取样。

(1) 画出 $f(t)$ 及取样信号 $f_s(t)$ 在频率区间 $(-10\text{kHz}, 10\text{kHz})$ 的频谱图。

(2) 若有 $f_s(t)$ 恢复原信号，理想低通滤波器的截止频率 f_0 应如何选择。

21. 若对信号 $f(t)$ 进行理想取样，其奈奎斯特取样频率为 f_s，对 $f(t-3)$ 进行取样，求其奈奎斯特取样频率。

22. 对频率 $\Omega = 20\pi\text{rad/s}$ 的余弦信号，为保证采样后频谱不混叠，则采样频率的选择应满足什么条件。

23. 如果用采样间隔 $T_s = 0.5\text{ms}$ 对连续时间信号 $x_c(t) = \sin(1000\pi t)$ 进行取样，求所得离散时间序列的频谱。

24. 给定一连续带限信号 $x_a(t)$，当其频谱 $|f| > B$ 时，$x_a(t) = 0$，求信号 $x_a(2t)$ 的最低取样频率。

25. 连续时间正弦波 $x(t) = \cos(4000\pi t)$，t 以秒为单位，经取样后得到离散时间正弦序列 $x[n] = \cos(7n/2)$，求其取样频率。

26. 求下列序列的离散 Fourier 变换（DFT）。

(1) $\{1, 1, -1, -1\}$；

(2) $\{1, j, -1, -j\}$；

(3) $x(n) = \delta(n)$；

(4) $x(n) = \delta(n - n_0)$；

(5) $x(n) = \{1, 1, 1, 1\}$；

(6) $x(n) = \{1, 0, 0, 0\}$；

(7) $x(n) = a^n (0 \leqslant n \leqslant N-1)$。

27. 已知离散序列 $x[n] = 4\varepsilon[n] - \varepsilon[n-1] - \varepsilon[n-2] - \varepsilon[n-3] - \varepsilon[n-4]$，求解：

(1) 画出离散序列 $x[n]$；

(2) 计算离散序列 $x[n]$ 的 DFT（建议采用基2抽取的 FFT 计算）。

28. 请写出 5 种 Fourier 变换（FT、FS、DTFT、DFT、DFS）的全称和定义式，并阐述 5 种 Fourier 变换之间的关系（可以用图或列表的形式进行对比分析）。

3.7 实操环节

本节主要介绍如何通过将一个信号分解为 Fourier 级数后的各项谐波进行叠加，从而获得叠加后用来近似模拟原信号的结果，并与原型号进行比较。通过本次实验，可以更为清楚地了解各项谐波叠加的过程,更清楚地认识到高次谐波和低次谐波依次会对信号产生怎样不同的影响,同时观察并了解 Gibbs 现象。

这里以例 3.2.1 中将方波信号 $f(t)$ 展开为 Fourier 级数为例。

3.7.1 实例

首先要定义一个周期的方波信号作为原始信号 $f(t)$,方便之后的比较。这里介绍函数 heaviside(),调用形式为 heaviside(t),当 $t<0$ 时,函数返回 0;当 $t>0$ 时,函数返回 1;当 $t=0$ 时,函数返回 $\frac{1}{2}$。这里的 t 可以为一个连续数列,也可以利用 syms 声明为符号变量,两者分别用 plot 和 fplot 进行绘图。如果需要对方波进行平移,如将方波左移 a 个单位,可以直接写 heaviside($t+a$),反之,如果要将方波右移 a 个单位,可以直接写 heaviside($t-a$)。同时将基础的方波信号进行叠加之后,也可以获得某些特殊的方波或矩形波信号。

1. 方波信号及有关参数定义

代码如下:

```
1  syms t
2  T=pi;% 周期
3  f=heaviside (t)-2*heaviside(t-T/2)+heaviside ( t-T);% 一个的周期原始方波信号
```

之后,我们分别将原型号分解后 Fourier 级数的各项谐波进行叠加。根据例 3.2.1,方波信号 $f(t)$ 展开的各项 Fourier 级数为 $f(t) = 4/\pi[\sin\omega t + 1/3\sin(3\omega t) + 1/5\sin(5\omega t) + \cdots + 1/n\sin(n\omega t) + \cdots]$,$n = 1, 3, 5, \cdots$,因此将其中的基波、三次谐波、五次谐波、七次谐波、九次谐波依次叠加,最后利用 for 函数将多次谐波进行叠加。其代码如下:

```
1  w=2*pi/T;% 频率
2  f1=4/pi*[sin(w*t)];% 基波
3  f2=4/pi*[sin(w*t)+sin(3*w*t)/3];% 基波+三次谐波
4  f3=4/pi*[sin(w*t)+sin(3*w*t)/3+sin(5*w*t)/5];% 基波+三次谐波+五次谐波
5  f4=4/pi*[sin(w*t)+sin(3*w*t)/3+sin(5*w*t)/5+sin(7*w*t)/7];% 基波+三次谐波+五
   次谐波+七次谐波
6  f5=4/pi* [sin(w* t)+sin(3* w*t)/3+sin(5*w*t)/5+sin(7* w*t)/7+sin(9*w *t)/9];%
   基波+三次谐波+五次谐波+七次谐波+九次谐波
7  f6=0;% 多次谐波叠加
8  for i=1:2:200
9      f6=f6+sin(i*w*t)/i;
10 end
11 f6= f6*4/pi;
```

最后,利用 fplot 函数进行绘图,设置表头、横纵坐标的范围,并打开网格,其程序代码如下:

```
1  figure(1);hold on;
2  fplot(f,[-1,4],b');fplot(f1,[0,T],'f');
3  title("(1)基波");xlim([-1 4]);ylim([- 1.5 1.5]);grid on;
4  figure(2);hold on;
5  fplot(f,[-1,4],'b');fplot(f2,[0,T],'r');
6  title("(2)基波+三次谐波");xlim([-1 4]);ylim([-1.5 1.5]);grid on;
7  figure(3);hold on;
8  fplot(f,[-1,4],'b');fplot(f3,[0,T],'r');
9  title("(3)基波+三次谐波+五次谐波");
10 xlim([-1 4]);ylim([-1.5 1.5]);grid on;
11 figure(4);hold on;
12 fplot(f,[-1,4],'b');fplot(f4,[0,T],'r');
13 title("(4)基波+三次谐波+五次谐波+七次谐波");
14 xlim([-1 4]);ylim([-1.5 1.5]);grid on;
15 figure(5);hold on;
16 fplot(f,[-1,4],'b');fplot(f5,[0,T],'r');
17 title("(5)基波+三次谐波+五次谐波+七次谐波+九次谐波");
18 xlim([-1 4]);ylim([-1.5 1.5]);grid on;
19 figure(6);hold on;
20 fplot(f,[-1,4],'b');fplot(f6,[0,T],'r');
21 title("(6)多次谐波叠加");xlim([-1 4]);ylim([-1.5 1.5]);grid on;
```

以此,就可以绘制出图 3.7.1 所示的 6 张信号对比图。

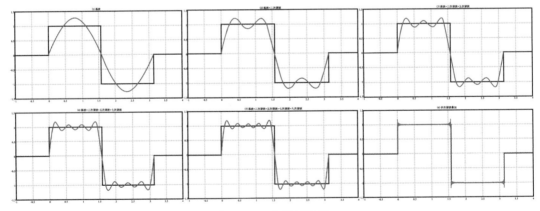

图 3.7.1 实例示意图

此外,在仿真方波信号时,也可以使用 simulink 模块进行仿真,其信号流程如图 3.7.2 所示,这里不再赘述,留给读者自行尝试。

在绘图时,可以使用 subplot 函数制作绘图板,将 6 张图画在同一个平面上。其格式为 subplot(x,y,n),x 表示绘图板行数,y 代表绘图板列数,n 是当前绘图区域的序号。例如 subplot(2,3,1),就是设定了一个两行三列的绘图板,并且当前绘图区域为左上角的第一个位置,而 subplot(2,3,4)仍然是两行三列的绘图板,但当前绘制的是从左向右数,从上向下数序号为 4 的绘图区域。由此就可以绘制出如图 3.7.2 所示的一整张信号对比图了。

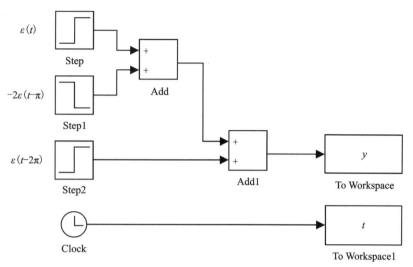

图 3.7.2　单位周期方波信号 simulink 仿真方框图

2. 周期信号的频谱分析

有一单边离散信号,其包络线为 $S = 0.7\sin(2\pi * 50t) + \sin(2\pi * 120t)$,试用 MATLAB 作出其频谱图。

程序代码如下:

```
1  Fs=500;                              % 取样频率
2  T=1/Fs;                              % 取样周期
3  L=1000;                              % 信号长度  由此知,频率分辨率为1Hz
4  t=(0:L-1)*T;                         % 时间相量
5  S=0.7*sin(2*pi*50*t)+sin(2*pi*120*t);  % 原始函数
6  Y=fft(S);
7
8  P2=abs(Y/L);      % 每个量除以数列长度 L
9  P1=P2(1:L/2+1);   % 取交流部分
10 P1(2:end-1)=2*P1(2:end-1);  % 交流部分模值乘以 2
11 f=Fs*(0:(L/2))/L;
12 plot(f,P1)
13 title('Single-Sided Amplitude Spectrum of S(t)')
14 xlabel('f(Hz)')
15 ylabel('|P1(f)|')
```

绘出的频谱图如图 3.7.3 所示。

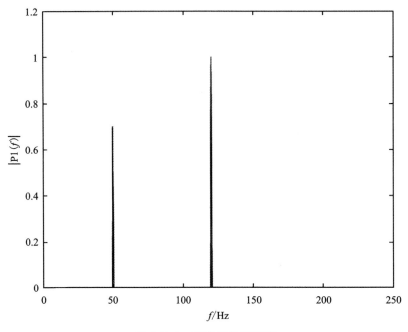

图 3.7.3　周期信号频谱图

3. 非周期信号的频谱分析

门信号可以表示为

$$g(t)=\begin{cases}1,|t|<\tau/2\\0,|t|>\tau/2\end{cases} \quad (3.7.1)$$

试用 MATLAB 做出当 $\tau=1$ 时门信号的 Fourier 变换频谱。

程序代码如下：

```
1   syms t w
2   ut=sym('heaviside(t+0.5)-heaviside(t-0.5)');
3   subplot(2,1,1);
4   ezplot(ut);
5   hold on;
6   axis([-1  1  0.1  1]);
7   plot([-0.5  - 0.5],[0  1]);
8   plot([0.5  0.5],[0  1]);
9   Fw=fourier(ut,t,w);
10  FFP=abs(Fw);
11  subplot(2,1,2);
12  ezplot(FFP,[-10*pi 10*pi]);
13  axis([-10* pi 10* pi  0.1  1]);
```

绘出的频谱图如图 3.7.4 所示。

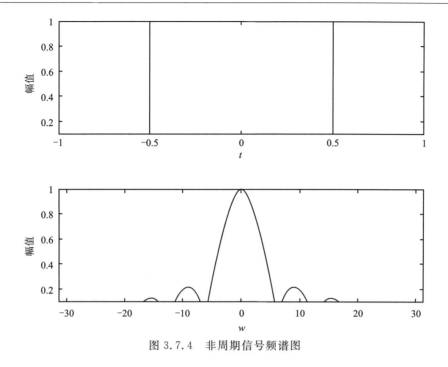

图 3.7.4 非周期信号频谱图

4. 取样及恢复过程

取信号 $f(t) = \text{Sa}(t)$ 作为被取样信号，其 $F(j\omega) = \begin{cases} \pi, & |\omega| \leqslant 1 \\ 0, & |\omega| \geqslant 1 \end{cases}$，信号的带宽为 $B=1$。当取样频率 $\omega_s = 2B$，此频率下的取样为 Nyquist 取样 $\omega_c = B$。对取样及恢复过程用 MATLAB 进行仿真。

程序代码如下：

```
1   % 取样及恢复
2   B=1;                    % 信号带宽
3   wc=B;                   % 滤波器截止频率
4   Ts=1/B;                 % 取样间隔
5   ws=2*pi/Ts;             % 取样角频率
6   N=100;                  % 滤波器时域取样点数
7   n=-N:0.5:N;
8   nTs=n*Ts;               % 取样数据的取样时间
9   fs=sinc(nTs/pi);        % 函数的取样点
10  Dt=0.005;               % 恢复信号的取样间隔
11  t=-15:Dt:15;            % 恢复信号的范围
12  fa=fs* Ts* wc/pi* sinc((wc/pi)* (ones(length(nTs),1)* t-nTs'* ones(1,length(t))));      % 信号重构
13  error=abs(fa-sinc(t/pi));              % 求重构信号与原信号的归一化误差
14
15  subplot(311);
```

```
16   stem(n,fs);
17   axis([-15 15,-0.5,1]);
18   xlabel('kTs')
19   ylabel('f(kTs)')
20   title('sa(t)=sinc(t/pi)的采样信号')
21
22   subplot(312)
23   plot(t,fa);
24   axis([-15 15,-inf,inf]);
25   xlabel('t')
26   ylabel('fa(t)')
27   title('由 Sa(t)=sinc(t/pi)的过取样信号重构 sa(t)')
28
29   subplot(313)
30   plot(t,error);
31   axis([-15 15,-inf,inf]);
32   xlabel('t')
33   ylabel('error(t)')
34   title('过取样信号与原信号的误差 error(t)')
```

生成的图形如图 3.7.5 所示。

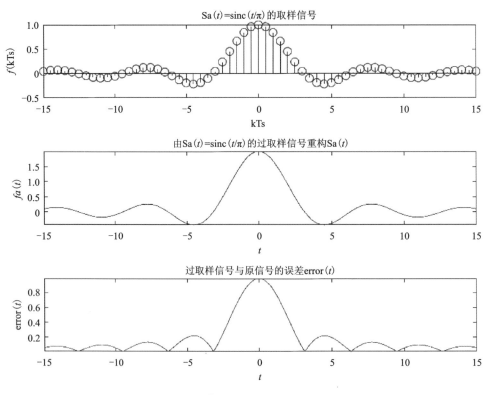

图 3.7.5　信号的取样和恢复示意图

5. 信号取样

使用 matlab 完成信号取样的基本步骤如下。

(1)绘制出取样前的原始信号 $f(t) = \sin(200\pi t)$。

```
1  f=100;                    % 信号频率为100Hz
2  t=(0:0.0001:0.05);        % 定义信号的时间范围1-0.05s
3  ft=cos(2*pi*f*t);         % 生成信号 f(t)=sin(200pi t)
```

(2)设定取样的取样频率和取样点数。

```
1  fs=800;% 取样频率为400Hz
2  N=40;% 定义取样总点数
3  dt=1/fs;% 取样间隔
4  T=(0:N-1)* dt;% 定义取样的每个时间点
5  gt=cos(2* pi* f* T);% 对信号进行取样
6  3.原始信号 f(t)=sin(200πt)的图像显示
7  subplot(311);
8  plot(t,x);
9  ylim([-1  1])
10 title('原始信号')
```

(3)取样过程在原始信号上的图像显示(图3.7.6)。

```
1  subplot(312)
2  plot(t,ft,T,gt,'rp');
3  ylim([-1 1]);
4  title('取样过程')
```

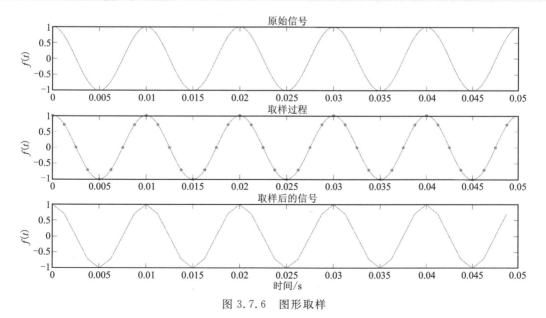

图 3.7.6　图形取样

(4)取样后信号 $g(t)$ 的图像显示(图3.7.6)。

```
1  subplot(313)
2  plot(T,gt);
3  ylim([-1  1])
4  xlabel('时间/s')
5  title('取样后的信号')
```

[**例3.7.1**]　用 MATLAB 求出阶跃信号的 Fourier 变换,并画出图像。

程序代码如下:

```
1
2  syms x
3  v=heaviside(x)% 单位阶跃函数
4  v_1=fourier(v)% 求 Fourier 变换
5  subplot(2,2,1)% 画一幅2行2列的图像
6  a=-1:0.01:3;
7  b=heaviside(a);
8  plot(a,b,'k')
9  axis([-1  3  0  2]);
10  tile('阶跃信号');
11  subplot(2,2,2)
12  ezplot(abs(v_1))
13  % plot()/ezplot()无法画复数图像,这里 abs()函数是求幅值相当于画出幅度谱
14  subplot(2,2,3);
15  % ezplot(v_1)% 只是画实部 real()取出实部
16  ezplot(real(v_1))
17  % 只是绘制虚部 imag()取出虚部
18  subplot(2,2,4);
19  ezplot(imag(v_1))
20  % 这里给出冲激函数、正余弦函数的表达式可以代替上面的阶跃函数进行分析
21  % dirac(t)、sin(t)、cos(t)
```

绘制的图像如图3.7.7所示。

图3.7.7(a)为阶跃信号图像,图3.7.7(b)为 Fourier 后的幅值图像,图3.7.7(c)和(d)分别为 Fourier 变换后的虚部、实部图像。且图3.7.7括号内为 Fourier 结果 $\pi * \mathrm{dirac}(w) - \dfrac{1i}{w}$

[**例3.7.2**]　Fourier 变换三维直观展示在 $y=0$ 处是正常的方波信号,在 $y=1,3,5,7$ 处是用 Fourier 变换求得的前几个分量,在 $y=-1$ 处是将 $y=1,3,5,7$ 累加起来的图像,一般情况下,如图3.7.8所示,图像是三维图像,其坐标分别代表了时域、频域和幅值。

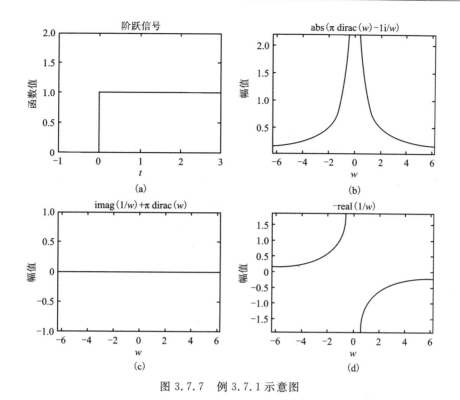

图 3.7.7 例 3.7.1 示意图

```
1
2   % 方波信号
3   x= 0:0.01:2;
4   y= 0*x;
5   z= 1.*(x>0&x<1)+(-1).*(x>=1&x<2)+0.*(x==2)+0.*(x==0);
6   plot3(x,y,z,'r')
7   hold on;
8   % axis([-1 3 0 9 -2 2]);
9   % 基波
10  y1=0*x+1;
11  z1=(4/pi)*sin(pi*x);
12  plot3(x,y1,z1,'b');
13  % 谐波
14  y3=0*x+3;
15  z3=(1/3)*(4/pi)*sin(3*pi*x);
16  plot3(x,y3,z3,'b');
17  hold on;
18  y5=0*x+5;
19  z5=(1/5)*(4/pi)*sin(5*pi*x);
20  plot3(x,y5,z5,'b');
```

```
21    hold on;
22    y7=0*x+7;
23    z7=(1/7)*(4/pi)*sin(5*pi*x);
24    plot3(x,y7,z7,'b');
25    hold on;
26    y_1= 0*x-1;
27    z_1= z1+z3+z5+z7;
28    plot3(x,y_1,z_1,'g')
29    hold on;
30    xlabel('时域(t)');
31    ylabel('频域(w)')
32    zlabel("幅值")
```

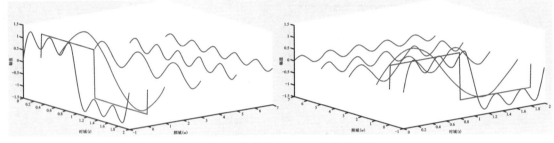

图 3.7.8　信号的 Fourier 变换示意图

> **注意**：生成的图像是三维图像，在这里只是选取了两个角度帮助理解，在实际操作中可以自己随意旋转。

3.7.2　练习

试用 MATLAB,自己设定合理的取样频率和取样点,实现如下信号取样及其图像绘制。

(1) $f(t) = \cos\left(200\pi t + \dfrac{\pi}{3}\right)$；

(2) $f(t) = e^{-t}\sin 2\pi t + 1$。

3.8　课外阅读

1. 人物介绍

约西亚·威拉德·吉布斯(Josiah Willard Gibbs,1839—1903 年),生于康涅狄格州的纽黑文,毕业于耶鲁学院,美国物理化学家、数学物理学家(图 3.8.1)。他奠定了化学热力学的基础,提出了吉布斯自由能与吉布斯相律,同时创立了向量分析,并将其引入数学物理之中。

1899年，他在《自然》杂志上发表了关于一个阶跃函数的Fourier级数中的过冲与下冲，这就是后来知名的"Gibbs现象"。后来发现到这个现象其实已经被英国数学家Henry Wilbraham在1848年发现了。尽管这样，这个现象还是以吉布斯的名字命名。吉布斯是美国第一位工程学博士，他专攻数学物理学，他的工作影响了从化学热力学到物理光学等多个领域。

让·巴普蒂斯·约瑟夫·傅里叶（Jean Baptiste Joseph Fourier, 1768—1830年），法国欧塞尔人，著名数学家、物理学家（图3.8.2）。

图3.8.1 Josiah Willard Gibbs

1780年，就读于地方军校。1795年，任巴黎综合工科大学助教，跟随拿破仑军队远征埃及，成为伊泽尔省格伦诺布尔地方长官。1817年，当选法国科学院院士。1822年，担任该院终身秘书，后又任法兰西学院终身秘书和理工科大学校务委员会主席，敕封为男爵。主要贡献是研究热的传播和热的分析理论，并创立一套数学理论，对19世纪的数学和物理学的发展产生了深远影响。傅里叶生于法国中部欧塞尔（Auxerre）一个裁缝家庭，9岁时沦为孤儿，被当地一主教收养。1780年起就读于地方军校，1795年任巴黎综合工科大学助教，1798年随拿破仑军队远征埃及，受到拿破仑器重，回国后于1801年被任命为伊泽尔省格伦诺布尔地方长官。傅里叶早在1807年就写成关于热传导的基本论文《热的传播》，向巴黎科学院呈交，但经拉格朗日、拉普拉斯和

图3.8.2 年轻时的傅里叶画像

勒让德审阅后被巴黎科学院拒绝，1811年又提交了经修改的论文，该文获巴黎科学院大奖，却未正式发表。傅里叶在论文中推导出著名的热传导方程，并在求解该方程时发现解函数可以由三角函数构成的级数形式表示，从而提出任一函数都可以展成三角函数的无穷级数的观点。Fourier级数（即三角级数）、Fourier分析等理论均由此创始。由于对传热理论的贡献，傅里叶于1817年当选为巴黎科学院院士。1822年，傅里叶出版了专著《热的解析理论》。这部经典著作将欧拉、伯努利等人在一些特殊情形下应用的三角级数方法发展成内容丰富的一般理论，三角级数后来就以傅里叶的名字命名。傅里叶应用三角级数求解热传导方程，为了处理无穷区域的热传导问题又导出了当前所称的"傅里叶积分"，这一切都极大地推动了偏微分方程边值问题的研究。然而傅里叶的工作意义远不止此，它迫使人们对函数概念进行修正、推广，特别是引起人们对不连续函数的探讨；三角级数收敛性问题更刺激了集合论的诞生。因此，《热的解析理论》影响了整个19世纪分析严格化的进程。傅里叶1822年成为巴黎

科学院终身秘书。

图3.8.3　美国物理学家——奈奎斯特

哈利·奈奎斯特（Harry Nyquist，1889—1976年），美国物理学家，1917年获得耶鲁大学工学博士学位，曾在美国AT&T公司与贝尔实验室任职（图3.8.3）。奈奎斯特为近代信息理论作出了突出贡献。他总结的奈奎斯特取样定理是信息论，特别是通信与信号处理学科中的一个重要基本结论。奈奎斯特1907年移民美国并于1912年进入北达科他州立大学学习。1917年在耶鲁大学获得物理学博士学位。1917—1934年在AT&T公司工作，后转入贝尔实验室工作。1927年，奈奎斯特确定了如果对某一带宽的有限时间连续信号（模拟信号）进行抽样，且在抽样率达到一定数值时，根据这些抽样值可以在接收端准确地恢复原信号。为不使原波形产生"半波损失"，取样率至少应为信号最高频率的两倍，这就是著名的奈奎斯特取样定理。奈奎斯特1928年发表了《电报传输理论的一定论题》。1954年，他从贝尔实验室退休。

2. Gibbs现象

1）现象的产生

在时域描述一个不连续的信号要求信号有无穷的频率成分，但实际情况是不可能采集到无穷的频率成分。信号采集系统只能采集一定频率范围内的信号，这将导致出现频率截断，频率截断会引起时域信号产生"振铃效应"，这个现象称为吉布斯现象，如图3.8.4和图3.8.5所示。

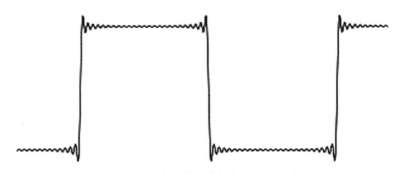

图3.8.4　方波信号在转折处出现振荡

任何突然不连续或阶跃信号总是会存在吉布斯现象，我们使用一个方波信号来说明。现实世界中可能展示出吉布斯现象的信号包括汽车驶过坑时产生的冲击、力脉冲、爆炸声或者高尔夫球杆击球时产生的振动等。

Gibbs现象体现在测量时域信号的阶跃/转折位置出现振铃效应，如图3.8.6所示。

在数字信号采集系统中，在信号的每一个阶跃处，振铃使得信号出现不一致。信号的幅值出现变化或者完全不变化，这依赖于信号的瞬变时刻与数据采样点数的相对关系。

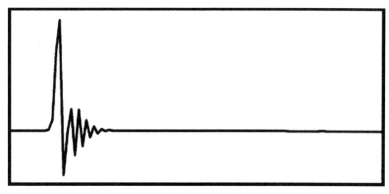

图 3.8.5　力脉冲在末端处出现振荡

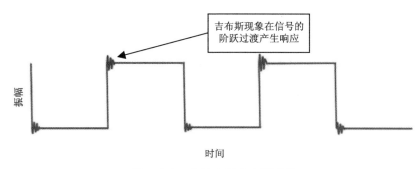

图 3.8.6　方波中的吉布斯现象

当使用少于合适数目的频率成分来描述信号时，就会产生振铃效应。图 3.8.7 用不同数量的正弦波来描述方波信号，可以看出，随着正弦波数量的增加，叠加后的信号越来越接近方波信号，振铃现象越来越弱，振荡的幅值越来越小，持续时间越来越短，信号的斜率越来越陡峭。现实中，经常有一些情况会少于理想数目的频率成分。

频率截断：测量系统不可能测量无穷的频率带宽。譬如，一个方波信号应包含无穷的谐波频率成分，当测量一个方波信号时，不可能测量到无穷的谐波频率成分，信号总会出现频率截断。

滤波器形状：滤波器（如抗混叠滤波器）是测量系统经常要用的工具，它能引入与滤波器锐度相关的振铃效应。

在时域信号的每一个不连续处或阶跃处，围绕原始信号会出现过冲与下冲振铃。从幅值角度来看，时域信号的振铃效应并不总是想要的，会导致测量得到的幅值与实际信号的幅值存在差异。

2）现象产生的原因与控制

从两个方面来描述 Gibbs 现象产生的振铃效应。

(1) 幅值：原始信号中有多大的过冲和下冲。

(2) 持续时间：振铃现象持续多长的时间。这两个量说明如图 3.8.8 所示。

振铃现象的持续时间受用于描述信号的频率成分数量的控制，而幅值受使用的滤波器的类型影响。接下来将使用具有无穷频率成分的方波来说明 Gibbs 现象。

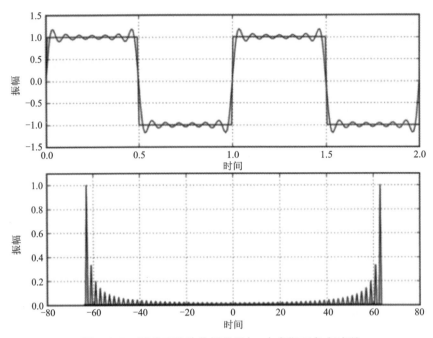

图 3.8.7 随着正弦波数据的增加,吉布斯现象在减弱

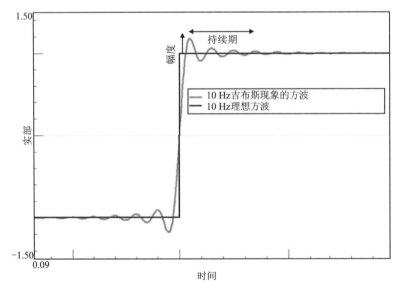

图 3.8.8 吉布斯现象的振铃效应的幅值与持续时间

a)振铃的持续时间:谐波截断

方波信号包含奇数的谐波成分,如图 3.8.9 所示。如果移除一些谐波(如截断),那么,方波的时域描述将不精确。

移除这些谐波,将引入吉布斯现象,在方波波形的转折处会产生振铃效应。在图 3.8.10 中,显示了同一个方波不同的情况:具有所有的谐波、谐波截断到 2000Hz 和谐波截断到

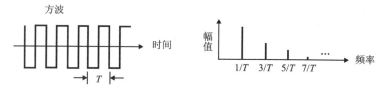

图 3.8.9　方波信号包含奇数的谐波成分

750Hz,这是通过使用低通滤波器实现的。图 3.8.10 顶部显示同一方波的不同频谱:原始方波、低通 2000Hz 和低通 750Hz;底部显示与顶部相对应的时域波形。图 3.8.10(b)的时域信号表明,移除的谐波成分越多,振铃效应的持续时间越长。另外,包含的谐波成分越少,方波的阶跃或不连续过渡越平滑。

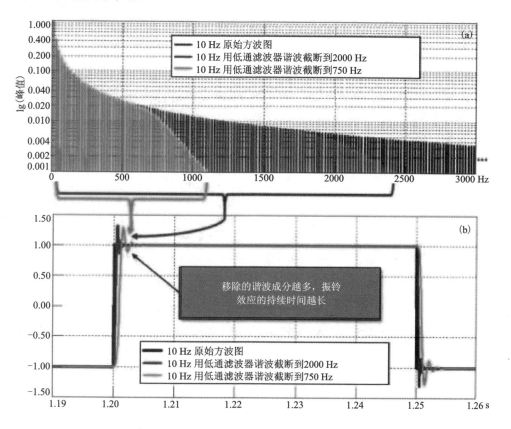

图 3.8.10　不同频率成分的方波的频谱(a)和时域波形(b)

测量信号过程中的频率截断在决定是否出现 Gibbs 现象中起到了重要的作用。如果信号不出现频率截断,那么,Gibbs 现象将不会出现。例如,对一个单频正弦波施加低通滤波,那么,将不会出现振铃效应(图 3.8.11)。对这个正弦波应用与图 3.8.10 相同频率设置的低通滤波,由于信号频率远低于低通滤波的截止频率,将不会影响单频正弦波,因为没有频率截断,从而不会出现吉布斯现象。因此,信号的类型也会影响吉布斯现象的出现。

当吉布斯效应出现时,振铃的幅值也部分受采集过程中的抗混叠低通滤波器形状的影响。

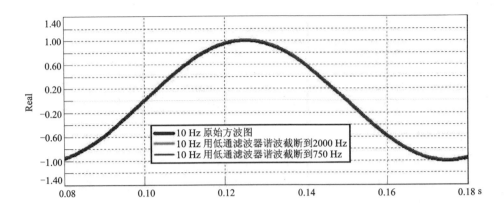

图 3.8.11　对正统波设置不同的低通滤波频率,不出现 Gibbs 现象

b) 振幅的幅值:滤波器形状

信号测量经常使用抗混叠滤波器,这个低通抗混叠滤波器的形状对决定吉布斯现象中的振铃效应的幅值来说,是非常重要的。滤波器的锐度越大,振铃的幅值越大。图 3.8.12 中重叠显示了两种不同类型的滤波器:一种是贝塞尔滤波器,另一种是巴特沃斯滤波器。相比巴特沃斯滤波器,贝塞尔滤波器衰减更平坦,锐度更小。贝塞尔滤波器和巴特沃斯滤波器有相同的 -3dB 截止点(是它们的交点),但贝塞尔滤波器衰减更平坦。

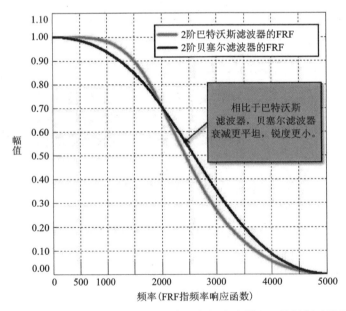

图 3.8.12　低通截止 2000Hz 的 2 阶贝塞尔滤波器和巴特沃斯滤波器

在图 3.8.13 中,经贝塞尔滤波器后的方波的振铃效应的幅值低于相同的方波经巴特沃斯滤波器后的振铃幅值。实际上,设计的巴特沃斯滤波器具有固定的过冲。从图 3.8.13 中可以看出,更平坦的贝塞尔滤波不会引入时域的振铃效应,不像更尖锐的巴特沃斯滤波。滤波器的形状越尖锐,时域数据出现吉布斯现象的可能性越大。为什么会这样呢？本质上,它

与滤波器的时域形状相关。

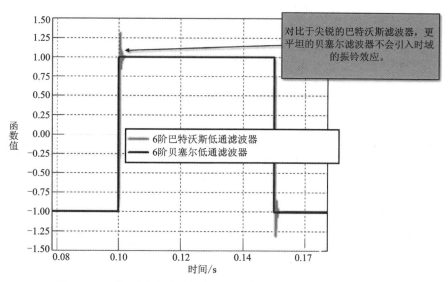

图 3.8.13　经贝塞尔滤波器与巴特沃斯滤波器低通截断后的方波

当对频域的滤波器形状进行 Fourier 逆变换时,结果称为"脉冲"或"时间阶跃函数"。滤波器的频域带宽越宽,时域脉冲持续时间越短。随着脉冲持续时间的变短,振铃现象越占主导。这就是为什么更陡峭的巴特沃斯滤波产生了振铃,而更平坦的贝塞尔滤波器却没有。

3. 离散 Fourier 变换在实际应用中需注意的问题

通过前面的学习可知,离散 Fourier 变换可用于时域和频域连续信号的离散化分析和数字化处理。这种离散化处理可以理解为是对非周期连续时间信号在时域和频域内的抽样。同时,离散 Fourier 变换对又是通过对离散 Fourier 级数变换对加窗截取主值序列而得的。因此取样及加窗截断过程都会使原信号的频谱发生变化,如出现频谱混叠、频谱泄漏和栅栏效应等问题。

1)频谱混叠

信号在时域或频域被抽样都会在另一个时域内产生周期延拓。通常情况下,被抽样信号不能严格满足抽样定理,就会发生混叠现象。这是在实际应用 DFT 时遇到的一个问题。下面着重讨论应用 DFT 时,为避免时域或频域混叠所必需的一些重要参数关系。

对于时域取样,设连续时间信号在取样前经前置滤波后,截止频率为 f_h,为避免频谱混叠,要求抽样频率 f_s 满足

$$f_s \geq 2 f_h \tag{3.8.1}$$

抽样周期 T_s 必须满足

$$T_s = \frac{1}{f_s} \leq \frac{1}{2 f_h} \tag{3.8.2}$$

对于频域抽样,一个频谱周期 f_s 内抽样点数为 N,则频率抽样间隔为

$$F = \frac{f_s}{N} = \frac{1}{NT} \geq \frac{2 f_h}{N} \tag{3.8.3}$$

式中：F 称为信号频率分辨率，F 值越小，频率分辨率越高，反之则越低。

频域抽样后，对应的时域序列将做周期延拓，周期为 N，以时间单位表示为 NT_s，即为周期序列的有效周期，称其为最小记录长度，用 t_p 表示，即

$$t_p = NT_s = \frac{1}{F} \tag{3.8.4}$$

可见，t_p 与 F 呈反比关系。

由式(3.8.3)和式(3.8.4)可以看出，F、N、$f_h(T_s)$ 之间相互影响，由式(3.8.3)可知，如果频域抽样点数 N 不变，若 f_h 增加，为满足抽样定理，f_s 必须增加，导致 F 增大，降低了频率分辨率，且此时 t_p 减小。相反，在抽样点数 N 一定的情况下，要提高分辨率就必须增加 t_p，必然导致 T_s 增加，因而需要减小信号的最高频率 f_h。

同理，在信号的最高频离 f_h 与频离分辨率 F 两个参数中，保持其中一个不变而增加另一个。如果 f_h 与 F 都已给定，则 N 必须满足

$$N = \frac{f_s}{F} \geqslant \frac{2f_h}{F} \tag{3.8.5}$$

这是为实现基本的 DFT 算法所必须满足的最低条件。

2) 频谱泄漏

由于 DFT 是对时域和频域内的周期序列加窗截断，取主值序列得到的，因此时域内加窗截断后，频谱内是加窗信号与原信号频谱的卷积，导致加窗后信号频域相对原信号频谱产生扩展，称为频谱泄漏。假定 $x(n) = \cos\omega_0 n$，用长度为 L 的矩形窗对其进行截断，即

$$\overline{x}(n) = x(n)w(n) \tag{3.8.6}$$

其中

$$w(n) = \begin{cases} 1, & 0 \leqslant n \leqslant L-1 \\ 0, & 其他 \end{cases} \tag{3.8.7}$$

3) 栅栏效应

DFT 计算频谱得到的频域序列 $X(k)$ 并不是序列 $x(n)$ 真实频谱的全部，只是对 $x(n)$ 频谱 $X(e^{j\omega})$ 在一个周期内的离散抽样值，就好像将 $X(e^{j\omega})$ 通过一个"栅栏"来关着一样，只能在栅栏之间的缝隙看到 $X(e^{j\omega})$，这样被栅栏挡住的部分就看不到了。也就是说 $X(k)$ 中有可能会漏掉 $X(e^{j\omega})$ 中的重要信息，这种现象称为"栅栏效应"。

减少栅栏效应的一个方法是利用延长序列的 DFT 性质，即在时间序列末端增加一些零值点来增加一个周期内频谱的抽样点数，从而在保持原有频谱连续性不变的情况下，变更频谱抽样点的位置。这样，原来看不到的频谱分量就能移动到可见的位置上。

第 4 章 信号的复频域分析

本章主要介绍信号的复频域分析方法,包括连续信号的 Laplace 变换和离散信号的 z 变换。通过本章的学习,需要了解信号的复频域分析(Laplace 变换和 z 变换)的定义和性质,熟练掌握信号复频域正变换和逆变换方法、Laplace 变换和 Fourier 变换的关系。

4.1 连续信号的复频域分析

上一章,我们研究了连续信号的 Fourier 变换,本章将通过拓展 Fourier 变换的应用范围,引出一种新的变换——Laplace 变换,其变换是以复数 $s = \sigma + j\omega$ 作为变量,对应的分析方法是将信号变换到复频域进行分析,故称为复频域分析法。

4.1.1 Laplace 变换

有些函数不满足绝对值可积条件,不能直接进行 Fourier 变换。为此,可用一个衰减因子 $e^{-\sigma t}$(σ 为实常数)乘以信号 $f(t)$,适当选取 σ 的值,使 $f(t) e^{-\sigma t}$ 在 $t \to \infty$ 时信号幅度趋近于 0,从而使 $f(t) e^{-\sigma t}$ 的 Fourier 变换存在。

$$F_b(\sigma + j\omega) = \mathcal{F}[f(t) e^{-\sigma t}] = \int_{-\infty}^{+\infty} f(t) e^{-\sigma t} e^{-j\omega t} dt = \int_{-\infty}^{+\infty} f(t) e^{-(\sigma + j\omega)t} dt \quad (4.1.1)$$

相应的 Fourier 逆变换为

$$f(t) e^{-\sigma t} = \frac{1}{2\pi} \int_{-\infty}^{+\infty} F_b(\sigma + j\omega) e^{j\omega t} d\omega \quad (4.1.2)$$

$$f(t) = \frac{1}{2\pi} \int_{-\infty}^{+\infty} F_b(\sigma + j\omega) e^{(\sigma + j\omega)t} d\omega \quad (4.1.3)$$

令 $s = \sigma + j\omega$,$d\omega = ds/j$,则

$$F_b(s) = \mathcal{L}[f(t)] = \int_{-\infty}^{+\infty} f(t) e^{-st} dt \quad (4.1.4)$$

$$f(t) = \mathcal{L}^{-1}[F(s)] = \frac{1}{2\pi j} \int_{\sigma - j\infty}^{\sigma + j\infty} F_b(s) e^{st} ds \quad (4.1.5)$$

$F_b(s)$ 称为 $f(t)$ 的双边 Laplace 变换(或象函数),$f(t)$ 称为 $F_b(s)$ 的双边 Laplace 逆变换(或原函数)。可采用双向箭头 $f(t) \leftrightarrow F(s)$ 表示一对双边 Laplace 正反变换关系。

4.1.2 收敛域

从数学观点看,只有选择适当的 σ 值才能使积分式 $\int_{-\infty}^{+\infty} f(t) e^{-\sigma t} dt$ 收敛;从物理定义看,是

将频率 ω 变换为复频率 s,ω 只能描述振荡的重复频率,而 σ 不仅能给出重复频率,还可以表示振荡幅度的增长速率和衰减速率。

定义:根据上述定义,不难发现衰减因子 σ 的取值范围为 $F_b(s)$ 的收敛域,在该收敛域内信号 $f(t)$ 的双边 Laplace 变换存在,即收敛域是适合于 $\lim\limits_{\sigma \to \infty}|f(t)|e^{-\sigma t}=0$ 的所有 σ 值或范围。

[例 4.1.1] 因果信号 $f_1(t)=e^{\alpha t}\varepsilon(t)$,求其双边 Laplace 变换。

解:

$$F_{1b}(s)=\int_{-\infty}^{+\infty}f_1(t)e^{-st}dt=\int_0^{+\infty}e^{\alpha t}e^{-st}dt=\frac{e^{-(s-\alpha)t}}{-(s-\alpha)}\bigg|_0^{\infty}$$

$$=\frac{1}{s-\alpha}[1-\lim_{t\to\infty}e^{-(\sigma-\alpha)t}\cdot e^{-j\omega t}]$$

$$=\begin{cases}\dfrac{1}{s-\alpha},\text{Re}[s]=\sigma>\alpha\\ \text{不定},\sigma=\alpha\\ \text{无界},\sigma<\alpha\end{cases}$$

(4.1.6)

可见,对于因果信号,仅当 $\text{Re}[s]=\sigma>\alpha$ 时,其双边 Laplace 变换存在。根据 α 的数值,将 s 平面划分为区域,其收敛域如图 4.1.1(a)所示,通过 α 的垂直线是收敛轴,其右半面是收敛域。

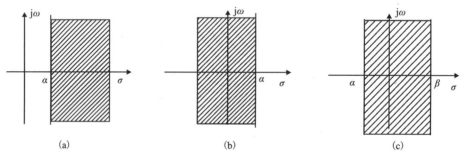

图 4.1.1 s 平面划分出的收敛域

[例 4.1.2] 反因果信号 $f_2(t)=e^{\beta t}\varepsilon(-t)$,求其双边 Laplace 变换。

解:

$$F_{2b}(s)=\int_{-\infty}^{+\infty}f_2(t)e^{-st}dt=\int_{-\infty}^0 e^{\beta t}e^{-st}dt=\frac{e^{-(s-\beta)t}}{-(s-\beta)}\bigg|_{-\infty}^0$$

$$=\frac{1}{-(s-\beta)}[1-\lim_{t\to-\infty}e^{-(\sigma-\beta)t}\cdot e^{-j\omega t}]=\begin{cases}\text{无解},\text{Re}[s]=\sigma>\beta\\ \text{不定},\sigma=\beta\\ \dfrac{1}{-(s-\beta)},\sigma<\beta\end{cases}$$

可见,对于反因果信号,仅当 $\text{Re}[s]=\sigma<\beta$ 时,其 Laplace 变换存在。收敛域如图 4.1.1(b)所示,在收敛轴的左侧。

[例 4.1.3] 双边信号,$f_3(t)=f_1(t)+f_2(t)=\begin{cases}e^{\alpha t},t>0\\ e^{\beta t},t<0\end{cases}$ 求其双边 Laplace 变换。

解：该信号双边 Laplace 变换 $F_b(s) = F_{1b}(s) + F_{2b}(s)$，仅当 $\beta > \alpha$，其收敛域为 $\alpha < \text{Re}[s] = \sigma < \beta$ 的一个带状区域，如图 4.1.1(c) 所示。

[**例 4.1.4**] 求下列信号的双边 Laplace 变换。

$$f_1(t) = e^{-3t}\varepsilon(t) + e^{-2t}\varepsilon(t)$$

$$f_2(t) = -e^{-3t}\varepsilon(-t) - e^{-2t}\varepsilon(-t)$$

$$f_3(t) = e^{-3t}\varepsilon(t) - e^{-2t}\varepsilon(-t)$$

解：

$$f_1(t) \leftrightarrow F_1(s) = \frac{1}{s+3} + \frac{1}{s+2}, \text{Re}[s] = \sigma > -2$$

$$f_2(t) \leftrightarrow F_2(s) = \frac{1}{s+3} + \frac{1}{s+2}, \text{Re}[s] = \sigma < -3$$

$$f_3(t) \leftrightarrow F_3(s) = \frac{1}{s+3} + \frac{1}{s+2}, -3 < \text{Re}[s] < -2$$

可见，象函数相同，但收敛域不同。注：双边 Laplace 变换必须标出收敛域。

4.1.3 单边 Laplace 变换

定义：信号 $f(t)$ 的单边 Laplace 变换的定义为

$$F(s) = \int_{0_+}^{+\infty} f(t) e^{-st} dt \tag{4.1.7}$$

由于单边 Laplace 变换的收敛域一定是 $\text{Re}[s] > \alpha$，故可以省略。由于单边 Laplace 变换的唯一性，大大简化了系统分析问题的难度。

> **注意**：(1) 我们所讨论的单边 Laplace 变换是从 $t=0$ 开始积分的，因此，$t<0$ 区间的函数值与变换结果无关。
>
> (2) 本书主要讨论单边 Laplace 变换，由于单边 Laplace 变换很常用，故一般省略"单边"二字，称 Laplace 变换，也简称为 $f(t)$ 的拉氏变换。

4.1.4 常用的 Laplace 变换

[**例 4.1.5**] 求冲激信号 $\delta(t)$ 的象函数。

解：$\mathcal{L}[\delta(t)] = \int_{0_-}^{\infty} \delta(t) e^{-st} dt = \int_{0_-}^{\infty} \delta(t) dt = 1$

[**例 4.1.6**] 求复指数函数（式中 s_0 为复常数）$f(t) = e^{s_0 t}\varepsilon(t)$ 的象函数。

解：$\mathcal{L}[e^{s_0 t}\varepsilon(t)] = \int_{0_-}^{\infty} e^{s_0 t} e^{-st} dt = \int_{0_-}^{\infty} e^{-(s-s_0)t} dt = \frac{1}{s - s_0}, \text{Re}[s] > \text{Re}[s_0]$

即

$$e^{s_0 t}\varepsilon(t) \leftrightarrow \frac{1}{s - s_0} \tag{4.1.8}$$

若 s_0 为实数,令 $s_0 = \pm \alpha (\alpha > 0)$,得实指数函数的 Laplace 变换为

$$e^{\alpha t}\varepsilon(t) \leftrightarrow \frac{1}{s-\alpha}, \quad \text{Re}[s] > \alpha$$

$$e^{-\alpha t}\varepsilon(t) \leftrightarrow \frac{1}{s+\alpha} \quad \text{Re}[s] > -\alpha$$

若 s_0 为虚数,令 $s_0 = \pm j\beta (\alpha > 0)$,得虚指数函数的 Laplace 变换为

$$e^{j\beta t}\varepsilon(t) \leftrightarrow \frac{1}{s-j\beta}, \quad \text{Re}[s] > 0$$

$$e^{-j\beta t}\varepsilon(t) \leftrightarrow \frac{1}{s+j\beta}, \quad \text{Re}[s] > 0$$

若令 $s_0 = 0$,则单位阶跃函数的象函数为

$$\varepsilon(t) \leftrightarrow \frac{1}{s}, \text{Re}[s] > 0 \tag{4.1.9}$$

[**例 4.1.7**] 求信号 $f(t) = t\varepsilon(t)$ 的象函数 $F(s)$。

$$F(s) = \int_{-\infty}^{\infty} f(t) e^{-st} dt = \int_{0}^{\infty} t e^{-st} dt = -\frac{1}{s} e^{-st} \Big|_{0}^{\infty} + \int_{0}^{\infty} \frac{1}{s} e^{-st} dt$$

$$= -\frac{1}{s} e^{-st} t \Big|_{0}^{\infty} - \frac{1}{s^2} e^{-st} t \Big|_{0}^{\infty}$$

若 $\text{Re}[s] > 0$,则

$$F(s) = \frac{1}{s^2}$$

即

$$t\varepsilon(t) \leftrightarrow \frac{1}{s^2}, \text{Re}[s] > 0 \tag{4.1.10}$$

[**例 4.1.8**] 求单边正弦函数 $\sin(\beta t)\varepsilon(t)$ 和单边余弦函数 $\cos(\beta t)\varepsilon(t)$ 的象函数。

解:由于

$$\sin(\beta t) = \frac{1}{2j}(e^{j\beta t} - e^{-j\beta t})$$

根据线性性质得

$$\mathcal{L}[\sin(\beta t)\varepsilon(t)] = \mathcal{L}\left[\frac{1}{2j}(e^{j\beta t} - e^{-j\beta t})\varepsilon(t)\right]$$

$$= \frac{1}{2j}\mathcal{L}[e^{j\beta t}\varepsilon(t)] - \frac{1}{2j}\mathcal{L}[e^{-j\beta t}\varepsilon(t)]$$

$$= \frac{1}{2j} \cdot \frac{1}{s-j\beta} - \frac{1}{2j} \cdot \frac{1}{s+j\beta} = \frac{\beta}{s^2+\beta^2}, \text{Re}[s] > 0$$

同理可得

$$\mathcal{L}[\cos(\beta t)\varepsilon(t)] = \mathcal{L}\left[\frac{1}{2j}(e^{j\beta t} + e^{-j\beta t})\varepsilon(t)\right] = \frac{s}{s^2+\beta^2}, \text{Re}[s] > 0$$

常见函数的单边 Laplace 变换如表 4.1.1 所示。

表 4.1.1　常用函数单边 Laplace 变换表

$f(t)(t>0)$	$F(s)$
冲激信号 $\delta(t)$	1
阶跃信号 $\varepsilon(t)$	$\dfrac{1}{s}$
$t\varepsilon(t)$	$\dfrac{1}{s^2}$
$t^n\varepsilon(t)$	$\dfrac{n!}{s^{n+1}}$
$e^{s_0 t}\varepsilon(t)$	$\dfrac{1}{s-s_0}$
$\cos(\omega_0 t)$	$\dfrac{s}{s^2+\omega_0^2}$
$\sin(\omega_0 t)$	$\dfrac{\omega_0}{s^2+\omega_0^2}$

4.1.5　Laplace 变换的性质

在实际应用中，常常不用定义式来求解信号的 Laplace 变换，而是利用一些基本性质，可以方便地得出它们的变换式，如表 4.1.2 所示。

表 4.1.2　Laplace 变换的性质列表

运算	$f(t)$	$F(s)$
线性特性	$af_1(t)+bf_2(t)$	$aF_1(s)+bF_2(s)$
尺度特性	$f(at)\ a>0$	$\dfrac{1}{a}F\left(\dfrac{s}{a}\right)$
时移特性	$f(t-t_0)\varepsilon(t-t_0)$ 实数 $t_0>0$	$e^{-st_0}F(s)$
复频移（s 域频移）	$f(t)e^{s_a t}$	$F(s-s_a)$
时域微分	$f'(t)$	$F(s)-f(0_-)$
	$f''(t)$	$s[sF(s)-f(0_-)]-f'(0_-)$
因果信号	$f^{(n)}(t)$	$s^n F(s)$
时域积分	$\left(\int_{0_-}^{t}\right)^n f(x)\mathrm{d}x$	$\dfrac{1}{s^n}F(s)$
s 域微分	$(-t)f(t)$	$\dfrac{\mathrm{d}}{\mathrm{d}s}F(s)$
s 域积分	$\dfrac{f(t)}{t}$	$\int_{s}^{+\infty}F(\eta)\mathrm{d}\eta$
时域卷积定理	$f_1(t)*f_2(t)$	$F_1(s)\cdot F_2(s)$
初值定理	$f(0_+)=\lim_{t\to 0_+}f(t)$	$f(0_+)=\lim_{s\to\infty}sF(s)$
终值定理	$f(\infty)=\lim_{t\to\infty}f(t)$ 存在	$f(\infty)=\lim_{s\to 0}sF(s)$

[**例 4.1.9**] $f_1(t)$、$f_2(t)$ 如图 4.1.2 所示,已知 $f_1(t) \leftrightarrow F_1(s)$,求 $f_2(t) \leftrightarrow F_2(s)$。

解:由线性性质可知
$$f_2(t) = f_1(0.5t) - f_1[0.5(t-2)]$$

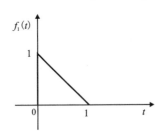 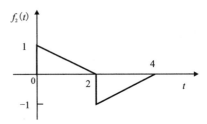

图 4.1.2　例 4.1.9 示意图

由尺度变换特性得到
$$f_1(0.5t) \leftrightarrow 2F_1(2s)$$

结合时移特性
$$f_1[0.5(t-2)] \leftrightarrow 2F_1(2s)e^{-2s}$$

为此有
$$f_2(t) \leftrightarrow 2F_1(2s)(1-e^{-2s})$$

[**例 4.1.10**] 已知因果信号 $f(t)$ 如图 4.1.3(a)所示,求 $F(s)$。

解:对因果信号 $f(t)$ 求导得 $f'(t)$,结果如图 4.1.3(b)所示。

$$\int_{0_-}^{1} f'(x)\mathrm{d}x = f(t) - f(0_-) \tag{4.1.11}$$

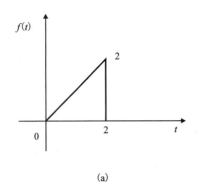 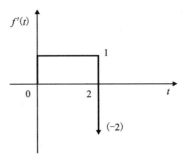

(a)　　　　　　　　　　(b)

图 4.1.3　例 4.1.10 示意图

由于 $f(t)$ 是因果信号,故 $f(0_-) = 0$,因而有
$$f(t) = \int_{0_-}^{1} f'(x)\mathrm{d}x \tag{4.1.12}$$

得到 $f'(t)$ 的拉氏变换
$$f'(t) = \varepsilon(t) - \varepsilon(t-2) - \delta(t-2) \leftrightarrow F_1(s) = \frac{1}{s}(1-e^{-2s}) - e^{-2s} \tag{4.1.13}$$

由积分特性,得

$$F(s) = \frac{F_1(s)}{s} = \frac{1}{s^2}(1-\mathrm{e}^{-2s}) - \frac{1}{s}\mathrm{e}^{-2s} \tag{4.1.14}$$

由该例题可以得到一个结论：若 $f(t)$ 为因果信号，已知其导数的 Laplace 变换对 $f^{(n)} \leftrightarrow F_n(s)$，则原函数的 Laplace 变换对为 $f(t) \leftrightarrow \dfrac{F_n(s)}{s^n}$。该结论与 Laplace 变换的基本性质中关于因果信号的时域微分性质是对应的。

[**例 4.1.11**] 已知 $F(s) = \dfrac{s^2}{s^2+2s+2}$，求初始值 $f(0_+)$ 和终止值 $f(\infty)$。

解：在应用初值定理之前，先要说明一下其应用条件，即函数 $f(t)$ 不含 $\tau(t)$ 及其各阶导数，或 $F(s)$ 为真分式。显然，应将此题的 $F(s)$ 化为真分式

$$F(s) = 1 - \frac{2s+2}{s^2+2s+2} = 1 + F_1(s) \tag{4.1.15}$$

由于信号 1 的反变换是 $\delta(t)$，它在 $t = 0_+$ 为零，所以其初始值是由余因式分式来获得的。则初值定理

$$f(0_+) = \lim_{s \to \infty} sF_1(s) = \lim_{s \to \infty} \frac{-2s^2-2s}{s^2+2s+2} = -2 \tag{4.1.16}$$

由终值定理可知

$$f(\infty) = \lim_{s \to 0} sF(s) = \lim_{s \to 0} \frac{s^3}{s^2+2s+2} = 0 \tag{4.1.17}$$

4.1.6 Laplace 变换与 Fourier 变换的关系

1. 单边 Laplace 变换与 Fourier 变换的关系

要讨论单边 Laplace 变换与 Fourier 变换的关系，$f(t)$ 必须为因果信号。因为当 $t<0$ 时，$f(t) = 0$，此时研究双边变换没有意义，所以只能研究因果信号的 Fourier 变换与其 Laplace 变换的关系。

$$F(s) = \int_0^{+\infty} f(t)\mathrm{e}^{-st}\mathrm{d}t, \mathrm{Re}[s] > \sigma_0 \tag{4.1.18}$$

$$F(\mathrm{j}\omega) = \int_{-\infty}^{+\infty} f(t)\mathrm{e}^{-\mathrm{j}\omega t}\mathrm{d}t \tag{4.1.19}$$

根据收敛坐标 σ_0 的值可以分为以下 3 种情况。

(1) $\sigma_0 < 0$，即 $F(s)$ 的收敛域包含 $\mathrm{j}\omega$ 轴，则 $f(t)$ 的 Fourier 变换存在，并且

$$F(\mathrm{j}\omega) = F(s)|_{s=\mathrm{j}\omega} \tag{4.1.20}$$

如

$$f(t) = \mathrm{e}^{-2t}\varepsilon(t) \leftrightarrow F(s) = \frac{1}{s+2} \sigma > -2$$

则

$$f(t) = \mathrm{e}^{-2t}\varepsilon(t) \leftrightarrow F(\mathrm{j}\omega) = \frac{1}{\mathrm{j}\omega+2}$$

(2) $\sigma_0 = 0$,即 $F(s)$ 的收敛域边界为 $j\omega$ 轴,则 $f(t)$ 的 Fourier 变换为

$$F(j\omega) = \lim_{\sigma \to 0} F(s) \tag{4.1.21}$$

如

$$f(t) = \varepsilon(t) \leftrightarrow F(s) = \frac{1}{s}$$

则

$$F(j\omega) = \lim_{\sigma \to 0} \frac{1}{\sigma + j\omega} = \lim_{\sigma \to 0} \frac{\sigma}{\sigma^2 + \omega^2} + \lim_{\sigma \to 0} \frac{-j\omega}{\sigma^2 + \omega^2} = \pi\delta(\omega) + \frac{1}{j\omega}$$

因此

$$\int_{-\infty}^{+\infty} \frac{\sigma}{\sigma^2 + \omega^2} d\omega = \int_{-\infty}^{+\infty} \frac{1}{1 + \left(\frac{\omega}{\sigma}\right)^2} d\left(\frac{\omega}{\sigma}\right) = \arctan \frac{\omega}{\sigma} \bigg|_{-\infty}^{+\infty} = \pi$$

如果函数 $f(t)$ 的象函数 $F(s)$ 的收敛坐标 $\sigma_0 = 0$,那么它必然在虚轴上不收敛,因此不能直接利用式(4.1.20)求 Fourier 变换。

如果函数 $f(t)$ 的象函数 $F(s)$ 的收敛坐标 $\sigma_0 = 0$,那么它必然在虚轴上有极点,即 $F(s)$ 的分母多项式 $A(s) = 0$ 必有虚根。设 $A(s) = 0$ 有 N 个虚根(单根) $j\omega_1, j\omega_2, \cdots, j\omega_N$,将 $F(s)$ 展开成部分分式,并把它分成两部分,令其中极点在左半开平面的部分为 $F_a(s)$。这样,象函数 $F(s)$ 可以写为

$$F(s) = F_a(s) + \sum_{i=1}^{N} \frac{K_i}{s - j\omega_i} \tag{4.1.22}$$

如令 $\mathcal{L}^{-1}[F_a(s)] = f_a(t)$,则式(4.1.22)的 Laplace 逆变换为

$$f(t) = f_a(t) + \sum_{i=1}^{N} K_i e^{j\omega_i t} \varepsilon(t) \tag{4.1.23}$$

现在求 $f(t)$ 的 Fourier 变换,由于 $F_a(s)$ 的极点均在左半平面,因而它在虚轴上收敛。那么由式(4.1.20)知

$$\mathcal{F}[f_a(t)] = F_a(s)|_{s=j\omega}$$

由于 $e^{j\omega_i t}$ 的 Fourier 变换为 $\pi\delta(\omega - \omega_i) + \frac{1}{j(\omega - \omega_i)}$,所以式(4.1.23)中第二项的 Fourier 变换为

$$\sum_{i=1}^{N} K_i \left[\pi\delta(\omega - \omega_i) + \frac{1}{j\omega - j\omega_i} \right]$$

于是得式(4.1.23)的 Fourier 变换为

$$\mathcal{F}[f(t)] = F_a(s)|_{s=j\omega} + \sum_{i=1}^{N} K_i \left[\pi\delta(\omega - \omega_i) + \frac{1}{j\omega - j\omega_i} \right]$$

$$= F_a(s)|_{s=j\omega} + \sum_{i=1}^{N} \frac{K_i}{j\omega - j\omega_i} + \sum_{i=1}^{N} \pi K_i \delta(\omega - \omega_i)$$

与式(4.1.22)比较可见,上式的两项之和正是 $F(s)|_{s=j\omega}$。于是得,在 $F(s)$ 的收敛坐标 $\sigma_0 = 0$ 的情况下,函数 $f(t)$ 的 Fourier 变换为

$$F(j\omega) = F(s)|_{s=j\omega} + \sum_{i=1}^{N} \pi K_i \delta(\omega - \omega_i) \tag{4.1.24}$$

如果 $F(s)$ 在 $j\omega$ 轴上有多重极点,可用与上面类似的方法处理。譬如,若 $F(s)$ 在 $s=j\omega_1$ 处有 r 重极点,而其余极点均在左半开平面,$F(s)$ 的部分分式展开为

$$F(s) = F_a(s) + \frac{K_{11}}{(s-j\omega_1)^r} + \frac{K_{12}}{(s-j\omega_1)^{r-1}} + \cdots + \frac{K_{1r}}{(s-j\omega_1)}$$

其中 $F_a(s)$ 的极点全在左边开平面,则与 $F(s)$ 相应的 Fourier 变换为

$$F(j\omega) = F(s)|_{s=j\omega} + \frac{\pi K_{11}(j)^{r-1}}{(r-1)!}\delta^{(r-1)}(\omega-\omega_1) + \cdots + \tag{4.1.25}$$

$$\frac{\pi K_{12}(j)^{r-2}}{(r-2)!}\delta^{(r-2)}(\omega-\omega_1) + \cdots + \pi K_{1r}\delta(\omega-\omega_1) \tag{4.1.26}$$

(3) $\sigma_0 > 0$,则 $F(j\omega)$ 不存在。如

$$f(t) = e^{2t}\varepsilon(t) \leftrightarrow F(s) = \frac{1}{s-2}, \sigma > 2 \tag{4.1.27}$$

而 Fourier 变换不存在。

[例 4.1.12] 已知 $\cos(\omega_0 t)\varepsilon(t)$ 的象函数为

$$F(s) = \frac{s}{s^2+\omega_0^2}$$

求其 Fourier 变换。

解:将 $F(s)$ 展开为部分分式,得

$$F(s) = \frac{\frac{1}{2}}{s+j\omega_0} + \frac{\frac{1}{2}}{s-j\omega_0}$$

由式(4.1.24),最终得到 Fourier 变换为

$$F(j\omega) = F(s)|_{s=j\omega} + \sum_{i=1}^{2}\pi K_i\delta(\omega-\omega_i) \tag{4.1.28}$$

$$= \frac{j\omega}{\omega_0^2-\omega^2} + \frac{\pi}{2}[\delta(\omega+\omega_0) + \delta(\omega-\omega_0)] \tag{4.1.29}$$

[例 4.1.13] 已知 $t\varepsilon(t)$ 的象函数为 $F(s) = \frac{1}{s^2}$,求其 Fourier 变换。

解:由式(4.1.25)知,其 Fourier 变换为

$$F(j\omega) = \frac{1}{s^2}\bigg|_{s=j\omega} + j\pi\delta'(\omega) = -\frac{1}{\omega^2} + j\pi\delta'(\omega)$$

2. Fourier 变换与双边 Laplace 变换的关系

双边 Laplace 变换与 Fourier 变换的表达形式相似,其基本差别在于 Fourier 变换将时域函数 $f(t)$ 变换为频域函数 $F(j\omega)$,其中变量 ω 是实数,$j\omega$ 为纯虚数;而双边 Laplace 变换是将时域函数 $f(t)$ 变换为复频域函数 $F(s)$,其中变量 s 复数,可称为"复频域"。

连续时间的复频域是用直角坐标 $s = \sigma + j\omega$ 表示的复平面,简称 s 平面。s 平面上的每一点 s 可对应一个复指数信号 e^{st},因此,s 平面就对应代表了整个复指数信号的集合。Fourier 变换建立了时域和频域之间的联系,而双边 Laplace 变换则建立了时域和复频域之间的联系。显然,从复变量 $s = \sigma + j\omega$ 可知,当实部为零时,就转化为虚部频率,即 Fourier 变换可以看作

Laplace 变换的特例。

4.1.7 Laplace 逆变换

利用 Laplace 变换求解时,最后需要求象函数的原函数,一般采用的方法是部分分式法。

设象函数 $F(s)$ 是 s 的有理真分式,若为假分式,可用多项式除法将 $F(s)$ 分解为有理多项式 $P(s)$ 与有理真分式之和,即

$$F(s) = P(s) + \frac{B(s)}{A(s)} \tag{4.1.30}$$

其中多项式 $P(s)$ 的 Laplace 逆变换为冲激函数及其各阶导数构成。下面主要讨论象函数为有理真分式的情形。

$$F(s) = \frac{B(s)}{A(s)} = \frac{b_m s^m + b_{m-1} s^{m-1} + \cdots + b_0}{s^n + a_{n-1} s^{n-1} + \cdots + a_1 s + b_0}, m < n \tag{4.1.31}$$

定义:$A(s)$ 特征多项式,方程 $A(s) = 0$ 为特征方程根,其根 P_i 称为特征根,也称 $F(s)$ 的极点。

1. 单极点

$$F(s) = \frac{B(s)}{A(s)} = \frac{k_1}{s - P_1} + \frac{k_2}{s - P_2} + \cdots + \frac{k_i}{s - P_i} + \cdots + \frac{k_n}{s - P_n} \tag{4.1.32}$$

其中系数

$$k_i = (s - P_i) F(s) \big|_{s = P_i} \tag{4.1.33}$$

$$\mathcal{L}^{-1} \left[\frac{1}{s - P_i} \right] = e^{P_i t} \varepsilon(t) \tag{4.1.34}$$

[**例 4.1.14**] 求式 $F(s) = \dfrac{s+4}{s^3 + 3s^2 + 2s}$ 的原函数 $f(t)$。

解:象函数的分母多项式 $A(s) = s^3 + 3s^2 + 2s = s(s+1)(s+2)$,方程 $A(s) = 0$ 有 3 个单实根 $s_1 = 0, s_2 = -1, s_3 = -2$,用式(4.1.33)可求得。

$$k_1 = s \frac{s+4}{s(s+1)(s+2)} \bigg|_{s=0} = 2 \tag{4.1.35}$$

$$k_2 = (s+1) \frac{s+4}{s(s+1)(s+2)} \bigg|_{s=-1} = -3 \tag{4.1.36}$$

$$k_3 = (s+2) \frac{s+4}{s(s+1)(s+2)} \bigg|_{s=-2} = 1 \tag{4.1.37}$$

所以

$$F(s) = \frac{s+4}{s(s+1)(s+2)} = \frac{2}{s} - \frac{3}{s+1} + \frac{1}{s+2}$$

取其逆变换,得

$$f(t) = 2 - 3e^{-t} + e^{-2t}, t \geqslant 0$$

或写为

$$f(t) = (2 - 3^{-t} + e^{-2t}) e(t)$$

2. 重极点(重根)

$$F(s) = \frac{B(s)}{A(s)} = \frac{k_{11}}{(s-P_1)^r} + \frac{k_{12}}{(s-P_1)^{r-1}} + \cdots + \frac{k_{1r}}{s-P_1}$$

$$k_{11} = (s-P_1)^r F(s)\big|_{s=P_1}$$
$$k_{12} = \frac{\mathrm{d}}{\mathrm{d}s}(s-P_1)^r F(s)\bigg|_{s=P_1} \tag{4.1.38}$$
$$k_{1r} = \frac{1}{(r-1)!}\frac{\mathrm{d}^{r-1}}{\mathrm{d}s^{r-1}}(s-P_1)^r F(s)\bigg|_{s=P_1}$$

因为

$$\mathcal{L}[t^n \varepsilon(t)] = \frac{n!}{s^{n+1}} \tag{4.1.39}$$

所以

$$\mathcal{L}^{-1}\left[\frac{1}{(s-P_1)^{n+1}}\right] = \frac{1}{n!}\mathrm{e}^{P_1 t} t^n \varepsilon(t) \tag{4.1.40}$$

[**例 4.1.15**] 求象函数 $F(s) = \dfrac{s+3}{(s+1)^3(s+2)}$ 的原函数 $f(t)$。

解： $A(s)=0$ 有三重根 $s_1=s_2=s_3=-1$ 和单根 $s_4=-2$。故 $F(s)$ 可展开为

$$F(s) = \frac{s+3}{(s+1)^3(s+2)} = \frac{K_{11}}{(s+1)^3} + \frac{K_{12}}{(s+1)^2} + \frac{K_{13}}{s+1} + \frac{K_4}{s+2}$$

按式(4.1.38)可以分别求得系数 $K_{1i}(i=1,2,3)$ 和 K_4。

$$K_{11} = [(s+1)^3 F(s)]\big|_{s=-1} = 2$$
$$K_{12} = \frac{\mathrm{d}}{\mathrm{d}s}[(s+1)^3 F(s)]\bigg|_{s=-1} = -1$$
$$K_{13} = \frac{1}{2!}\frac{\mathrm{d}^2}{\mathrm{d}s^2}[(s+1)^3 F(s)]\bigg|_{s=-1} = 1$$
$$K_4 = [(s+2)F(s)]\big|_{s=-2} = -1$$

所以

$$F(s) = \frac{2}{(s+1)^3} - \frac{1}{(s+1)^2} + \frac{1}{s+1} - \frac{1}{s+2}$$

取逆变换,得

$$f(t) = [(t^2 - t + 1)\mathrm{e}^{-t} - \mathrm{e}^{-2t}]\varepsilon(t)$$

如果 $A(s)=0$ 有复重根,可以用类似于复单根的方法导出相应的逆变换关系式。

4.2 离散时间信号的复频域分析

4.2.1 z 变换

对连续信号进行均匀冲激取样后,得到离散信号取样信号,即

$$f_s(t) = f(t)\delta_T(t) = \sum_{k=-\infty}^{+\infty} f(kT)\delta(t-kT) \tag{4.2.1}$$

两边同取 Laplace 变换，得

$$F_b(s) = \sum_{k=-\infty}^{+\infty} f(kT)\,\mathrm{e}^{-kTs} \tag{4.2.2}$$

令 e^{sT} 为 z（复数），则式(4.2.2)变成关于 z 的函数，用 $F(z)$ 表示，$f(kT)$ 用 $f(k)$ 表示，即可得到序列 $f(k)$ 双边 z 变换

$$F(z) = \sum_{k=-\infty}^{+\infty} f(k)\,z^{-k} \tag{4.2.3}$$

和序列 $f(k)$ 单边 z 变换

$$F(z) = \sum_{k=0}^{+\infty} f(k)\,z^{-k} \tag{4.2.4}$$

若 $f(k)$ 为因果序列（即 $k<0$ 时，$f(k)=0$），则单边和双边 z 变换相等，否则不同。今后在不致混淆的情况下，统称它们为 z 变换，表示成

$$F(z) = \mathcal{Z}[f(k)] \tag{4.2.5}$$
$$f(k) = \mathcal{Z}^{-1}[F(z)] \tag{4.2.6}$$

即

$$f(k) \longleftrightarrow F(z)$$

4.2.2 收敛域

当幂级数收敛时，z 变换才存在，即满足绝对可和条件

$$\sum_{k=-\infty}^{+\infty} |f(k)\,z^{-k}| < \infty \tag{4.2.7}$$

它是序列 $f(k)$ 的 z 变换存在的充分条件。

定义：对于序列 $f(k)$，满足 $\sum_{k=0}^{+\infty} |f(k)\,z^{-k}| < \infty$ 所有 z 值组成的集合称为其 z 变换 $F(z)$ 的收敛域。

其收敛域的情况可以分为以下 3 类。

1. 整个 z 平面收敛

[例 4.2.1] 求 $\delta(k)$ 得 z 变换。

解：

$$F(z) = \sum_{k=-\infty}^{+\infty} \delta(k)\,z^{-k} = \sum_{k=0}^{+\infty} \delta(k)\,z^{-k} = \sum_{k=0}^{+\infty} z^0 \delta(k) = 1$$

其单边、双边 z 变换相等，其收敛域为整个 z 平面。

[例 4.2.2] 求有限长序列 $f(k) = \varepsilon(k+1) - \varepsilon(k-2)$ 的双边 z 变换。

解：

$$F(z) = \sum_{k=-\infty}^{+\infty} f(k)\,z^{-k} = \sum_{k=-\infty}^{+\infty} (\varepsilon(k+1) - \varepsilon(k-2))\,z^{-k} = z + 1 + z^{-1}$$

$$|z+1+z^{-1}| < |z|+1+|z^{-1}| < \infty$$

故收敛域为整个平面。

2. 部分 z 平面收敛

[**例 4.2.3**] 求因果序列

$$f(k) = a^k \varepsilon(k) = \begin{cases} 0, k < 0 \\ a^k, k \geqslant 0 \end{cases}$$

的 z 变换（式中 a 为常数）

解：

$$F(z) = \sum_{k=-\infty}^{+\infty} f(k) z^{-k} = \sum_{k=0}^{+\infty} a^k \varepsilon(k) z^{-k} = \sum_{k=0}^{+\infty} a^k z^{-k} = \sum_{k=0}^{+\infty} \left(\frac{a}{z}\right)^k$$

$$= \lim_{N \to \infty} \frac{1-\left(\frac{a}{z}\right)^{N+1}}{1-\frac{a}{z}} = \frac{1}{1-\frac{a}{z}} = \frac{z}{z-a}$$

$\left(\left|\dfrac{a}{z}\right| < 1\right)$ 即 $|z| > |a|$ 其 z 变换存在

$$f(k) = a^k \varepsilon(k) \longleftrightarrow \frac{z}{z-a} (|z| > |a|)$$

因此,因果序列的收敛域在此圆外（图 4.2.1）。

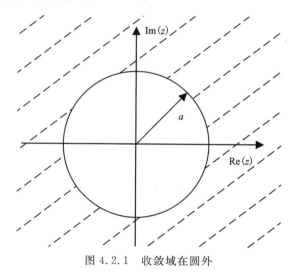

图 4.2.1 收敛域在圆外

[**例 4.2.4**] 求反因果序列

$$f(k) = \begin{cases} b^k, k < 0 \\ 0, k \geqslant 0 \end{cases} = b^k \varepsilon(-k-1)$$

的 z 变换。

解：

$$F(z) = \sum_{k=-\infty}^{+\infty} f(k) z^{-k} = \sum_{k=-\infty}^{-1} b^k z^{-k} = \sum_{k=-\infty}^{-1} \left(\frac{b}{z}\right)^k$$

令 $u = -k$，则

$$\sum_{u=1}^{+\infty} \left(\left(\frac{b}{z}\right)^{-1}\right)^u = \sum_{u=1}^{+\infty} \left(\frac{z}{b}\right)^u = \frac{\frac{z}{b}}{1-\frac{z}{b}} = \frac{z}{b-z} = -\frac{z}{z-b} \quad (|z| < |b|)$$

因此，反因果信号的收敛域在此圆内（图4.2.2）。

[例4.2.5] 求双边序列

$$f(k) = \begin{cases} b^k, & k < 0 \\ a^k, & k \geqslant 0 \end{cases}$$

且 $|a| < |b|$ 的双边 z 变换。

解：

$$F(z) = \sum_{k=-\infty}^{+\infty} f(k) z^{-k} = \sum_{k=0}^{+\infty} a^k z^{-k} + \sum_{k=-\infty}^{-1} b^k z^{-k} = \frac{z}{z-a} + \frac{-z}{z-b}$$

收敛域为 $|a| < |z| < |b|$，因此，双边序列的收敛域是圆环（图4.2.3）。

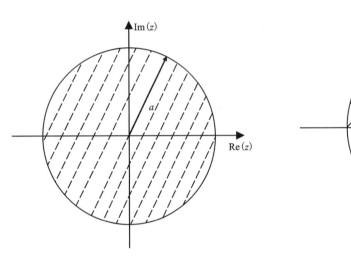

图4.2.2 收敛域在圆内

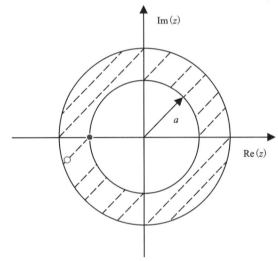

图4.2.3 收敛域是圆环

3. 整个 z 平面不收敛

[例4.2.6] 求双边序列

$$f(k) = \begin{cases} b^k, & k \geqslant 0 \\ a^k, & k < 0 \end{cases}$$

且 $|a| < |b|$ 的双边 z 变换。

解：

$$F(z) = \sum_{k=-\infty}^{+\infty} f(k) z^{-k} = \sum_{k=0}^{+\infty} b^k z^{-k} + \sum_{k=-\infty}^{-1} a^k z^{-k} = \frac{z}{z-b} + \frac{-z}{z-a}$$

收敛域为 $|b| < |z| < |a|$，与 $|a| < |b|$ 条件不符，因此整个 z 平面均不收敛。

例如：

$$f_1(k) = 2^k \varepsilon(k) \leftarrow F_1(z) = \frac{z}{z-2}, |z| > 2$$

$$f_2(k) = -2^k \varepsilon(-k-1) \leftarrow F_2(z) = \frac{z}{z-2}, |z| < 2$$

如表 4.2.1 所示,注意到:

(1)对于因果序列,若 z 变换存在,则单、双边变换象函数相同,收敛域也相同,均为圆外。

(2)对于反因果序列,它的双边 z 变换可能存在,其收敛域为圆内,而任何反因果序列的单边 z 变换均为零,无研究意义。

(3)对于双边序列,它的单、双边 z 变换均存在时,它的单、双边 z 变换的象函数不相等,收敛域也不同,双边 z 变换的收敛域为环状收敛域,而单边 z 变换的收敛域为圆外。存在双边 z 变换的双边序列也一定存在单边 z 变换,而存在单边 z 变换的双边序列却不一定存在双边 z 变换。

(4)单边 z 变换的收敛域只是双边 z 变换的一种特殊情况,而单边 z 变换的象函数与时域序列 $f(k)$ 总是一一对应的,所以在以后各节问题讨论中经常不标注单边 z 变换的收敛域。即双边 $F(z)$ + 收敛域 $\longleftrightarrow f(k)$,而单边 $\longleftrightarrow f(k)$。常用的 z 变换如表 4.2.2 所示。

表 4.2.1 离散信号双边变换收敛域特性

序列特性	收敛域特性
有限长序列	整个 z 平面
因果序列	某个圆外区域
序列	某个圆外区域
双边序列	(若存在)环状区域

表 4.2.2 典型序列的 z 变换

$f(k)$	$F(z)$	收敛域
$\delta(k)$	1	整个 z 平面
$\varepsilon(k)(a^k \varepsilon(k), a=1)$	$\dfrac{z}{z-1}$	$|z| > 1$
$\varepsilon(-k-1)(b^k \varepsilon(-k-1), b=1)$	$\dfrac{-z}{z-1}$	$|z| < 1$

4.2.3 z 变换的性质

(1)线性特性:
$$af_1(k) + bf_2(k) \longleftrightarrow aF_1(z) + bF_2(z) \quad (4.2.8)$$

(2)移位特性:双边 z 变换的移位,若 $f(k) \longleftrightarrow F(z), \alpha < |z| < \beta$,且对整数 $m > 0$,则
$$f(k \pm m) \leftarrow z^{\pm m} F(z) \quad (4.2.9)$$

单边 z 变换的移位:若 $f(k) \longleftrightarrow F(z)$, $|z|>\alpha$,且对整数 $m>0$,则

$$f(k-m) \longleftrightarrow z^{-m}F(z) + \sum_{k=0}^{m-1} f(k-m) z^{-k}, |z|>\alpha \qquad (4.2.10)$$

$$f(k+m) \longleftrightarrow z^{m}F(z) - \sum_{k=0}^{m-1} f(k) z^{m-k}, |z|>\alpha \qquad (4.2.11)$$

证明:

$$\mathcal{L}[f(k-m)] = \sum_{k=0}^{+\infty} f(k-m) z^{-k} = \sum_{k=0}^{m-1} f(k-m) z^{-k} + \sum_{k=m}^{+\infty} f(k-m) z^{-(k-m)} \cdot z^{-m}$$

令 $k-m=n$,则上式可写为

$$\mathcal{L}[f(k-m)] = \sum_{k=0}^{m-1} f(k-m) z^{-k} + z^{-m}F(z)$$

同理

$$\mathcal{L}[f(k+m)] = \sum_{k=0}^{+\infty} f(k+m) z^{-k} = \sum_{k=0}^{+\infty} f(k+m) z^{-(k+m)} \cdot z^{m}$$

令 $k+m=n$,则上式可写为

$$\mathcal{L}[f(k+m)] = z^{m} \sum_{n=m}^{+\infty} f(n) z^{-n} = z^{m} \left[\sum_{n=0}^{+\infty} f(n) z^{-n} - \sum_{n=0}^{m-1} f(n) z^{-n} \right]$$

$$= z^{m}F(z) - \sum_{n=0}^{m-1} f(n) z^{m-n} \qquad (4.2.12)$$

如图 4.2.4 所示序列,双边 z 变换的移位和单位 z 变换的移位结果完全不同。

若序列 $f(k)$ 如图 4.2.5 所示,则其单边 z 变换与双边 z 变换的移位结果一致,即考虑 0、1、2、3 这些点处的值即可。

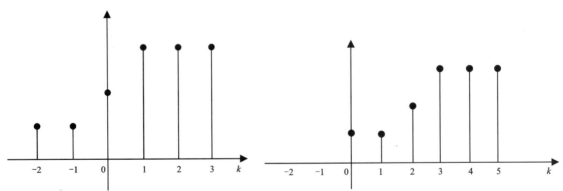

图 4.2.4 序列 z 变换的移位示例　　　　图 4.2.5 序列 z 变换的移位示例

（双边 z 变换与单边 z 变换不一致的情况）　（双边 z 变换与单边 z 变换一致的情况）

（假设 $m=2$）平移之后,则单边 z 变换计算时的序列所包含的点数更多。这里 $f(k)$ 对应的 z 变换是右端 0、1、2、3 这些点所对应的 z 变换。平移后这些点对应的 z 变换为 $z^{-m}F(z)$ 而少了一些点处的变换值应该加上。

(3) 序列乘 a^k (z 域尺度变换):
$$a^k f(k) \longleftrightarrow F\left(\frac{z}{a}\right) \tag{4.2.13}$$

(4) 时域卷积:
$$f_1(k) * f_2(k) \longleftrightarrow F_1(z) \cdot F_2(z) \tag{4.2.14}$$

(5) 序列乘 k:
$$k f(k) \longleftrightarrow (-z) \frac{\mathrm{d}}{\mathrm{d}z} F(z) \tag{4.2.15}$$

(6) k 域反转:
$$f(-k) \longleftrightarrow F(z^{-1}) \tag{4.2.16}$$

(7) 部分和:
$$\sum_{i=-\infty}^{k} f(i) = f(k) * \varepsilon(k) \longleftrightarrow \frac{z}{z-1} F(z) \tag{4.2.17}$$

[例 4.2.7] 已知 $f(k) = 3^k [\varepsilon(k+1) - \varepsilon(k-2)]$,求其双边 z 变换及收敛域。

解:方法一

$$\frac{1}{3} \cdot 3^{k+1} \varepsilon(k+1) = \frac{1}{3} \cdot 3^k \varepsilon(k) * \delta(k+1) \longleftrightarrow \frac{1}{3} \cdot \frac{z}{z-3} \cdot z = \frac{z^2}{3(z-3)}, |z| > 3$$

$$3^k \varepsilon(k-2) = 9 \cdot 3^{k-2} \varepsilon(k-2) = 9 \cdot 3^k \varepsilon(k) * \delta(k-2)$$

$$\longleftrightarrow 9 \cdot \frac{z}{z-3} \cdot z^{-2} = \frac{9}{z(z-3)}, |z| > 3$$

$$f(k) = \frac{z^2}{3(z-3)} + \frac{9}{z(z-3)} = \frac{z^3 - 27}{3z(z-3)}$$

方法二 尝试用移序特性

$$3^k \varepsilon(k+1) = \frac{1}{3} \cdot 3^{k+1} \varepsilon(k+1) \longleftrightarrow \frac{1}{3} \cdot \frac{z}{z-3} \cdot z - \sum_{k=0}^{0} f(k) z^{1-k} = \frac{1}{3} \frac{z^2}{z-3}$$

$$3^k \varepsilon(k-2) = 3^2 \cdot 3^{k-2} \varepsilon(k-2) \longleftrightarrow 9 \cdot \frac{z}{z-3} \cdot z^{-2} + \sum_{k=0}^{1} f(k-2) z^{-k} = 9 \frac{z^{-1}}{z-3}$$

方法三 z 域尺度变换特性

$$\varepsilon(k+1) - \varepsilon(k-2) \longleftrightarrow z \cdot \frac{z}{z-1} - z^{-2} \cdot \frac{z}{z-1}, 1 < |z| < \infty$$

$$3^k [\varepsilon(k+1) - \varepsilon(k-2)] \longleftrightarrow \frac{\frac{z}{3} \cdot \frac{z}{3}}{\frac{z}{3} - 1} - \frac{\left(\frac{z}{3}\right)^{-1}}{\frac{z}{3} - 1} = \frac{z^2}{3(z-3)} + \frac{9}{z(z-3)} = \frac{z^3 - 27}{3z(z-3)}$$

4.2.4 逆 z 变换

根据复变函数理论中的柯西公式可以导出逆 z 变换的公式,即

$$f(k) = \frac{1}{2\pi \mathrm{j}} \oint_c F(z) z^{k-1} \mathrm{d}z, -\infty < k < +\infty \tag{4.2.18}$$

该式称为 $F(z)$ 的双边逆 z 变换。但是该式的积分是复变函数的积分,计算复杂,所以需要采用其他方法求出原函数。

1. 幂级数展开法

一般而言,双边序列 $f(k)$ 可分为因果序列 $f_1(k)$ 和反因果序列 $f_2(k)$ 两部分,即
$$f(k) = f_2(k) + f_1(k) = f(k)\varepsilon(-k-1) + f(k)\varepsilon(k) \tag{4.2.19}$$
式(4.2.19)中因果序列和反因果序列分别为 $f_1(k)=f(k)\varepsilon(k)$,$f_2(k)=f(k)\varepsilon(-k-1)$。相应地,其 z 变换也分为两部分 $F(z)=F_2(z)+F_1(z)$,$\beta>|z|>\alpha$。

其中
$$F_1(z) = \mathcal{Z}[f(k)\varepsilon(k)] = \sum_{k=0}^{+\infty} f(k) z^{-k}, |z|>\alpha$$
$$F_2(z) = \mathcal{Z}[f(k)\varepsilon(-k-1)] = \sum_{k=-\infty}^{-1} f(k) z^{-k}, |z|<\beta$$

当已知象函数 $F(z)$ 时,根据给定的收敛域不难由 $F(z)$ 求得 $F_1(z)$ 和 $F_2(z)$,并分别求得它们所对应的原序列 $f_1(k)$ 和 $f_2(k)$,然后按线性性质,将二者相加就得到 $F(z)$ 所对应的原序列 $f(k)$。若 $f(k)$ 为因果序列,则 $F(z)$ 为 z^{-1} 的幂级数,即
$$F(z) = \sum_{k=0}^{\infty} f(k) z^{-k} = f(0) + f(1) z^{-1} + f(2) z^{-2} + f(3) z^{-3} + \cdots, |z|>\alpha$$
若 $f(k)$ 为反因果序列,则 $F(z)$ 为 z 的幂级数,即
$$F(z) = \sum_{k=-\infty}^{-1} f(k) z^{-k} = \cdots f(-3) z^3 + f(-2) z^2 + f(-1) z, |z|<\beta$$

[例 4.2.8] 已知象函数 $F(z) = \dfrac{z^2}{(z+1)(z-2)} = \dfrac{z^2}{z^2-z-2}$,其收敛域分别为 $|z|>2$,$|z|<1$,$1<|z|<2$,求其对应的原序列 $f(k)$。

解:(1)由于收敛域在圆外,故 $f(k)$ 为因果序列,如图 4.2.6 所示用长除法将 $F(z)$ 展开成 z^{-1} 的幂级数(将分子、分母按 z 降幂排列),即
$$F(z) = \frac{z^2}{z^2-z-2} = 1 + z^{-1} + 3 z^{-2} + 5 z^{-3} + \cdots$$
于是得 $f(k) = \{\underline{1},1,3,5,\cdots\}$。

(2)由于收敛域在圆内,故 $f(k)$ 为反因果序列,如图 4.2.7 所示用长除法将 $F(z)$ 展开为 z 的幂级数(其分子、分母按 z 的升幂排列),即
$$F(z) = \frac{z^2}{z^2-z-2} = -\frac{1}{2} z^2 + \frac{1}{4} z^3 - \frac{3}{8} z^4 + \frac{5}{16} z^5 + \cdots$$
于是 $f(k) = \left\{\cdots, \dfrac{5}{16}, -\dfrac{3}{8}, \dfrac{1}{4}, -\dfrac{1}{2}, \underline{0}\right\}$。

(3) $F(z)$ 的收敛域为环形区域 $1<|z|<2$,且
$$F(z) = \frac{z^2}{(z+1)(z-2)} = \frac{\frac{1}{3}z}{z+1} + \frac{\frac{2}{3}z}{z-2}$$

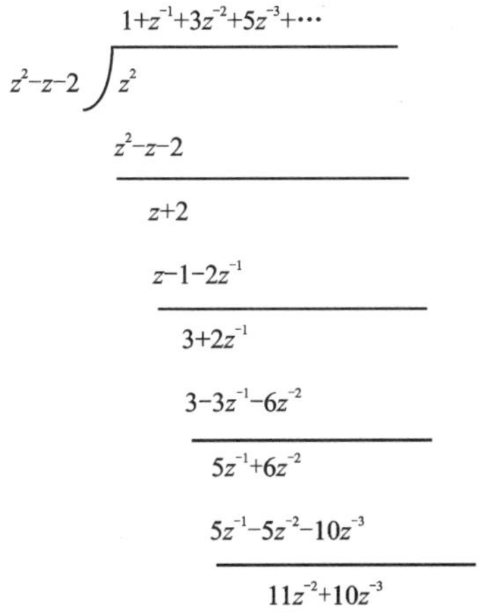

```
            1+z⁻¹+3z⁻²+5z⁻³+⋯
z²-z-2 ) z²
           z²-z-2
           ─────
           z+2
           z-1-2z⁻¹
           ────────
           3+2z⁻¹
           3-3z⁻¹-6z⁻²
           ──────────
           5z⁻¹+6z⁻²
           5z⁻¹-5z⁻²-10z⁻³
           ───────────
           11z⁻²+10z⁻³
```

图 4.2.6 例 4.2.8 分子分母按 z 的降幂排列后长除法

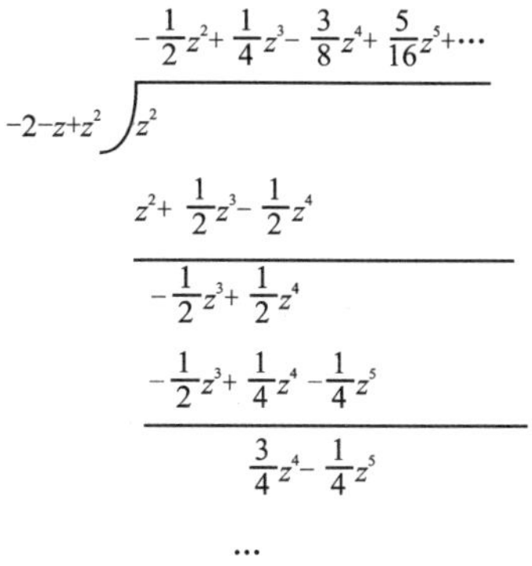

```
              -½z²+¼z³-3/8 z⁴+5/16 z⁵+⋯
-2-z+z² ) z²
             z²+½z³-½z⁴
             ─────────
             -½z³+½z⁴
             -½z³+¼z⁴-¼z⁵
             ────────────
             ¾z⁴-¼z⁵
             ⋯
```

图 4.2.7 例 4.2.8 分子分母按 z 的升幂排列后长除法

上式第一项是因果序列的象函数

$$F_1(z) = \frac{\frac{1}{3}z}{z+1}, |z|>1$$

第二项是反因果序列的象函数

$$F_2(z) = \frac{\frac{2}{3}z}{z-2}, |z|<2$$

$$F_1(z) = \frac{1}{3} - \frac{1}{3}z^{-1} + \frac{1}{3}z^{-2} - \frac{1}{3}z^{-3}\cdots$$

$$F_2(z) = -\frac{1}{3}z - \frac{1}{6}z^2 - \frac{1}{12}z^3 - \frac{1}{24}z^4\cdots$$

$$f(k) = \left\{\cdots, -\frac{1}{24}, -\frac{1}{12}, -\frac{1}{6}, -\frac{1}{3}, \underset{\ }{\frac{1}{3}}, -\frac{1}{3}, \frac{1}{3}, -\frac{1}{3}, \cdots\right\}$$

用幂级数展开的方法十分直观,但是通常难以求出闭合形式的解,序列通项难以给出。

2. 部分分式展开法

和 Laplace 逆变换一样,也可以通过部分分式展开来计算逆 z 变换。但由于常用指数函数 $a^k\varepsilon(k) \leftrightarrow \frac{z}{z-a}$,因此一般先把 $\frac{F(z)}{z}$ 展开成部分分式,得到基本形式后再求逆 z 变换。

1) $\frac{F(z)}{z}$ 的极点为一阶极点

$$\frac{F(z)}{z} = \frac{k_0}{z} + \frac{k_1}{z-z_1} + \cdots + \frac{k_n}{z-z_n}$$

其中

$$k_i = (z-z_i)\frac{F(z)}{z}\bigg|_{z=z_i}$$

故
$$F(z) = k_0 + \sum_{i=1}^{n} k_i \frac{z}{z - z_i}$$

根据常用序列 z 变换即可求得。

[例 4.2.9] 已知象函数 $F(z) = \dfrac{z^2}{(z+1)(z-2)}$，其收敛域分别为 $|z|>2$，$|z|<1$，$1<|z|<2$，求其逆 z 变换。

解：
$$\frac{F(z)}{z} = \frac{z}{(z+1)(z-2)} = \frac{k_1}{z+1} + \frac{k_2}{z-2}$$

$$k_1 = (z+1) \cdot \frac{F(z)}{z} = \frac{z}{z-2}\bigg|_{z=-1} = \frac{1}{3}$$

$$k_2 = (z-2) \cdot \frac{F(z)}{z} = \frac{z}{z+1}\bigg|_{z=2} = \frac{2}{3}$$

$$\frac{F(z)}{z} = \frac{\frac{1}{3}}{z+1} + \frac{\frac{2}{3}}{z-2}$$

$$F(z) = \frac{1}{3}\frac{z}{z+1} + \frac{2}{3}\frac{z}{z-2}$$

(1) $|z|>2$ 因果序列 $f(k) = \left[\dfrac{1}{3}(-1)^k + \dfrac{2}{3}(2)^k\right]\varepsilon(k)$。

(2) $|z|<1$ 反因果序列 $f(k) = -\dfrac{1}{3}(-1)^k\varepsilon(-k-1) - \dfrac{2}{3}2^k\varepsilon(-k-1)$。

(3) $1<|z|<2$ 双边序列 $f(k) = \dfrac{1}{3}(-1)^k\varepsilon(k) - \dfrac{2}{3}2^k\varepsilon(-k-1)$。

2) $\dfrac{F(z)}{z}$ 的极点为重极点

假定 $\dfrac{F(z)}{z}$ 在 $z=a$ 处存在一个 r 阶极点，则将其表示为

$$F(z) = F_a(z) + F_b(z) = \frac{k_{11}z}{(z-a)^r} + \frac{k_{12}z}{(z-a)^{r-1}} + \cdots + \frac{k_{1r}Z}{(z-a)} + F_b(z)$$

$$k_{1i} = \frac{1}{(i-1)!}\frac{d^{i-1}}{dz^{i-1}}\left[(z-a)^r \cdot \frac{F(z)}{z}\right]\bigg|_{z=a}$$

即说明 $F(z)$ 展开式中含 $\dfrac{z}{(z-a)^r}(r>1)$ 项，则逆变换如下。

若 $|z|>a$，对应原序列为因果序列

$$\frac{k(k-1)\cdots(k-r+2)}{(r-1)!}a^{k-r+1}\varepsilon(k)$$

$$a^k\varepsilon(k) \longleftrightarrow \frac{z}{z-a}$$

$$ka^{k-1}\varepsilon(k) \longleftrightarrow \frac{z}{(z-a)^2}$$

$$k(k-1)a^{k-2}\varepsilon(k) \longleftrightarrow \frac{2z}{(z-a)^3}$$

[例 4.2.10] 已知象函数 $F(z) = \dfrac{z^3+z^2}{(z-1)^3}$，$|z|>1$，求原函数 $f(k)$。

解：

$$\frac{F(z)}{z} = \frac{z^2+z}{(z-1)^3} = \frac{A_1}{(z-1)^3} + \frac{A_2}{(z-1)^2} + \frac{A_3}{(z-1)}$$

$$A_1 = (z-1)^3 \cdot \left.\frac{F(z)}{z}\right|_{z=1} = 2$$

$$A_2 = \left[(z-1)^3 \cdot \frac{F(z)}{z}\right]'\bigg|_{z=1} = 3$$

$$A_3 = \frac{1}{2}\left[(z-1)^3 \cdot \frac{F(z)}{z}\right]''\bigg|_{z=1} = 1$$

$$F(z) = \frac{2z}{(z-1)^3} + \frac{3z}{(z-1)^2} + \frac{z}{(z-1)} \longleftrightarrow f(k) = (k+1)^2 \varepsilon(k)$$

4.3 习题

一、自测题（单选题，每题 5 分）

(1) 已知 $F(s) = \dfrac{1}{s+2} - \dfrac{1}{s+3}$ 为 $f(t)$ 的双边 Laplace 变换，收敛域不可能是（　　）。

A. $\sigma > -2$ 　　B. $\sigma < -3$ 　　C. $-3 < \sigma < -2$ 　　D. $\sigma < -2$

(2) 已知因果信号 $f(t)$ 的象函数 $F(s) = \dfrac{s}{s^2+1}$，则 $f(3t)$ 的象函数为（　　）。

A. $\dfrac{3s}{9s^2+1}$ 　　B. $\dfrac{9s}{9s^2+1}$ 　　C. $\dfrac{3s}{s^2+9}$ 　　D. $\dfrac{s}{s^2+9}$

(3) 单边 Laplace 变换 $F(s) = \dfrac{2s+1}{s^2} \mathrm{e}^{-2s}$ 的原函数等于（　　）。

A. $t\varepsilon(t)$ 　　B. $(t-2)\varepsilon(t)$ 　　C. $t\varepsilon(t-2)$ 　　D. $(t-2)\varepsilon(t-2)$

(4) 信号 $f(t) = \mathrm{e}^{-2t}\varepsilon(t)$ 的 Laplace 变换及收敛域为（　　）。

A. $\dfrac{1}{s-2}$，$\mathrm{Re}\{s\} > 2$ 　　　　　　　　B. $\dfrac{1}{s+2}$，$\mathrm{Re}\{s\} < -2$

C. $\dfrac{1}{s-2}$，$\mathrm{Re}\{s\} < 2$ 　　　　　　　　D. $\dfrac{1}{s+2}$，$\mathrm{Re}\{s\} > -2$

(5) 已知 $f(k)$ 的 z 变换 $F(z) = \dfrac{1}{(z+0.5)(z+2)}$，$F(z)$ 的收敛域为（　　）时，$f(k)$ 是因果序列。

A. $|z| > \dfrac{1}{2}$ 　　B. $|z| < \dfrac{1}{2}$ 　　C. $|z| > 2$ 　　D. $\dfrac{1}{2} < |z| < 2$

(6) 象函数 $F(z) = \dfrac{z}{(z-1)(z-3)(z+4)}$ 的收敛域不可能是（　　）。

A. $|z|<1$ B. $1<|z|<4$ C. $|z|>4$ D. $3<|z|<4$

(7) z 变换 $F(z)=\dfrac{1}{z-1}$，$|z|>1$ 的原函数为(　　)。

A. $\varepsilon(k)$ B. $\varepsilon(k-1)$ C. $k\varepsilon(k)$ D. $(k-1)\varepsilon(k-1)$

(8) 序列 $x(k)=\dfrac{z}{2z-1}$ 的 z 变换为(　　)。

A. $\dfrac{z^{-1}}{2z-1}$ B. $\dfrac{z-1}{2z-1}$ C. $\dfrac{2z}{2z+1}$ D. $\dfrac{2z}{2z-1}$

(9) 已知 $a^k\varepsilon(k)\longleftrightarrow\dfrac{z}{z-a}$，$k\varepsilon(k)\longleftrightarrow\dfrac{z}{(z-1)^2}$，根据 z 变换的性质，序列 $k(k-1)\varepsilon(k-1)$ 的 z 变换为(　　)。

A. $-\dfrac{2}{(z-1)^3}$，$|z|>1$ B. $\dfrac{2}{(z-1)^3}$，$|z|>1$

C. $-\dfrac{2z}{(z-1)^3}$，$|z|>1$ D. $\dfrac{2z}{(z-1)^3}$，$|z|>1$

二、作业题

1. 求下列函数的单边 Laplace 变换。

(1) $1-e^{-at}$；

(2) $\sin t+2\cos t$；

(3) $t\,e^{-2t}$；

(4) $e^{-t}\sin(2t)$；

(5) $[1-\cos(\alpha t)]e^{\beta t}$；

(6) $2\delta(t)-3\,e^{-7t}$；

(7) $t\,e^{-(t-2)}u(t-1)$。

2. 求下列函数的单边 Laplace 变换，注意阶跃函数的跳变时间。

(1) $f(t)=e^{-t}u(t-2)$；

(2) $f(t)=e^{-(t-2)}u(t-2)$；

(3) $f(t)=e^{-(t-2)}u(t)$。

3. 求下列函数的 Laplace 逆变换。

(1) $\dfrac{1}{s+1}$；

(2) $\dfrac{4}{s(2s+3)}$；

(3) $\dfrac{1}{s(s^2+5)}$；

(4) $\dfrac{1}{s^2+1}+1$；

(5) $\dfrac{(s+3)}{(s+1)^3(s+2)}$；

(6) $\dfrac{e^{-s}}{4s(s^2+1)}$。

4. 求如图 4.3.1 所示的各信号的 Laplace 变换，并注明收敛域。

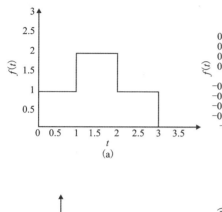
(a)
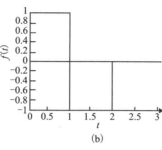
(b)
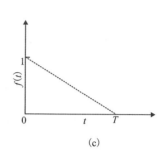
(c)

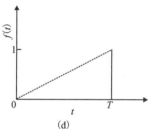
(d)
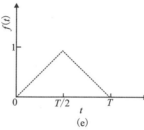
(e)
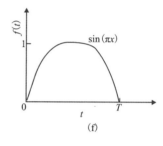
(f)

图 4.3.1 习题 4 示意图

5. 如已知因果函数 $f(t)$ 的象函数 $F(s)=\dfrac{1}{s^2-s+1}$，求下列函数 $y(t)$ 的象函数 $Y(s)$。

(1) $e^{-t}f\left(\dfrac{t}{2}\right)$；

(2) $e^{-3t}f(2t-1)$；

(3) $t\,e^{-2t}f(3t)$；

(4) $tf(2t-1)$。

6. 求下列序列的 z 变换。

$$x[n]=\begin{cases}\left(\dfrac{1}{3}\right)^n, & n\geqslant 0 \\ 2^n, & n\leqslant -1\end{cases} \quad (4.3.1)$$

7. 求下列序列的双边 z 变换，并注明收敛域。

(1) $f(k)=f(x)=\begin{cases}\left(\dfrac{1}{2}\right)^k, & k<0 \\ 0, & 2\geqslant 0\end{cases}$；

(2) $f(k)=\left(\dfrac{1}{2}\right)^{|k|}$，$k=0,\pm 1$。

8. 利用 z 变换的性质求下列序列的 z 变换。

(1) $\dfrac{a^k}{k+1}\varepsilon(k)$；

(2) $\sum_{i=0}^{k}(-1)^i$。

9. 因果序列的 z 变换如下,能否应用终值定理,若能,求出 $\lim_{k\to\infty}f(k)$。

(1) $F(z)=\dfrac{z^2+2z+1}{(z-1)\left(z+\dfrac{1}{2}\right)}$;

(2) $F(z)=\dfrac{z^2}{(z-1)(z-2)}$。

10. 求下列象函数的 z 逆变换。

(1) $F(z)=\dfrac{1}{1-0.5z^{-1}}$,$|z|>0.5$;

(2) $F(z)=\dfrac{3z+1}{z+\dfrac{1}{2}}$,$|z|>0.5$。

11. 直接从下列 z 变换写出它们所对应的时间序列。

(1) $X(z)=-2z^{-2}+2z+1(0<|z|<+\infty)$;

(2) $X(z)=\dfrac{1}{1-az^{-1}}(|z|>a)$。

12. 求下列 $X(z)$ 的逆变换 $x(n)$。

(1) $X(z)=\dfrac{1-0.5z^{-1}}{1+\dfrac{3}{4}z^{-1}+\dfrac{1}{8}z^{-2}}\left(|z|>\dfrac{1}{2}\right)$;

(2) $X(z)=\dfrac{z^{-1}}{(1-6z^{-1})^2}(|z|>6)$;

(3) $X(z)=\dfrac{z^{-2}}{1+z^{-2}}(|z|>1)$。

13. 利用卷积定理计算 $f(k)=a^k\varepsilon(k),h(k)=\delta(k-2)$。

4.4 实操环节

本章常用的 MATLAB 函数如下。

1. laplace

功能:laplace 变换。

调用格式:$L=$laplace(f) 或 $L=$laplace(f,s) 或 $L=$laplace(f,t,s)。

其中,L 为 laplace 变换之后的函数(默认为 $L(s)$);f 为原信号(默认为 $f(t)$);s 可以表示 laplace 变换之后的变量(即变换之后的函数为 $L(s)$),t 表示原信号变量(即原信号为 $f(t)$)。

2. ilaplace

功能:laplace 逆变换。

调用格式：$f=$ ilaplace(L) 或 $f=$ ilaplace(L,t) 或 $f=$ ilaplace(L,s,t)

其中，f 为 laplace 逆变换的信号（默认为 $f(t)$）；L 为原函数（默认为 $L(s)$）；t 表示 laplace 逆变换之后的变量（即为 $f(t)$），s 表示和函数 L 的变量。

3. ztrans

功能：z 变换。

调用格式：$X=$ ztrans(x) 或 $X=$ ztrans(x,w) 或 $X=$ iztrans(x,k,w)。

其中，X 表示 z 变换之后的函数（默认为 $X(z)$）；x 表示原信号序列（默认形式为 $x(n)$）；w 表示 z 变换之后的变量（即为 $X(w)$）；k 表示原序列变量（即原序列为 $x(k)$）。

4. iztrans

功能：逆 z 变换。

调用格式：$x=$ iztrans(X) 或 $x=$ iztrans(X,k) 或 $x=$ iztrans(X,w,k)

其中，x 为对 X 进行逆 z 变换后的序列（默认为 $x(n)$）；X 为原函数（默认为 $X(z)$）；k 表示逆 z 变换之后函数 x 的变量（即为 $x(k)$）；w 可以表示函数 X 的变量（即为 $X(w)$）。

5. residue

功能：laplace 变换的部分分式展开函数。

调用格式：$[r,p,k]=$ residue$(\boldsymbol{b},\boldsymbol{a})$。

其中，$\boldsymbol{b}$、$\boldsymbol{a}$ 分别为函数

$$F(s)=\frac{\boldsymbol{b}(s)}{\boldsymbol{a}(s)}=\frac{b_1\ s^m+b_2\ s^{m-1}+b_3\ s^{m-2}+\cdots+b_{m+1}}{a_1\ s^n+a_2\ s^{n-1}+a_3\ s^{n-2}+\cdots+a_{n+1}}$$

的分子、分母多项式系数向量 $[b_1,b_2,\cdots,b_{m+1}]$、$[a_1,a_2,\cdots,a_{n+1}]$；r 为部分分式的系数；p 为极点；k 为多项式的系数（若 $F(s)$，则 k 为空）。

6. residuez

功能：z 变换的部分分式展开函数。

调用格式：$[r,p,k]=$ residuez$(\boldsymbol{b},\boldsymbol{a})$

其中，$\boldsymbol{b}$、$\boldsymbol{a}$ 分别为函数

$$X(z)=\frac{\boldsymbol{b}(z)}{\boldsymbol{a}(z)}=\frac{b_0+b_1\ z^{-1}+b_2\ z^{-2}+\cdots+b_m\ z^{-m}}{a_0+a_1\ z^{-1}+a_2\ z^{-2}+\cdots+a_n\ z^{-n}}$$

的分子、分母多项式系数向量 $[b_0,b_1,\cdots,b_m]$、$[a_0,a_1,\cdots,a_n]$；r 为部分分式的系数；p 为极点；k 为多项式的系数（若 $X(z)$ 为真分式，则 k 为空）。

7. cart2pol

功能：坐标系转换函数，将笛卡尔坐标转换为极坐标或圆柱坐标。

调用格式：$[$THETA$,$RHO$]=$ cart2pol(X,Y) 或 $[$THETA$,$RHO$,Z]=$ cart2pol(X,Y,Z)。

其中，X、Y、Z 分别是笛卡尔坐标系（直角坐标系）的横、纵、竖坐标；THEYTA、RHO 为极坐标的相角和模；THETA、RHO、Z 分别是圆柱坐标中从 X 坐标逆时针旋转的角的弧度，点在 X—Y 平面的投影到原点的距离、点到 X—Y 平面的高度。

8. roots

功能：求根函数。

调用格式：r＝roots(c)。

其中，c 为函数 $c(s) = c_1 s^n + c_2 s^{n-1} + \cdots + c_{n+1}$ 的系数向量 $[c_1, c_2, \cdots, c_{n+1}]$；$r$ 为多项式 $c(s)$ 对应方程的根。

4.4.1 实例

（1）对阶跃信号进行 Laplace 变换并画出变换后的图像。

程序如下：

```
1   % Matlab 中 Laplace 变换有关的函数是 laplace()
2   syms  t;% 定义一个变量 t
3   v=heaviside(t);% 单位阶跃函数
4   $ v_1$ =laplace(v);% 用 laplace(),函数进行 Laplace 变换
5   subplot(3,1,1);
6   ezplot(abs($ v_1$));% plot()/ezplot()无法画复数图像,这里 abs()函数是求幅值相当于画
        出幅度谱
7   subplot(3,1,2);
8   ezplot(real($ v_1$));% 只是画实部 real()取出实部
9   subplot(3,1,3);
10  ezplot(imag($ v_1$));% 只是绘制虚部 imag()取出虚部
```

结果如图 4.4.1 所示。图 4.4.1(a)为阶跃信号图像，图 4.4.1(b)为 Fourier 变换后的幅值图像，图 4.4.1(c)、(d)分别为 Fourier 变换后的实部、虚部图像。且图 4.4.1 括号内为 Laplace 结果 $1/s$。

（2）求函数 $f(k) = \cos(ak)\varepsilon(k)$ 的 z 变换，并求 $F(z) = \dfrac{1}{(z+1)^2}z$。

程序如下：

```
1   % z 变换的程序
2   f=str2sym('cos(a* k)');
3   F=ztrans(f);
4   % 逆 z 变换程序
5   F=str2sym('1/(1+ z)^2');
6   f=iztrans(F);
```

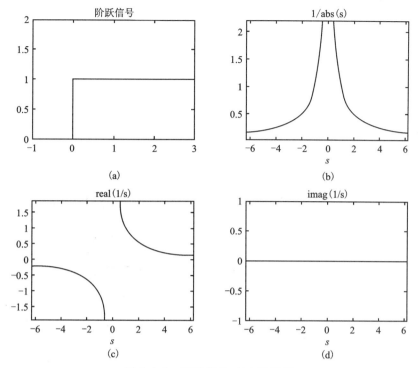

图 4.4.1 连续信号 $f(t)$ 波形图

结果如下：

z 变换结果为

$$F = \frac{[z - \cos(a)] * z}{z^2 - 2z\cos(a) + 1}$$

$$Z\{\cos(ak)\varepsilon(k)\} = \frac{z[z - \cos(a)]}{z^2 - 2z\cos(a) + 1}$$

逆 z 变换结果为

$$z^{(-1)}\left\{\frac{1}{(z+1)^2}\right\} = \sigma(k) + (-1)^k \varepsilon(k) + k(-1)^k \varepsilon(k)$$

4.4.2 练习

1. 求出下列信号的 Fourier 和 Laplace 变换并画出图像。

(1) $\delta(t)$

(2) $3\sin t + 2\cos t$

(3) $e^{-t}\sin 2t$

(4) $t\,e^{-2t}$

2. 已知 $X(z) = \dfrac{z^2}{(z-1)(z-2)}(|z| > 2)$，利用 MATLAB 中的 residuez 函数进行部分分式展开，并求其逆 z 变换。

4.5 课外阅读

1. 人物介绍

皮埃尔-西蒙·拉普拉斯侯爵（Pierre-Simon marquisde Laplace，1749—1827年）是法国分析学家、概率论学家和物理学家，法国科学院院士（图4.5.1）。1749年3月23日生于法国西北部卡尔瓦多斯的博蒙昂诺日，1827年3月5日卒于巴黎。1816年被选为法兰西学院院士，1817年任该院院长。1812年出版了《概率分析理论》，该书总结了当时整个概率论的研究，论述了概率在选举审判调查、气象等方面的应用，导入了拉普拉斯变换等。

他是决定论的支持者，提出了拉普拉斯妖。拉普拉斯妖是拉普拉斯于1814年提出的一种科学假设。此"恶魔"知道宇宙中每个原子确切的位置和动量，能够使用牛顿定律来展现宇宙事件的整个过程，过去以及未来。"我们可以把宇宙现在的状态看作是它历史的果和未来的因。如果存在这么一个智慧，它在某一时刻，能够获知驱动这个自然运动的所

图4.5.1 拉普拉斯

有的力，以及组成这个自然的所有物体的位置，并且这个智慧足够强大，可以把这些数据进行分析，那么宇宙之中从最宏大的天体到最渺小的原子都将包含在一个运动方程之中；对这个智慧而言，未来将无一不确定，恰如历史一样，在它眼前一览无遗。"大约200年前的一天，法国著名的科学家拉普拉斯说了上面这段话，在科学和哲学界引起了轩然大波，余波至今未消。这就是著名的"拉普拉斯妖"的表述。

图4.5.2 英格丽·多贝西

英格丽·多贝西（Ingrid Daubechies），美国科学院院士，美国杜克大学教授（图4.5.2）。1954年8月17日出生在比利时林堡省的豪特哈伦-亥尔赫泰伦市，物理学家、数学家。多贝西教授在小波理论方面完成了许多开创性的工作，包括建立了正交Daubechies小波和双正交CDF（Cohen-Daubechies-Feauveau）小波。同时，她引领了小波理论和现代时间序列分析的发展，在图像和信号处理以及数据分析和科学计算等方面有着深远的影响。另外，她在模拟数字转换和反问题的基于阈值化的算法等方面也有着突出的贡献。2018年获得第三届"复旦-中植科学奖"，2019年获得第21届"世界杰出女科学家成

就奖"。

多贝西出生于比利时并在比利时接受教育,1987年移居至美国并在贝尔实验室工作,随后于1993年至2011年期间担任普林斯顿大学数学系教授。她最为突出的贡献是提出了紧支撑小波,并对其进行数学分析。紧支撑小波现已被广泛应用在图像压缩方面,如JPEG2000的无损有损压缩。1994年,多贝西教授因其著作《小波十讲》获得美国数学会斯蒂尔论述奖。多贝西目前的研究方向之一是开发用于表面比较的分析和几何工具。表面比较在许多科学学科以及影视动画的建立中起了关键作用,同时也是许多医药和生物应用中的关键步骤。多贝西还参与开发图像分析工具从而助力艺术保护者和艺术史家的研究。

此外,多贝西还致力于提高美国和世界范围内的中学数学教育水平,积极促进发展中国家的数学、科学和技术领域的发展,持续关注时间序列分析中的诸多问题,并对其进行广泛研究。近年来,数学家与艺术史家和艺术保护者开展合作以帮助他们更好地研究并理解艺术品本身及其创作过程和保护现状。多贝西在其专题报告中展示了过去十年中的部分合作事例。其中一部分事例给信号以及图像分析带来了一些有趣的挑战。而通过其他的事例,可以看到数学科技如何使艺术品再次焕发活力。

2. Laplace 变换与 Fourier 变换之间的关系

考虑一个质量为0,劲度系数为k的理想弹簧,假设它其中一端固定,另一端拴一个质量为m的滑块,构成一个弹簧振子系统。将该系统水平放置在一个水平界面上,并将弹簧挤压至最紧状态,然后松手,存在以下两种滑块随时间的运动情况。

情况一:水平界面光滑。

在水平界面光滑的情况下,滑块在水平方向上只受到弹簧的弹性力,滑块将做简谐振动。此时弹簧振子的位移x随时间的变化规律为

$$x(t) = A \cdot \cos(\omega \cdot t + \theta_0) \tag{4.5.1}$$

式中:$|A|$为振幅,与所给的初始条件有关;ω为固有(角)频率,该频率仅取决于弹簧的进度系数k和滑块的质量m,而与系统的初始条件无关;θ_0为初相,也与系统的初始条件有关,在滑块做简谐振动的情况下,$\theta_0 = 0$。

将弹簧处于松弛状态时滑块的位置选为坐标原点。在这个位置上,滑块在水平方向上所受合力为零,故此位置称为静止位置(或平衡位置)。

由胡克定律可知,滑块运动过程中所受到的弹簧弹力与弹簧的伸缩量x之间成正比,即

$$F = -k \cdot x \tag{4.5.2}$$

其中,式(5.5.2)的负号表示弹簧弹力与滑块的运动方向始终相反。由牛顿第二定律可得

$$F = m \cdot a = m \cdot \frac{\mathrm{d}^2}{\mathrm{d}t^2}x \tag{4.5.3}$$

联立式(4.5.2)和式(4.5.3)可得

$$m \cdot \frac{\mathrm{d}^2}{\mathrm{d}t^2}x = -k \cdot x \tag{4.5.4}$$

式(4.5.4)是一个二阶线性常系数齐次常微分方程,其特征根为

$$\lambda_{1,2} = \pm i \cdot \sqrt{\frac{k}{m}} \tag{4.5.5}$$

通解为

$$x(t) = C_1 \cdot \exp\left(+i \cdot \sqrt{\frac{k}{m}} \cdot t\right) + C_2 \cdot \exp\left(-i \cdot \sqrt{\frac{k}{m}} \cdot t\right) \tag{4.5.6}$$

使用 Euler 公式：$e^{i \cdot \theta} := \exp(i \cdot \theta) = \cos(\theta) + i \cdot \sin(\theta)$ 将式(4.5.6)展开成三角函数形式，即

$$x(t) = C_1 \cdot \left(\cos\left(\sqrt{\frac{k}{m}} \cdot t\right) + i \cdot \sin\left(\sqrt{\frac{k}{m}} \cdot t\right)\right) + C_2 \cdot \left(\cos\left(\sqrt{\frac{k}{m}} \cdot t\right) - i \cdot \sin\left(\sqrt{\frac{k}{m}} \cdot t\right)\right) \tag{4.5.7}$$

将式(4.5.7)的实部和虚部分开化简为

$$\begin{aligned} x(t) &= (C_1 + C_2) \cdot \cos\left(\sqrt{\frac{k}{m}} \cdot t\right) + (i \cdot C_1 - i \cdot C_2) \cdot \sin\left(\sqrt{\frac{k}{m}} \cdot t\right) \\ &= K_1 \cdot \cos\left(\sqrt{\frac{k}{m}} \cdot t\right) + K_2 \cdot \sin\left(\sqrt{\frac{k}{m}} \cdot t\right) i \end{aligned} \tag{4.5.8}$$

最后，利用辅助角公式

$$a \cdot \sin(t) + b \cdot \cos(t) = \sqrt{a^2 + b^2} \cdot \cos\left(t + \arctan\left(\frac{a}{b}\right)\right)$$

将式(4.5.8)简化为

$$x(t) = A \cdot \cos(\omega \cdot t + \theta_0) \tag{4.5.9}$$

情况二：滑块受到摩擦力，且设摩擦力正比于滑块的速度。

在滑块受到摩擦力的情况下，滑块离开平衡位置的位移 x 随时间的变化规律为

$$x(t) = A \cdot \exp(-\alpha \cdot t) \cdot \cos(\omega \cdot t + \theta_0) \tag{4.5.10}$$

例如，当 $A = 10, \alpha = 0.1, \omega = 1, \theta_0 = 0$ 时

$$x(t)\big|_{A=10, \alpha=0.1, \omega=1, \theta_0=0} = 10 \cdot \exp\left(-\frac{1}{10} \cdot t\right) \cdot \cos(t) \tag{4.5.11}$$

相应的图像见图 4.5.3。

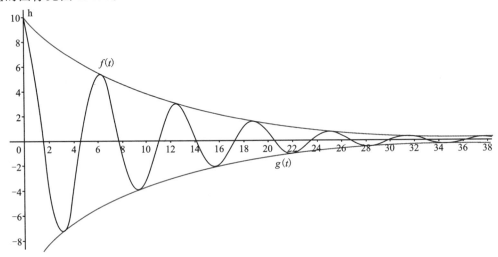

图 4.5.3 式(4.5.11)的图像

图 4.5.3 中，

$$f(t) = 10 \cdot \exp\left(-\frac{1}{10} \cdot t\right)$$
$$g(t) = -10 \cdot \exp\left(-\frac{1}{10} \cdot t\right) \tag{4.5.12}$$

可见，滑块离开平衡位置的位移 x 随时间的变化被"封印"在了函数 $f(t)$ 和函数 $g(t)$ 之间。

如果将式(4.5.10)中的振幅重新定义成

$$A(t) := A \cdot \exp(-\alpha \cdot t) \tag{4.5.13}$$

由于原来的振幅 $A \neq 0$ 是常数，而且函数 $\exp(-\alpha \cdot t) \alpha > 0$ 是严格单调递减的，所以函数 $A(t)$ 也是严格单调递减的，这就说明，在滑块受到摩擦力的时候，滑块离开平衡位置的最大位移（即振幅）是随着时间单调递减的。

于是，可将式(4.5.10)改写成

$$x(t) = A(t) \cdot \cos(\omega \cdot t + \theta_0) \tag{4.5.14}$$

滑块受到摩擦力之后的振动称为阻尼振动。阻尼振动可分为以下 3 种情况。

图 4.5.4(a)是我们刚刚所讲的振幅衰减的情况，表达式即为式(4.5.14)。

图 4.5.4(b)是临界情况，这种情况下的表达式为

$$x(t) = C_1 \cdot \exp(-\alpha \cdot t) + C_2 \cdot t \cdot \exp(-\alpha \cdot t) \tag{4.5.15}$$

图 4.5.4(c)是蠕动状态，这种情况下的表达式为

$$x(t) = \exp(-\alpha \cdot t) \cdot [C_1 \cdot \exp(\beta \cdot t) + C_2 \cdot \exp(-\beta \cdot t)] \tag{4.5.16}$$

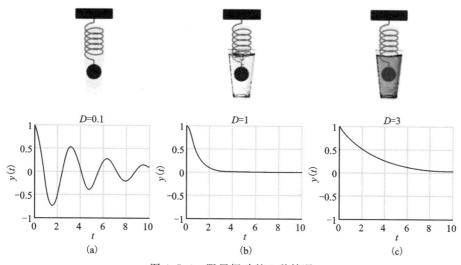

图 4.5.4 阻尼振动的 3 种情况

现在我们主要来研究一下简谐振动和阻尼振动这两种情况。由于是在时域中研究问题，所以变量 t 表示时间（$t > 0$）。

假设式(4.5.10)中 $\theta_0 = \frac{\pi}{2}$，则

$$x(t)\big|_{\theta_0 = \frac{\pi}{2}} = A \cdot \exp(-\alpha \cdot t) \cdot \cos(\omega \cdot t + \theta_0)\big|_{\theta_0 = \frac{\pi}{2}}$$

$$= A \cdot \exp(-\alpha \cdot t) \cdot \sin(\omega \cdot t)$$
$$=: A(t) \cdot \sin(\omega \cdot t) \tag{4.5.17}$$

已知式(4.5.17)是在时域中描述阻尼振动的,那么我们能不能将这个阻尼振动的表达式换一个域进行研究呢?

现在我们对式(4.5.17)做一个积分,即
$$\lim_{t \to +\infty} \int_0^t A(\tau) \cdot \sin(\omega \cdot \tau) \cdot \exp(-i \cdot \overline{\omega} \cdot \tau) d\tau \tag{4.5.18}$$

得到积分的结果为
$$A \cdot \frac{\omega}{(i \cdot \overline{\omega} + \alpha)^2 + \omega^2} =: X_D(\overline{\omega}) \tag{4.5.19}$$

比较式(4.5.17)和式(4.5.19)发现,式(4.5.17)的变量是时间 t,即式(4.5.17)是在时域下面描述阻尼振动的,而式(4.5.19)的变量是(角)频率 $\overline{\omega}$。而且我们发现,式(4.5.19)中有 i,说明式(4.5.19)是一个复数,所以我们将式(4.5.19)称为在复频域下的阻尼振动的描述。这样我们就达成了换域(即从时域换到了复频域)的目的。而式(4.5.19)实际上是对式(4.5.17)进行 Fourier 变换的结果。

如果我们假设在式(4.5.14)中有 $\theta_0 = -\frac{\pi}{2}$,则
$$x(t)\big|_{\theta_0 = -\frac{\pi}{2}} = A \cdot \cos\left(\omega \cdot t - \frac{\pi}{2}\right) = A \cdot \sin(\omega \cdot t) \tag{4.5.20}$$

同样对式(4.5.20)(即简谐振动的时域表达式)做一个积分,即
$$\lim_{t \to +\infty} \int_0^t A \cdot \sin(\omega \cdot \tau) \cdot \exp(-\sigma \cdot \tau) \cdot \exp(-i \cdot \overline{\omega} \cdot \tau) d\tau \tag{4.5.21}$$

得到积分的结果为
$$A \cdot \frac{\omega}{\underbrace{(i \cdot \overline{\omega} + \sigma)^2}_{:= s^2} + \omega^2} =: X_H(s) \tag{4.5.22}$$

我们可以看到式(4.5.22)与式(4.5.19)没有什么实质性的区别,只不过是将式(4.5.22)中的 $i \cdot \overline{\omega} + \sigma$ 这一项定义为了 s。式(4.5.22)是对式(4.5.21)做 Laplace 变换的结果。

通过对比式(4.5.22)与式(4.5.19)可以发现:对阻尼振动的 Flourier 变换相当于是对简谐振动的 Laplace 变换。更一般地,我们可以说:对函数 $x(t)$ 的 Flourier 变换相当于是对函数 $x(t) \cdot \exp(-\alpha \cdot t)$ 的 Laplace 变换。

现在似乎找到了 Flourier 变换和 Laplace 变换之间的某种关系了,但是这种关系还是很模糊,下面我们继续研究一下。

首先对式(4.5.17)(即阻尼振动的时域表达式)做 Laplace 变换,即计算积分
$$\lim_{t \to +\infty} \int_0^t A(\tau) \cdot \sin(\omega \cdot \tau) \cdot \exp(-i \cdot \overline{\omega} \cdot \tau) \cdot \exp(-\sigma \cdot \tau) d\tau \tag{4.5.23}$$

得到的积分结果为
$$A \cdot \frac{\omega}{\underbrace{(i \cdot \overline{\omega} + \sigma}_{:= s} + \alpha)^2 + \omega^2} =: X_D(s) \tag{4.5.24}$$

再来讨论一下式(4.5.19)。假设在式(4.5.19)中有 $A = \alpha = \omega = 1$，则

$$\frac{1}{(i \cdot \overline{\omega}+1)^2+1} =: X_D(\overline{\omega})|_{A=\omega=\alpha=1} \tag{4.5.25}$$

由于式(4.5.25)本质上是一个复数，所以，我们可以先来求解一下它的模，即

$$\begin{aligned}
|X_D(\overline{\omega})|_{A=\omega=\alpha=1}| &= \left|\frac{1}{(i \cdot \overline{\omega}+1)^2+1}\right| \\
&= \left|\frac{1}{2-\overline{\omega}^2+2 \cdot i \cdot \overline{\omega}}\right| \\
&= \frac{1}{\sqrt{(2-\overline{\omega}^2)^2+(2 \cdot \overline{\omega})^2}}
\end{aligned} \tag{4.5.26}$$

式(4.5.26)的模是一个关于变量 $\overline{\omega}$ 的一元函数。

现在，我们设在式(4.5.24)中有 $A = \alpha = \omega = 1$，则

$$\frac{1}{(i \cdot \overline{\omega}+\sigma+1)^2+1} =: X_D(s)|_{A=\alpha=\omega=1} \tag{4.5.27}$$

由于式(4.5.27)本质上是一个复数，同样来求解一下它的模，即

$$\begin{aligned}
|X_D(s)|_{A=\omega=\alpha=1}| &= \left|\frac{1}{(i \cdot \overline{\omega}+\sigma+1)^2+1}\right| \\
&= \left|\frac{1}{(\sigma+1)^2+1-\overline{\omega}^2+2 \cdot (\sigma+1) \cdot i \cdot \overline{\omega}}\right| \\
&= \frac{1}{\sqrt{((\sigma+1)^2+1-\overline{\omega}^2)^2+(2 \cdot (\sigma+1) \cdot \overline{\omega})^2}}
\end{aligned} \tag{4.5.28}$$

我们发现式(4.5.28)需要通过两个变量来表示，即 σ、$\overline{\omega}$。换句话说，式(4.5.28)的模是一个有关变量 σ、$\overline{\omega}$ 的二元函数。

进一步我们发现，在式(4.5.28)中，当 $\sigma = 0$ 时，有

$$|X_D(s)|_{A=\omega=\alpha=1}||_{\sigma=0} = \frac{1}{\sqrt{(2-\overline{\omega}^2)^2+(2 \cdot \overline{\omega})^2}} \tag{4.5.29}$$

此时，式(4.5.29)等同于式(4.5.26)。

既然 σ 的值是固定的，那么在式(4.5.27)中，可以将 $\sigma+1$ 看作一个新的常数 $\overline{\alpha} = \sigma+1$。则式(4.5.27)可以写为

$$\frac{1}{(i \cdot \overline{\omega}+\overline{\alpha})^2+1} =: X_D(\overline{\omega})|_{A=\alpha=\omega=1,\sigma=\mathrm{const},\sigma+1=:\overline{\alpha},s \to \overline{\omega}} \tag{4.5.30}$$

即当 σ 是常数的时候，式(4.5.27)即为式(4.5.19)。

现在，Flourier 变换和 Laplace 变换的关系就很清晰了，即 Flourier 变换是 Laplace 变换的"切片"。

3. 小波变换

从 Fourier 变换到小波变换，并不是一个完全抽象的东西，可以讲得很形象。小波变换有着明确的物理意义，如果我们从它提出时所面对的问题看，可以整理出非常清晰的思路。

下面就按照 Fourier 变换→短时 Fourier 变换→小波变换的顺序,讲一下为什么会出现小波变换及小波变换概念的提出的思路。

1) Fourier 变换

关于 Fourier 变换的基本概念在此就不再赘述了,下面我们主要介绍 Fourier 变换的不足,即我们知道 Fourier 变化可以分析信号的频谱,那么为什么还要提出小波变换?原因在于对非平稳过程,Fourier 变换有局限性。

如图 4.5.5 所示的一个简单信号,做完 FFT(快速 Fourier 变换)后,可以在频谱上看到清晰的 4 条线,信号包含 4 个频率成分。但是,如果是频率随着时间变化的非平稳信号呢?如图 4.5.6 所示,最上边的是频率始终不变的平稳信号。而下边两个则是频率随着时间改变的非平稳信号,它们同样包含和最上边信号相同频率的 4 个成分。做 FFT 后,我们发现这 3 个时域上有巨大差异的信号,频谱(幅值谱)却非常一致。尤其是下边两个非平稳信号,我们从频谱上无法区分它们,因为它们包含的 4 个频率的信号的成分确实是一样的,只是出现的先后顺序不同。

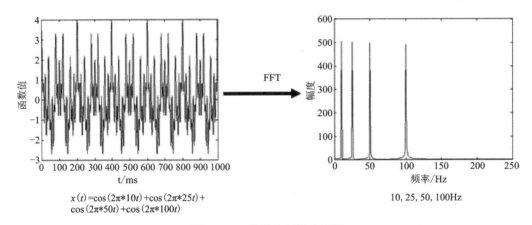

$x(t) = \cos(2\pi * 10t) + \cos(2\pi * 25t) + \cos(2\pi * 50t) + \cos(2\pi * 100t)$

10, 25, 50, 100Hz

图 4.5.5　信号的频谱分析图

可见,Fourier 变换处理非平稳信号有天生缺陷。它只能获取一段信号总体上包含哪些频率的成分,但是对各成分出现的时刻并无所知。因此时域相差很大的两个信号,可能跟频谱图一样。然而平稳信号大多是人为制造出来的,自然界的信号几乎都是非平稳的,所以在比如生物医学信号分析等领域的论文中,基本看不到单纯傅里叶变换这样的方法。

图 4.5.7 所示的是一个正常人的事件相关电位。对于这样的非平稳信号,只知道包含哪些频率成分是不够的,我们还想知道各个成分出现的时间。知道信号频率随时间变化的情况,各个时刻的瞬时频率及其幅值,就是时频分析。

2) 短时 Fourier 变换(Short-time Fourier Transform,STFT)

一个简单可行的方法就是——加窗。短时 Fourier 变换可描述为"把整个时域过程分解成无数个等长的小过程,每个小过程近似平稳,再进行 Fourier 变换,就知道在哪个时间点上出现什么频率了"。

第 4 章　信号的复频域分析

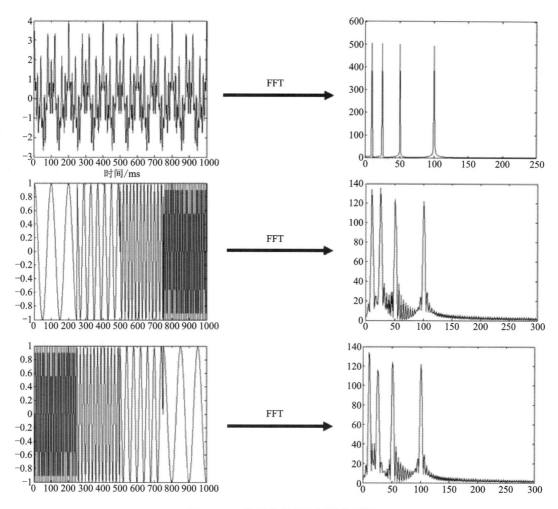

图 4.5.6　非平稳信号的频谱分析图

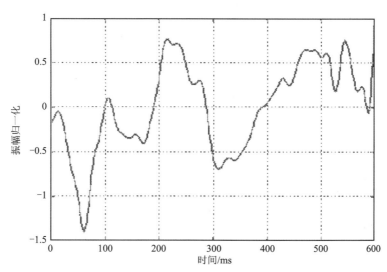

图 4.5.7　正常人的事件相关电位图

如图 4.5.8 所示,将时域分成一段一段做 FFT,可知道频率成分随着时间的变化情况。用这样的方法,可以得到一个信号的时频图。

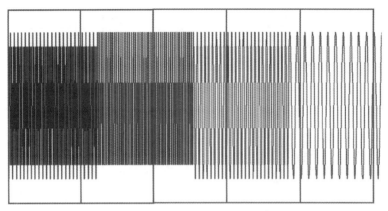

图 4.5.8　短时 Fourier 变换示意图

图 4.5.9 上既能看到 10 Hz、25 Hz、50 Hz、100 Hz 4 个频域成分,还能看到出现的时间。两排峰是对称的,所以大家只用看一排就行了。但是 STFT 依然有缺陷。使用 STFT 存在一个问题,我们应该用多宽的窗函数？窗太宽、太窄都存在问题。

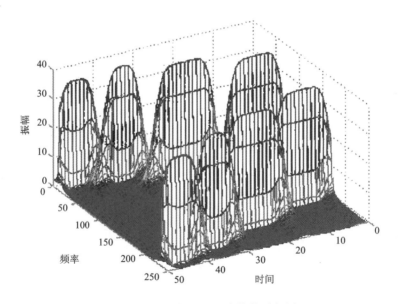

图 4.5.9　短时 Fourier 变换的时频图

如图 4.5.10 所示,窗太窄,窗内的信号太短,会导致频率分析不够精准,频率分辨率差。如图 4.5.11 所示,窗太宽,时域上又不够精细,时间分辨率低(这个道理可以用海森堡不确定性原理来解释。类似于我们不能同时获取一个粒子的动量和位置,我们也不能同时获取信号绝对精准的时刻和频率。这也是一对不可兼得的矛盾体。我们不知道在某个瞬间哪个频率分量存在,我们知道的只能是在一个时间段内某个频带的分量存在。所以绝对意义的瞬时频率是不存在的。)。

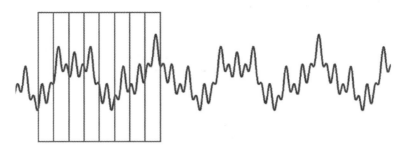

窗太窄→频率分辨率差

图 4.5.10　窗太窄的短时 Fourier 变换

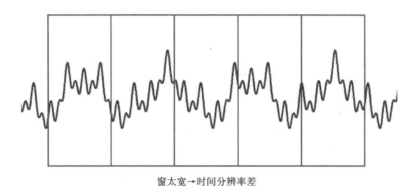

窗太宽→时间分辨率差

图 4.5.11　窗太宽的短时 Fourier 变换

图 4.5.12 对同一个信号（4 个频率成分）采用不同宽度的窗做 STFT，结果如图 4.5.12 右边所示。用窄窗，时频图在时间轴上分辨率很高，几个峰基本成矩形，而用宽窗则变成了绵延的矮山。但是频率轴上，窄窗明显不如下边两个宽窗精确。所以窄窗口时间分辨率高、频率分辨率低，宽窗口时间分辨率低、频率分辨率高。对于时变的非稳态信号，高频适合小窗口，低频适合大窗口。然而 STFT 的窗口是固定的，在一次 STFT 中宽度不会变化，所以 STFT 还是无法满足非稳态信号变化的频率的需求。

3）小波变换

那么你可能会想到，让窗口大小变起来，多做几次 STFT 不就可以了吗。没错，小波变换就有着这样的思路。但事实上小波变换并不是这么做的，加不等长的窗，对每一小部分进行 Fourier 变换就不准确了。小波变换并没有采用窗的思想，更没有做 Fourier 变换。至于为什么不采用可变窗的 STFT 呢，笔者认为因为这样做冗余会太严重，STFT 做不到正交化，这也是它的一大缺陷。

小波变换的出发点和 STFT 还是不同的。STFT 是给信号加窗，分段做 FFT；而小波变换直接把 Fourier 变换的基给换了，即将无限长的三角函数基换成了有限长的会衰减的小波基（图 4.5.13）。这样不仅能够获取频率，还可以定位到时间。这里回顾一下 Fourier 变换，没弄清 Fourier 变换为什么能得到信号各个频率成分的读者也可以再借图理解一下。Fourier 变换把无限长的三角函数作为基函数，这个基函数会伸缩、平移（其实本质并非平移，而是两个正交基的分解）（图 4.5.14）。缩得窄，对应高频；伸得宽，对应低频。然后这个基函数不断和

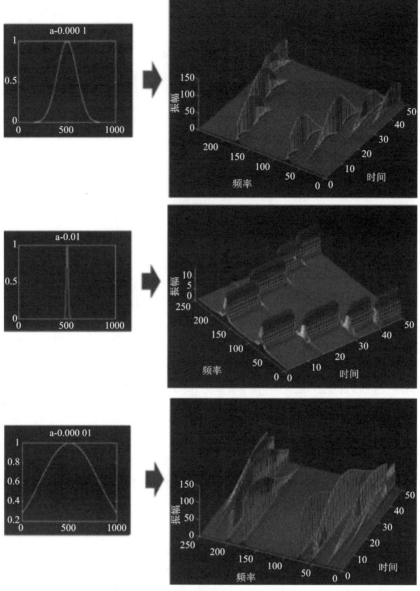

图 4.5.12　不同宽度的窗做短时 Fourier 变换

信号做相乘。某一个尺度（宽窄）下乘出来的结果，就可以理解成信号所包含的当前尺度对应频率成分有多少。于是，基函数会在某些尺度下，与信号相乘得到一个很大的值，因为此时二者有一种重合关系。那么我们就知道信号包含该频率的成分的多少。仔细体会可以发现，这一步其实是在计算信号和三角函数的相关性（图 4.5.15）。

这两种尺度能乘出一个大的值（相关度高），所以信号包含较多的这两个频率成分，在频谱上这两个频率会出现两个峰。以上，就是粗浅意义上 Fourier 变换的原理。如前边所说，小波做的改变就在于，将无限长的三角函数基换成了有限长的会衰减的小波基（图 4.5.16）。

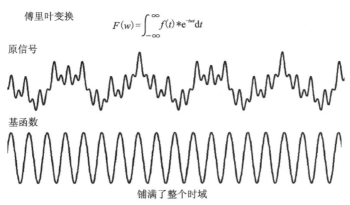

图 4.5.13　原函数与三角奇函数的对比图

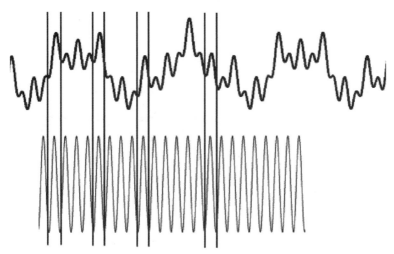

图 4.5.14　具有伸缩和平移因子的小波变换示意图

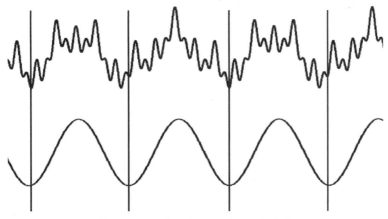

图 4.5.15　信号与三角函数的相关性

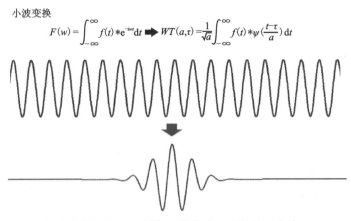

图 4.5.16 无限长周期函数换成了有限长的小波基

$$WT(a,\tau) = \frac{1}{\sqrt{a}}\int_{-\infty}^{\infty} f(t) * \psi\left(\frac{t-\tau}{a}\right)dt \tag{4.5.31}$$

从式(4.5.31)可以看出,不同于 Fourier 变换,变量只有频率 ω,小波变换有尺度 a(scale)和平移量 τ(translation)两个变量。尺度 a 控制小波函数的伸缩,平移量 τ 控制小波函数的平移。尺度就对应于频率(反比),平移量 τ 就对应于时间。当伸缩、平移到这么一种重合情况时,也会相乘得到一个大的值。这时候和 Fourier 变换不同的是,这不仅可以知道信号有这样频率的成分,而且知道它在时域上存在的具体位置。而当我们在每个尺度下都平移着和信号乘过一遍后,我们就知道信号在每个位置都包含哪些频率成分。看到了吗?有了小波变换,从此再也不害怕非稳定信号,从此可以做时频分析啦!做 Fourier 变换只能得到一个频谱,做小波变换却可以得到一个时频谱!如图 4.5.17~图 4.5.22 所示。

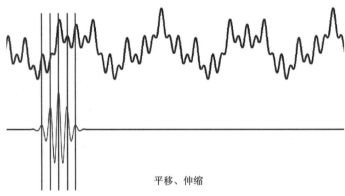

图 4.5.17 当平移和伸缩重合时的计算示例

小波还有一些好处,比如我们知道对于突变信号,Fourier 变换存在吉布斯效应,我们用无限长的三角函数怎么也拟合不好突变信号,然而衰减的小波就不一样了。以上,就是小波的意义。

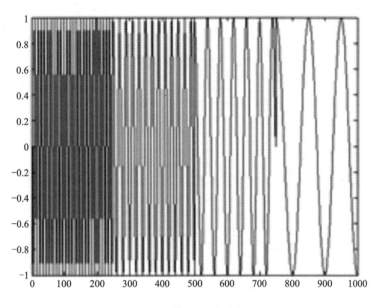

图 4.5.18 信号的时域表示

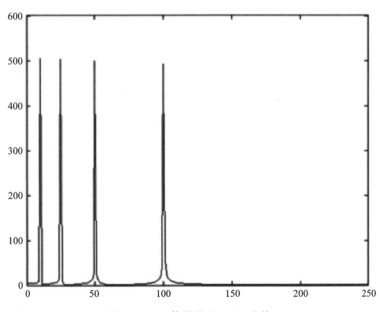

图 4.5.19 信号的 Fourier 变换

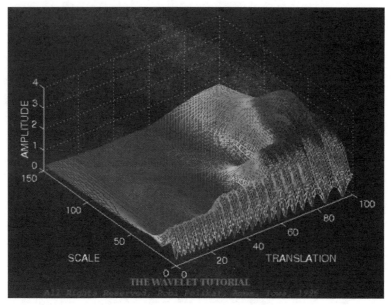

图 4.5.20 信号的小波变换结果

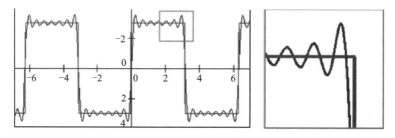

图 4.5.21 具有突变信号 Fourier 变换—Gibbs 效应

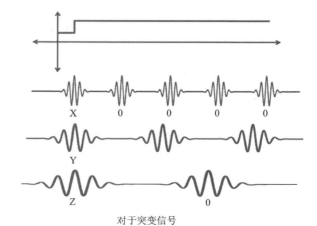

对于突变信号

图 4.5.22 小波函数处理突变函数示意图

第三部分　线性系统的变换域分析

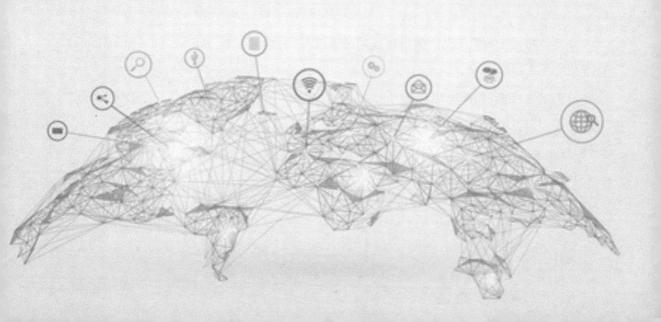

第 5 章 初识系统

本章重点讨论系统的概念、分类及特性。通过本章的学习,了解系统的定义,系统的表示方法(框图法及方程表示法等)及系统的分类;熟练掌握系统的特性的判定,如线性性、时不变性等;理解两个基本响应(冲激响应和阶跃响应)的定义、本质和性质;灵活掌握系统响应的分解特性(零状态响应和零输入响应),深刻理解初始值 0_+ 和 0_- 的意义。

5.1 系统的定义和表示

5.1.1 系统的定义

信号的产生、传输和处理需要一定的物理装置,这样的物理装置常称为系统。系统(sys-tem)是指若干相互关联的事物组合而成具有特定功能的整体,如通信系统、控制系统、测控系统等;也可以表示为单一的装置,如手机、电视机、稳压电源等;还可以表示为实现某功能的电路模块,如分压电路、滤波、放大电路等。系统所传送的电波、语音、音乐、图像、文字等都可以看成信号。信号的概念与系统的概念常常紧密地联系在一起。系统的基本作用是对输入信号进行加工和处理,将其转换为所需要的输出信号,如图 5.1.1 所示。

图 5.1.1 系统示意图

本章将讨论的系统是一类比较基础的系统,即线性时不变(Linear Time-Invariant,LTI)系统。

5.1.2 系统的数学模型

通常用微分方程描述连续系统,用差分方程描述离散系统。

[**例 5.1.1**] 图 5.1.2 所示为 RLC 串联电路。如将电压源 $u_S(t)$ 看作激励,选电容两端电压 $u_C(t)$ 为响应,则由基尔霍夫电压定律 KVL 有

$$u_L(t) + u_R(t) + u_C(t) = u_S(t) \tag{5.1.1}$$

根据各元件端电压与电流的关系,得

$$i(t) = Cu'_C(t)$$
$$u_R(t) = Ri(t) = RCu'_C(t)$$
$$u_L(t) = Li'(t) = LCu''_C(t)$$

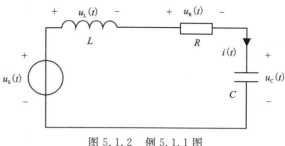

图 5.1.2　例 5.1.1 图

将上式代入式(5.1.1)得

$$LCu''_C(t) + RCu'_C(t) + u_C(t) = u_S(t)$$
$$u''_C(t) + \frac{R}{L}U'_C(t) + \frac{1}{LC}u_C(t) = \frac{1}{LC}u_S(t)$$

这是描述连续系统的二阶线性微分方程。

[**例 5.1.2**]　某人向银行贷款 M 元,月利率为 β,他定期于每月初还款,设第 K 月初还款 $f(x)$ 元,若令 k 月尚未还清的钱款数为 $y(k)$ 元,则有

$$y(k) = (1+\beta)y(k-1) - f(k)$$

或写为

$$y(k) - (1+\beta)y(k-1) = -f(k)$$

这是描述离散系统的差分方程。

5.1.3　系统的框图表示

连续或离散系统除用数学方程描述外,还可用框图表示系统的激励与响应之间的数学运算关系。一个方框(或其他形状)可以表示一个具有某种功能的部件,也可表示一个子系统。每个方框内部的具体结果并非考察重点,而只注重其输入、输出之间的关系。因而在用框图描述的系统,各单元在系统中的作用和地位可以一目了然。表示系统功能的常用基本单元有积分器(连续系统)或延迟单元(离散系统)以及加法器和数乘器(标量乘法器)。对于连续系统,有时还需要用延迟时间为 T 的延时器,如图 5.1.3 所示(图中表示出各单元的激励与其响应之间的运算关系,箭头表示信号的传输方向)。

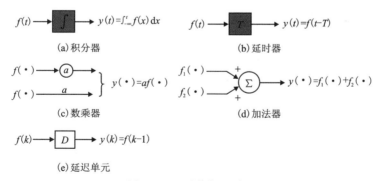

图 5.1.3　系统框图单元

[**例 5.1.3**]　某连续系统的框图如图 5.1.4 所示,写出该系统的微分方程。

解:设左方积分器与输出信号为 $y(t)$,则其输入信号为 $y'(t)$,左方积分器的输入信号为 $y''(t)$。由加法器的输出,得

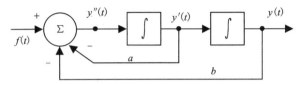

图 5.1.4 例 5.1.3 连续系统框图

$$y''(t) = -a y'(t) - by(t) + f(t)$$

整理得

$$y''(t) + a y'(t) + by(t) = f(t)$$

上式就是图 5.1.4 所示系统的微分方程。

[**例 5.1.4**] 某连续系统的框图如图 5.1.5 所示,写出该系统的微分方程。

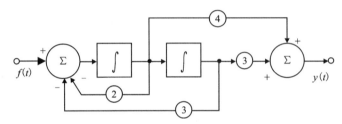

图 5.1.5 例 5.1.4 连续系统框图

解:设右端积分器的输出为 $x(t)$,那么各积分器的输入分别为 $x'(t), y''(t)$。

左方加法器的输出为

$$x''(t) = f(t) - 2 x'(t) - 3x(t) \tag{5.1.2}$$

右方加法器的输出为

$$y(t) = 4 x'(t) + 3x(t) \tag{5.1.3}$$

对式(5.1.3)二阶求导得

$$y''(t) = 4 (x'(t))'' + 3 x''(t) \tag{5.1.4}$$

对式(5.1.3)一阶求导乘以 2 得到

$$2 y'(t) = 8(x'(t)) + 6 x'(t) \tag{5.1.5}$$

对式(5.1.3)乘以 3 得到

$$3y(t) = 12 x'(t) + 9x(t) \tag{5.1.6}$$

为此,将式(5.1.4)~式(5.1.6)相加得

$$y''(t) + 2 y'(t) + 3y(t) = 4 f'(t) + 3f(t)$$

上式为图 5.1.5 所示系统的微分方程。

[**例 5.1.5**] 某离散系统框图如图 5.1.6 所示,写出该系统的差分方程。

解:因为框图中有两个延迟单元,因而该系统是二阶系统。设左方延迟单元的输入为 $x(k)$,那么各延迟单元的输出分别 $x(k-1), x(k-2)$。

左方加法器的输出为

$$x(k) = f(k) - 2x(k-1) - 3x(k-2)$$

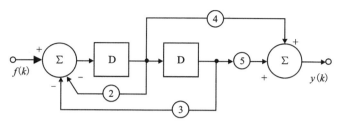

图 5.1.6　例 5.1.5 离散系统框图

右方加法器的输出为

$$y(k) = 4x(k-1) + 5x(k-2)$$
$$2y(k-1) = 8x(k-2) + 10x(k-3)$$
$$3y(k-2) = 12x(k-3) + 15x(k-4)$$

上述三式相加得

$y(k) + 2y(k-1) + 3y(k-2)$
$= 4[x(k-1) + 2x(k-2) + 3x(k-3)] + 5[x(k-2) + 2x(k-3) + 3x(k-4)]$
$= 4f(k-1) + 5f(k-2)$

5.2　系统的分类及性质

5.2.1　连续系统与离散系统

若系统的输入信号是连续信号,系统的输出信号也是连续信号,则称该系统为连续时间系统,简称连续系统。若系统的输入信号和输出信号均是离散信号,则称该系统离散时间系统,简称离散系统。连续系统与离散系统通常组合起来使用,称为混合系统。

5.2.2　动态系统与即时系统

若系统在任一时刻的响应不仅与该时刻的激励有关,而且与它过去的历史状况有关,则称为动态系统或记忆系统,如含有记忆元件(电容、电感等)的系统是动态系统;否则称为即时系统或无记忆系统,如电阻电路。

5.2.3　单输入单输出系统与多输入多输出系统

只有一个输入和一个输出的系统,称为单输入单输出系统。有多个输入和多个输出的系统,称为多输入多输出系统。

5.2.4　线性系统和非线性系统

定义:满足线性性质的系统称为线性系统。

1. 线性性质

设系统的输入或激励为 $f(\cdot)$,所产生的输出或响应为 $y(\cdot)$,系统简称为

$$y(\cdot) = T[f(\cdot)] \tag{5.2.1}$$

线性性质包括齐次性和可加性两方面。

齐次性:若系统的激励 $f(\cdot)$ 增大 α 倍时,其响应 $y(\cdot)$ 也增大 α 倍,即

$$T[\alpha f(\cdot)] = \alpha T[f(\cdot)] \tag{5.2.2}$$

可加性:若系统对于激励之和的响应等于分别激励引起的响应之和,即

$$T[f_1(\cdot) + f_2(\cdot)] = T[f_1(\cdot)] + T[f_2(\cdot)] \tag{5.2.3}$$

若系统既是齐次性的又是可加性的,则称该系统是线性的,或是线性系统,则有

$$T[af_1(\cdot) + bf_2(\cdot)] = aT[f_1(\cdot)] + bT[f_2(\cdot)] \tag{5.2.4}$$

2. 动态线性系统

动态系统响应不仅与激励 $f(\cdot)$ 有关,还与系统的初始状态 $x(0)$ 有关,初始状态也称"内部激励"。系统的完全响应具有可分解性,可分解为两部分,即仅仅由输入产生的(零状态)响应和仅仅由状态产生的(零输入)响应。

完全响应为

$$y(\cdot) = T[\{f(\cdot)\}, \{x(0)\}] \tag{5.2.5}$$

零状态响应为

$$y_{zs}(\cdot) = T[\{f(\cdot)\}, \{0\}] \tag{5.2.6}$$

零输入响应为

$$y_{zi}(\cdot) = T[\{0\}, \{x(0)\}] \tag{5.2.7}$$

当动态系统满足下列三个条件时,该动态系统称为线性系统。

(1)可分解性

$$y(\cdot) = y_{zs}(\cdot) + y_{zi}(\cdot) = T[\{f(\cdot)\}, \{0\}] + T[\{0\}, \{x(0)\}] \tag{5.2.8}$$

$$T[\{\alpha f(\cdot)\}, \{0\}] = \alpha T[\{f(\cdot)\}, \{0\}] \tag{5.2.9}$$

(2)零状态线性

$$T[\{f_1(t) + f_2(t)\}, \{0\}] = T[\{f_1(\cdot)\}, \{0\}] + T[\{f_2(\cdot)\}, \{0\}] \tag{5.2.10}$$

或

$$T[\{af_1(t) + bf_2(t)\}\{0\}] = aT[\{f_1(\cdot)\}\{0\}] + bT[\{f_2(\cdot)\}\{0\}] \tag{5.2.11}$$

(3)零输入线性

$$T[\{0\}, \{ax(0)\}] = aT[\{0\}, \{x(0)\}] \tag{5.2.12}$$

$$T[\{0\}, \{x_1(0) + x_2(0)\}] = T[\{0\}, \{x_1(0)\}] + T[\{0\}, \{x_2(0)\}] \tag{5.2.13}$$

或

$$T[\{0\}, \{ax_1(0) + bx_2(0)\}] = aT[\{0\}, \{x_1(0)\}] + bT[\{0\}, \{x_2(0)\}] \tag{5.2.14}$$

[例 5.2.1] 判断下列系统是否为线性系统(其中初始状态为 $x(0)$,激励为 $f(t)$)。

(1) $y(t) = 3x(0) + 2f(t) + x(0)f(t) + 1$;

(2) $y(t) = 2x(0) + |f(t)|$;

(3) $y(t) = \mathrm{e}^{-t}x(0) + \int_0^t \sin(x)f(x)\mathrm{d}x$ 。

解：(1) $y_{zs}(t) = 2f(t) + 1, y_{zi}(t) = 3x(0)$。而 $y(t) \neq y_{zs}(t) + y_{zi}(t)$，因此系统(1)是非线性系统。

(2) $y_{zs}(t) = |f(t)|, y_{zi}(t) = 2x(t), y(t) = y_{zs}(t) + y_{zi}(t)$，故系统(2)满足分解特性。而 $y_{zs}(t) = |f(t)||f_1(t) + f_2(t)| \neq |f_1(t)| + |f_2(t)|$，因此系统(2)是非线性系统。

(3) $y_{zs}(t) = \int_0^t \sin(x)f(x)\mathrm{d}x, y_{zi}(t) = \mathrm{e}^{-t}x(0), y(t) = y_{zs}(t) + y_{zi}(t)$，因此系统(3)满足分解特性。

对于零状态响应

$$T[\{af_1(t) + bf_2(t)\}, \{0\}] = \int_0^t \sin(x)[af_1(x) + bf_2(x)]\mathrm{d}x$$
$$= a\int_0^t \sin(x)f_1(x)\mathrm{d}x + b\int_0^t \sin(x)f_2(x)\mathrm{d}x$$
$$= aT[\{f_1(t)\}, \{0\}] + bT[\{f_2(t)\}, \{0\}]$$

满足零状态线性。

对于零输入响应

$$T[\{0\}, \{ax_1(0) + bx_2(0)\}] = \mathrm{e}^{-t}[ax_1(0) + bx_2(0)]$$
$$= a\mathrm{e}^{-t}x_1(0) + b\mathrm{e}^{-t}x_2(0)$$
$$= aT[\{0\}, \{x_1(0)\}] + bT[\{0\}, \{x_2(0)\}]$$

满足零输入响应。

因此系统(3)是线性系统。

5.2.5 时变和时不变系统

如果系统的参数都是常数，它们不随时间变化，则称该系统为时不变(或非时变)系统或常参量系统；否则称为时变系统。线性系统可以是时不变的，也可以是时变的。描述线性时不变(LTI)系统的数学模型是常系数线性微分(或差分)方程，而描述线性时变系统的数学模型是变系数线性微分(或差分)方程。例如，在图 5.1.2 所示的系统中，若电阻值是时间 t 的函数，则描述系统的方程为

$$u''_C(t) + \frac{R(t)}{L}u'_C(t) + \frac{1}{LC}u_C(t) = \frac{1}{LC}u_S(t) \tag{5.2.15}$$

上述方程为变系数线性微分方程，因此是时变系统。由于时不变系统的参数不随时间变化，故系统的零状态响应 $y_{zs}(\cdot)$ 的形式就与输入信号的时间无关，也就是说，如果激励 $f(\cdot)$ 作用于系统所引起的响应为 $y_{zs}(\cdot)$，那么当激励延迟一定时间 t_d（或 k_d）接入时，它所引起的零状态响应也延迟相同的时间，即系统满足输入延迟多少时间，其零状态响应也延迟多少时间，其数学模型如式(5.2.16)和式(5.2.17)所示。

$$T[\{0\}, f(t)] = y_{zs}(t) \tag{5.2.16}$$

则有
$$T[\{0\}, f(t-t_d)] = y_{zs}(t-t_d) \qquad (5.2.17)$$

这种系统性质称为时不变性(或移位不变性),如图 5.2.1 所示,对于输入延迟 $f(t-1)$,其零状态响应也同样延迟 $y_{zs}(t-1)$。

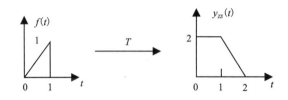

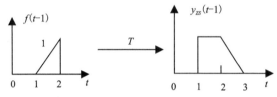

图 5.2.1 时不变系统的示意图

[**例 5.2.2**] 判断下列系统是否为时不变系统?

(1) $y_{zs}(t) = \cos[f(t)]$;

(2) $y_{zs}(t) = f(t)\cos(\omega t)$;

(3) $y_{zs}(t) = f(-t)$;

(4) $y_{zs}(t) = f(at)$;

(5) $y'(t) + \sin t \cdot y(t) = f(t)$;

(6) $y(k) + y(k-1)y(k-2) = f(k)$。

解:(1)当 $f_d(t) = f(t-t_d)$ 时,$y_{zsd}(t) = \cos f(t-t_d) = y_{zs}(t-t_d)$,系统(1)是时不变系统。

(2)当 $f_d(t) = f(t-t_d)$ 时,$y_{zsd}(t) = f_d(t)\cos(\omega t) = f(t-t_d)\cos(\omega t) \neq y_{zs}(t-t_d)$,系统(2)是时变系统。

(3)当 $f_d(t) = f(t-t_d)$ 时,$y_{zsd}(t) = f(-t-t_d) \neq y_{zs}(t-t_d)$,系统(3)是时变系统。

(4)当 $f_d(t) = f(t-t_d)$ 时,$y_{zsd}(t) = f(at-t_d) \neq y_{zs}(t-t_d)$,系统(4)是时变系统。

(5)是微分方程描述的,而系数非常数是随着时间的变化而变化的,所以是时变系统。

(6)是差分方程描述的,而系数不随着时间的变化而变化,所以系统是时不变系统。

一个系统既是线性的又是时不变性的,称线性时不变系统,简称 LTI 系统。上述例题(5)、(6)是线性的吗?

(5)令
$$y_1(t) = T[f_1(t)], y_2(t) = T[f_2(t)],$$
则有
$$T[af_1(t) + bf_2(t)] = (ay_1 + by_2)' + \sin t(ay_1 + by_2)$$

而
$$T[af_1(t)+bf_2(t)] = (ay_1+by_2)' + \sin t(ay_1+by_2)$$
$$= ay'_1(t) + by'_2(t) + \sin t \cdot ay_1(t) + b\sin t\, y_2(t)$$
$$= aT[f_1(t)] + bT[f_2(t)]$$

故系统(5)是线性时变系统。

(6)令
$$y_1(k) = T[f_1(k)], y_2(k) = T[f_2(k)]$$

而
$$T[af_1(k)+bf_2(k)]$$
$$= ay_1(k) + by_2(k) + [ay_1(k-1)+by_2(k-1)][ay_1(k-2)+by_2(k-2)]$$
$$\neq aT[f_1(k)] + bT[f_2(k)]$$

故系统(6)是非线性时不变系统。

描述线性时不变系统的数学模型是常系数线性微分(差分)方程。

根据 LTI 系统的线性和时不变性,可得 LTI 系统的微分特性和积分特性。即若
$$y_{zs}(t) = T[\{0\}, f(t)]$$
则
$$T\left[\{0\}, \frac{df(t)}{dt}\right] = \frac{dy_{zs}(t)}{dt}$$
$$T\left[\{0\}, \int_{-\infty}^{t} f(x)dx\right] = \int_{-\infty}^{t} y_{zs}(x)dx$$

利用这两个性质可以简化计算。

[例 5.2.3] 某 LTI 连续系统,已知当激励 $f(t) = \varepsilon(t)$ 时,其零状态响应 $y_{zs}(t) = e^{-2t}\varepsilon(t)$,求当输入为冲激函数 $\delta(t)$ 的零状态响应。

解:冲激信号 $\delta(t)$ 与阶跃信号 $\varepsilon(t)$ 的函数关系为
$$\delta(t) = \frac{d\varepsilon(t)}{dt}$$

因为 LTI 系统具有微分特性,即
$$T\left[\{0\}, \frac{d}{dt}y_{zs}(t)\right] = \frac{d}{dt}y_{zs}(t)$$

所以当输入为冲激信号 $\delta(t)$ 时,系统的零状态响应为
$$y_{zs1}(t) = \frac{d}{dt}y_{zs}(t) = \frac{d}{dt}(e^{-2t}\varepsilon(t)) = -2e^{-2t}\varepsilon(t) + e^{-2t}\delta(t) = -2e^{-2t}\varepsilon(t) + \delta(t)$$

5.2.6 因果性

定义:零状态响应不出现于激励之前的系统(或任一时刻的响应仅决定于该时刻和该时刻以前的输入值,而与将来时刻的输入值无关),称为因果系统。

对任意时刻 t_0 或 k_0(一般可选 $t = t_0$ 或 $k = k_0$)和任意输入 $f(\cdots)$,当 $t<t_0$ 或 $k<k_0$ 时,$f(\cdot) = 0$,若其零状态响应在 $t<t_0$ 或 $k<k_0$ 时,有 $y_{zs}(\cdot) = T[\{0\}, f(\cdot)] = 0$,则称该系统为因果系统,否则称为非因果系统(图 5.2.2、图 5.2.3)。

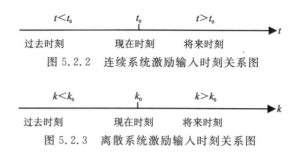

图 5.2.2 连续系统激励输入时刻关系图

图 5.2.3 离散系统激励输入时刻关系图

5.2.7 稳定性

对有界的激励 $f(\cdot)$，系统的零状态响应 $y_{zs}(\cdot)$ 也是有界的，这常称为有界输入有界输出稳定，简称稳定。确切地说，若系统的激励 $|f(\cdot)|<\infty$，其零状态响应 $|y_{zs}(\cdot)|<\infty$，就称系统是稳定的，否则为不稳定系统。

[**例 5.2.4**] $y_{zs}(k)=f(k)+f(k-1)$ 是否稳定？

解：若 $|f(k)|<\infty$，则 $|y_{zs}(k)|=|f(k)+f(k-1)|\leqslant|f(k)|+|f(k-1)|<\infty$
故系统不稳定。

5.3 系统的初值

定义：设输入 $f(t)$ 是在 $t=0$ 接入系统，则 $t=0_+$ 时刻的值 $y^{(j)}(0_+)$ 为系统的初始值。在 $t=0_-$ 时，激励尚未接入，该时刻的值 $y^{(j)}(0_-)$ 反映了系统的历史情况而与激励无关，称 $y^{(j)}(0_-)$ 为初始状态。通常，对于具体的系统，一般给定初始状态，需要从已知的初始状态 $y^{(j)}(0_-)$ 设法求得 $t=0_+$ 时刻的初始值 $y^{(j)}(0_+)$。

(1) 重要公式

$$y^{(j)}(0_-)=y_{zi}^{(j)}(0_-)+y_{zs}^{(j)}(0_-)$$
$$y^{(j)}(0_+)=y_{zi}^{(j)}(0_+)+y_{zs}^{(j)}(0_+)$$

(2) 对于零状态响应，在 $t=0_-$ 时刻激励尚未接入，故有
$$y_{zs}^{(j)}(0_-)=0$$

(3) 对于零输入响应
$$y_{zi}^{(j)}(0_+)=y_{zi}^{(j)}(0_-)=y^{(j)}(0_-)$$

5.4 两个基本响应

1. 冲激响应

定义：由单位冲激函数 $\delta(t)$ 所引起的零状态响应称为单位冲激响应，简称冲激响应，记为 $h(t)$，即 $h(t)=T[\{0\},\delta(t)]$。

根据 $h(t)$ 的定义：
$$\delta(t) \xrightarrow{T} h(t) \text{ 零状态响应}$$

由 LTI 系统的时不变性
$$\delta(t-\tau) \xrightarrow{T} h(t-\tau)$$

齐次性
$$f(\tau)\delta(t-\tau) \xrightarrow{T} f(\tau)h(t-\tau)$$

由叠加性
$$\int_{-\infty}^{+\infty} f(\tau)\delta(t-\tau)\mathrm{d}\tau = f(t) \xrightarrow{T} \int_{-\infty}^{+\infty} f(\tau)h(t-\tau)\mathrm{d}\tau = f(t)*h(t)$$

由此得到，任意激励产生的零状态响应的计算公式为（图 5.4.1）
$$y_{zs}(t) = f(t)*h(t)$$

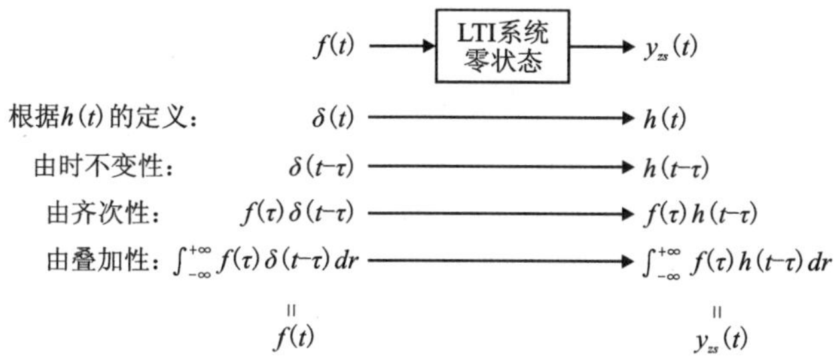

图 5.4.1 任意激励引起的零状态响应

这也是卷积的物理意义。

2. 阶跃响应

定义：由单位阶跃函数（信号）$\varepsilon(t)$ 所引起的零状态响应称为单位阶跃响应，记为 $g(t)$，即 $g(t) = T[\{0\}, \varepsilon(t)]$。

LTI 系统满足微积分特性，那么两个基本响应之间的关系为
$$\varepsilon(t) = \int_{-\infty}^{t} \delta(x)\mathrm{d}x$$
$$g(t) = \int_{-\infty}^{t} h(\tau)\mathrm{d}\tau, h(t) = \frac{\mathrm{d}g(t)}{\mathrm{d}t}$$

第 6 章　系统的变换域分析

本章重点讨论系统的变换域分析方法,主要包括频域分析和复频域分析两类方法。通过本章的学习,需要了解系统响应的求解方法,熟练掌握系统响应的频域(Fourier 变换)和复频域(Laplace 变换或 z 变换)求解方法;熟悉和理解初始值的计算方法、无失真传输调节和理想低通滤波器的设计原理。

6.1　频率响应及频域分析

对于周期信号来说,前述章节解决了信号的频域分解问题。本节将在前述内容的基础上研究 LTI 系统的激励与响应在频域中的关系,以及无失真传输与滤波的基本概念,并介绍理想低通滤波器的基本特性。

6.1.1　基本信号作用于 LTI 系统的响应

Fourier 分析是将信号分解为无穷多项不同频率的虚指数函数之和,这里首先研究虚指数函数作用于系统所引起的响应。

频域分析中,基本信号的定义域 $t \in (-\infty, \infty)$,而当 $t = -\infty$ 时,可以认为系统的状态为零。因此本节讲的响应指零状态响应,常写为 $y(t)$。设线性时不变系统,即 LTI 系统的冲激响应为 $h(t)$,则当激励是角频率为 ω 的虚指数函数 $f(t) = \mathrm{e}^{\mathrm{j}\omega t}(-\infty < t < \infty)$ 时,其响应为
$$y(t) = h(t) * f(t)$$
根据卷积的定义有
$$y(t) = \int_{-\infty}^{+\infty} h(\tau) \mathrm{e}^{\mathrm{j}\omega(t-\tau)} \mathrm{d}\tau = \int_{-\infty}^{+\infty} h(\tau) \mathrm{e}^{-\mathrm{j}\omega\tau} \mathrm{d}\tau \cdot \mathrm{e}^{\mathrm{j}\omega t}$$
这里令 $H(\mathrm{j}\omega) = \int_{-\infty}^{+\infty} h(\tau) \mathrm{e}^{-\mathrm{j}\omega\tau} \mathrm{d}\tau$,其为 $h(t)$ 的 Fourier 变换,常称为系统的频率响应函数。则上式可写为
$$y(t) = H(\mathrm{j}\omega) \mathrm{e}^{\mathrm{j}\omega t} \tag{6.1.1}$$
这里表明,当激励是幅度为 1 的虚指数函数 $\mathrm{e}^{\mathrm{j}\omega t}$ 时,系统的响应是系数为 $H(\mathrm{j}\omega)$ 的同频率虚指数函数,$H(\mathrm{j}\omega)$ 反映了响应 $y(t)$ 的幅度和相位。

6.1.2　一般信号作用于 LTI 系统的响应

根据基本信号 $\mathrm{e}^{\mathrm{j}\omega t}$ 的响应,结合 Fourier 逆变换公式,可以推导出一般信号作用于系统时

响应的计算方法,具体推导过程如下。

由 LTI 系统的齐次性,根据式(6.1.1)可以得到
$$e^{j\omega t} \Rightarrow H(j\omega)e^{j\omega t}$$
$$\frac{1}{2\pi}F(j\omega)d\omega\, e^{j\omega t} \Rightarrow \frac{1}{2\pi}F(j\omega)H(j\omega)d\omega\, e^{j\omega t}$$

由 LTI 系统的可加性得
$$\frac{1}{2\pi}\int_{-\infty}^{+\infty} F(j\omega)\, e^{j\omega t} d\omega \Rightarrow \frac{1}{2\pi}\int_{-\infty}^{+\infty} H(j\omega)F(j\omega)\, e^{j\omega t} d\omega$$
$$f(t) \Rightarrow y(t) = F^{-1}[H(j\omega)F(j\omega)]$$
$$Y(j\omega) = H(j\omega)F(j\omega)$$

6.1.3 Fourier 变换的分析法步骤

根据上述的信号 $f(t)$ 求取系统响应的计算方法,可以给出系统 Fourier 变换分析法的思路,其具体示意图如图 6.1.1 所示,通过计算信号 $f(t)$ 的 Fourier 变换 $F(j\omega)$ 和冲激响应 $h(t)$ 的 Fourier 变换 $H(j\omega)$,相乘之后得到响应的 Fourier 变换,即 $Y(j\omega) = H(j\omega)F(j\omega)$,求其 Fourier 逆变换,即可得到响应的时域表达式 $y(t)$。

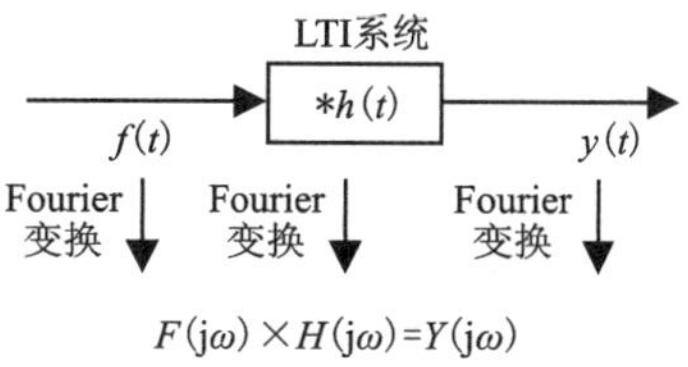

频率响应 $H(j\omega)$ 也可以定义为系统的零状态响应 $y(t)$ 的 Fourier 变换 $Y(j\omega)$ 与冲激响应的 Fourier 变换 $F(j\omega)$ 之比,即
$$H(j\omega) = \frac{Y(j\omega)}{F(j\omega)}$$

图 6.1.1 LTI 系统频域分析法示意图

通常情况下,系统频率特性 $H(j\omega)$ 是 ω 的复函数,则
$$H(j\omega) = |H(j\omega)|e^{j\theta(\omega)} = \left|\frac{Y(j\omega)}{F(j\omega)}\right|e^{j[\varphi_y(\omega)-\varphi_f(\omega)]}$$

其中,$|H(j\omega)|$ 称为幅频特性(或幅频响应),$\theta(\omega)$ 称为相频特性(或相频响应);$|H(j\omega)|$ 是 ω 的偶函数,$\theta(\omega)$ 是 ω 的奇函数。

6.1.4 Fourier 级数分析法步骤

对周期信号
$$f_T(t) = \sum_{n=-\infty}^{+\infty} F_n\, e^{jn\Omega t}$$

其响应
$$y(t) = h(t) * f_T(t) = \sum_{n=-\infty}^{+\infty} F_n[h(t) * e^{jn\Omega t}] = \sum_{n=-\infty}^{+\infty} F_n H(jn\Omega)\, e^{jn\Omega t}$$

其中
$$h(t) * e^{jn\Omega t} = \int_{-\infty}^{+\infty} h(\tau)\, e^{jn\Omega(t-\tau)} d\tau = \int_{-\infty}^{+\infty} h(\tau)\, e^{-jn\Omega\tau} d\tau \cdot e^{jn\Omega t} = H(jn\Omega)\, e^{jn\Omega t}$$

那么 $Y_n = F_n H(jn\Omega)$,其中 $H(jn\Omega) = H(j\omega)|_{\omega = n\Omega}$。

如图 6.1.2 所示为 Fourier 级数分析法的思路,与 Fourier 变换分析类似,计算周期信号 $f_T(t)$ 的 Fourier 系数 F_n 和冲激响应 $h(t)$ 的 Fourier 系数 $H(jn\Omega)$,相乘之后得到响应的

Fourier 系数 Y_n，写出 Fourier 级数的展开式，即可得到响应 $y(t)$。

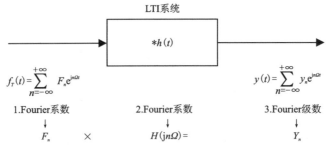

图 6.1.2 Fourier 级数分析法示意图

若周期信号采用三角型 Fourier 级数表示，即

$$f_T(t) = \frac{A_0}{2} + \sum_{n=1}^{\infty} A_n \cos(n\Omega t + \varphi_n)$$

又因为

$$H(j\omega) = |H(j\omega)| e^{j\theta(\omega)}$$

令 $\omega = n\Omega$，则可推导出

$$y(t) = \frac{A_0}{2} H(0) + \sum_{n=1}^{\infty} A_n H(jn\Omega) \cos[n\Omega t + \varphi_n + \theta(\Omega n)]$$

[**例 6.1.1**] 某 LTI 系统的幅频特性 $|H(j\omega)|$ 和相频特性 $\theta(\omega)$ 如图 6.1.3 所示，已知输入 $f(t) = 2 + 4\cos 5t + 4\cos 10t$，求该系统的响应。

解：(1) 方法一：用 Fourier 变换求解。对输入信号进行 Fourier 变换得

$$F(j\omega) = 4\pi\delta(\omega) + 4\pi[\delta(\omega - 5) + \delta(\omega + 5)] + 4\pi[\delta(\omega - 10) + \delta(\omega + 10)]$$

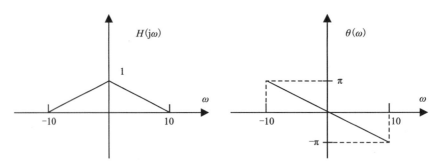

图 6.1.3 LTI 系统的幅频特性和相频特性

又 $H(j\omega) = |H(j\omega)| e^{j\theta(\omega)}$，其中 $|H(j\omega)|$ 和 $\theta(\omega)$ 如图 6.1.3 所示。由 LTI 系统的可加性可知，输出信号的频谱函数

$$\begin{aligned} Y(j\omega) &= F(j\omega) H(j\omega) \\ &= 4\pi\delta(\omega) H(j\omega) + 4\pi[\delta(\omega - 5) + \delta(\omega + 5)] H(j\omega) + \\ &\quad 4\pi[\delta(\omega - 10) + \delta(\omega + 10)] H(j\omega) \\ &= 4\pi\delta(\omega) H(0) + 4\pi\delta(\omega - 5) H(5j) + 4\pi\delta(\omega + 5) H(-5j) + \\ &\quad 4\pi\delta(\omega - 10) H(10j) + 4\pi\delta(\omega + 10) H(-10j) \end{aligned}$$

而由图 6.1.3 知 $H(0)=1, H(5j)=\frac{1}{2}e^{-j\frac{\pi}{2}}=-\frac{1}{2}j, H(-5j)=\frac{1}{2}e^{j\frac{\pi}{2}}=\frac{1}{2}j, H(10j)=0, H(-10j)=0$。因此

$$Y(j\omega) = 4\pi\delta(\omega) + 4\pi\left[-\frac{1}{2}j\delta(\omega-5) + \frac{1}{2}j\delta(\omega+5)\right]$$
$$= 4\pi\delta(\omega) + 2\pi j[\delta(\omega+5) - \delta(\omega-5)]$$

对上式取 Fourier 逆变换,进而得到

$$y(t) = \mathcal{L}^{-1}[Y(j\omega)] = 2 + 2\sin 5t$$

(2)方法二:用三角型 Fourier 级数分析法求解。这里 $f(t)$ 的基波角频率 Ω 为 5rad/s, $f(t) = 2 + 4\cos(\Omega t) + 4\cos(2\Omega t)$,由系统幅频特性和相频特性可知 $H(0)=1, H(j\Omega)=0.5e^{-j0.5\pi}, H(2j\Omega)=0, H(-j\Omega)=0.5e^{j0.5\pi}$。由欧拉公式知,输入信号可写为

$$f(t) = 2 + 4\cos(\Omega t) + 4\cos(2\Omega t) = \sum_{n=-2}^{2} 2e^{jn\Omega t}$$

进而得到

$$F_n = \begin{cases} 2, n=0, \pm 1, \pm 2 \\ 0, \text{其他} \end{cases}$$

因此

$$Y_n = H(jn\Omega)F_n$$

所以

$$y(t) = \sum_{n=-2}^{2} Y_n e^{jn\Omega t} = Y_{-1}e^{-j\Omega t} + Y_0 + Y_1 e^{j\Omega t}$$
$$= e^{j0.5\pi}e^{-j\Omega t} + 2 + e^{-j0.5\pi}e^{j\Omega t} = 2 + 2\cos\left(\Omega t - \frac{\pi}{2}\right)$$
$$= 2 + 2\sin 5t$$

6.1.5 频率响应的求法

一般来说,已知系统的微分方程,则对微分方程两边取 Fourier 变换,可以求得频率响应;或者已知电路图直接画出频域的电路模型图,来求出频率响应。

[**例 6.1.2**] 某系统的微分方程为 $y'(t) + 2y(t) = f(t)$,求 $f(t) = e^{-t}\varepsilon(t)$ 时的响应 $y(t)$。

解:微分方程两边取 Fourier 变换

$$j\omega Y(j\omega) + 2Y(j\omega) = F(j\omega)$$

由上式可得系统的频率响应函数

$$H(j\omega) = \frac{Y(j\omega)}{F(j\omega)} = \frac{1}{j\omega + 2}$$

因为

$$f(t) = e^{-t}\varepsilon(t) \leftrightarrow F(j\omega) = \frac{1}{j\omega + 1}$$

所以
$$Y(j\omega) = H(j\omega)F(j\omega) = \frac{1}{(j\omega+1)(j\omega+2)} = \frac{1}{j\omega+1} - \frac{1}{j\omega+2}$$

对上式进行 Fourier 逆变换的响应
$$y(t) = (e^{-t} - e^{-2t})\varepsilon(t)$$

6.2 无失真传输

系统对于信号的作用大体可以分为两类：一类是信号的传输，另一类是滤波。传输要求信号尽量不失真，而滤波则滤去或削弱不需要的成分，滤波的过程必然伴随着失真。

6.2.1 无失真传输

无失真传输是指系统的输出信号与输入信号相比，只有幅度的大小和出现时间的先后不同，而没有波形上的变化。即输入信号 $f(t)$，经过无失真传输后，输出信号应为 $y(t)=Kf(t-t_d)$，由时移特性，其频谱关系为 $Y(j\omega) = K\,e^{-j\omega t_d}F(j\omega)$。

6.2.2 无失真传输的条件

系统要实现无失真传输，对 $h(t)$、$H(j\omega)$ 的要求是：
(1) 对 $h(t)$ 的要求，$h(t) = K\delta(t-t_d)$。
(2) 对 $H(j\omega)$ 的要求，$H(j\omega) = \dfrac{Y(j\omega)}{F(j\omega)} = K\,e^{-j\omega t_d}$，$|H(j\omega)| = K$，$\theta(\omega) = -\omega t_d$。

上述是信号无失真传输的理想条件。图 6.2.1 所示为无失真传输系统的幅频特性和相频特性，可见幅度无失真要求 $|H(j\omega)|$ 为一常数，相位无失真要求 $\theta(\omega)$ 为一条过原点的斜率为 $-t_d$ 的直线。

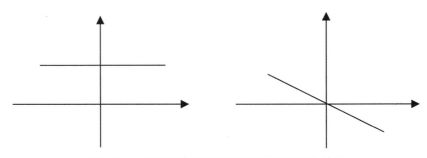

图 6.2.1 无失真传输系统的幅频特性和相频特性

［例 6.2.1］ 系统的幅频特性和相频特性如图 6.2.2 所示，则下列信号通过该系统时，不产生失真的是哪一个？

(A) $f(t) = \cos t + \cos 8t$

(B) $f(t) = \sin 2t + \sin 4t$

(C) $f(t) = \sin 2t \cdot \sin 4t$

(D) $f(t) = \cos^2 4t$

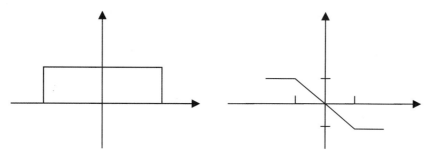

图 6.2.2　例 6.2.1 示意图

解：(A)幅频没有失真，相频失真。

(B)幅频没有失真，相频也没有失真。

(C)根据积化和差公式，幅频没有失真，相频失真。

(D)根据倍角公式，幅频没有失真，相频失真。

其中选项(B)的详细推导过程如下：对 $f(t)$ 进行 Fourier 变换

$$F(j\omega) = \frac{\pi}{j}[\delta(\omega-2) - \delta(\omega+2)] + \frac{\pi}{j}[\delta(\omega-4) - \delta(\omega+4)]$$

则可得

$Y(j\omega) = F(j\omega)H(j\omega)$

$= \frac{\pi}{j}[H(j2)\delta(\omega-2) - H(-j2)\delta(\omega+2)] + [H(j4)\delta(\omega-4) - H(-j4)\delta(\omega+4)]$

由图可知：$H(j2) = \pi e^{-2j}$，$H(-j2) = \pi e^{2j}$，$H(j4) = \pi e^{-4j}$，$H(-j4) = \pi e^{4j}$ 代入上式并对其求 Fourier 逆变换

$$y(t) = \pi\sin(2t-2) + \pi\sin(4t-4)$$

由上述结果知 B 选项的信号通过该系统后只有幅度和出现时间发生了变化，故选 B。

6.3　理想低通滤波器的响应

6.3.1　理想低通滤波器的定义

具有如图 6.3.1 所示幅频、相频特性的系统称为理想低通滤波器。它将低于某一角频率 ω_c 的信号无失真地传送，而阻止角频率高于 ω_c 的信号通过，其中 ω_c 称为截止角频率。信号能通过的频率范围称为通带；阻止信号通过的频率范围称为止带或阻带。

设理想低通滤波器的截止频率为 ω_c，通带内幅频特性 $H(j\omega) = 1$，则理想低通滤波器的频率响应可写为

$$|H(j\omega)| = \begin{cases} 1, & |\omega| < \omega_c \\ 0, & |\omega| > \omega_c \end{cases}, \varphi(\omega) = -\omega t_d$$

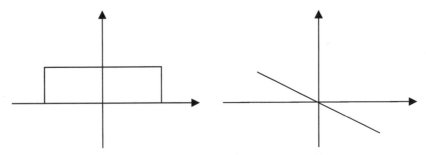

图 6.3.1 理想低通滤波器幅频特性和相频特性

6.3.2 冲激响应

由于系统的冲激响应是 $H(j\omega)$ 的 Fourier 逆变换,因此,理想低通滤波器的冲激响应为

$$h(t) = F^{-1}[g_{2\omega_c}(\omega) e^{-j\omega t_d}]$$

根据 Fourier 变换的对称性可知

$$\tau \mathrm{Sa}\left(\frac{\tau}{2}t\right) \leftrightarrow 2\pi\, g_\tau(-\omega) = 2\pi\, g_\tau(\omega)$$

令 $\frac{\tau}{2} = \omega_c$,得

$$2\omega_c \mathrm{Sa}(\omega_c t) \leftrightarrow 2\pi\, g_{2\omega_c}(\omega)$$

于是

$$h(t) = F^{-1}[g_{2\omega_c}(\omega) e^{-j\omega t_d}] = \frac{\omega_c}{\pi} \mathrm{Sa}[\omega_c(t - t_d)]$$

结论:(1)比较输入输出(图 6.3.2),可见严重失真。原因如下:$\delta(t) \leftrightarrow 1$ 信号频带无限宽,理想低通滤波器通频带是有限的,ω_c 以上的频率成分截止。

(2)理想低通滤波器是物理不可实现的非因果系统。

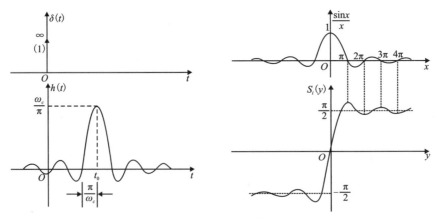

图 6.3.2 冲激响应输入输出波形图

6.3.3 阶跃响应

阶跃响应输入输出波形如图 6.3.3 所示。

$$g(t) = h(t) * \varepsilon(t) = \int_{-\infty}^{t} h(\tau)\mathrm{d}\tau$$

$$= \int_{-\infty}^{t} \frac{\omega_c}{\pi} \frac{\sin[\omega_c(\tau - t_d)]}{\omega_c(\tau - t_d)}\mathrm{d}\tau$$

$$= \int_{-\infty}^{0} \frac{\omega_c}{\pi} \frac{\sin[\omega_c(\tau - t_d)]}{\omega_c(\tau - t_d)}\mathrm{d}\tau +$$

$$\int_{0}^{t} \frac{\omega_c}{\pi} \frac{\sin[\omega_c(\tau - t_d)]}{\omega_c(\tau - t_d)}\mathrm{d}\tau$$

$$= \frac{1}{2} + \frac{1}{\pi}\int_{0}^{\omega_c(t-t_d)} \frac{\sin x}{x}\mathrm{d}x = \frac{1}{2} + \frac{1}{\pi} S_i[\omega_c(t - t_d)]$$

$$S_i(y) = \int_{0}^{y} \frac{\sin x}{x}\mathrm{d}x (正弦积分)$$

该响应函数的特点为：①奇函数；②最大值 $S_i(\pi)$，位置 $x = \pi$；③最小值 $S_i(-\pi)$，位置 $x = -\pi$；④稳态值 $S_i(\infty) = \frac{\pi}{2}$。

上升时间 t_r 为输出由最小值到最大值所经历的时间，$t_r = \frac{2\pi}{\omega_c} = \frac{1}{B}$。可见，阶跃响应的上升时间 t_r 与滤波器带宽 B 成反比。其特点为有明显失真，只要 $\omega_c < \infty$，则必有振荡，其过冲比稳态高约 9%。这一由频率截断效应引起的振荡现象称为 gibbs 现象。

$$g_{\max} = \frac{1}{2} + \frac{1}{\pi} S_i(\pi) \approx 1.0895$$

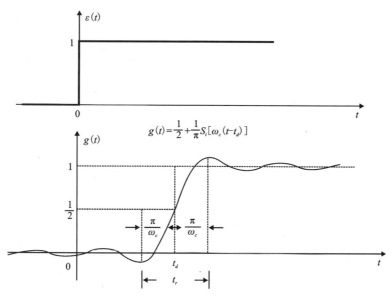

图 6.3.3 阶跃响应输入输出波形图

4 种常见的滤波器，如图 6.3.4 所示。

[例 6.3.1] 图 6.3.5 是二次抑制载波振幅调制接收系统，输入信号 $f(t) = \frac{\sin t}{\pi t}$，$-\infty < t < \infty$，调制信号 $s(t) = \cos 500t$，$-\infty < t < \infty$。问输出信号 $y(t) = ?$

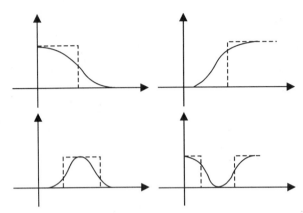

图 6.3.4　4 种常见的滤波器

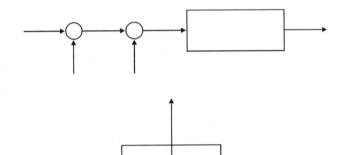

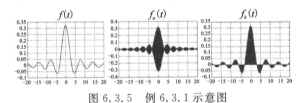

图 6.3.5　例 6.3.1 示意图

解： $y(t) = f(t) \times s(t) \times s(t) * h(t)$ $Y(j\omega) = \left\{ \dfrac{1}{2\pi}\left[\dfrac{1}{2\pi} F(j\omega) * S(j\omega) \right] * S(j\omega) \right\} \cdot H(j\omega)$ $g_2(t) \leftrightarrow 2\mathrm{Sa}(\omega)$ 由对称性可知　$2\mathrm{Sa}(t) \leftrightarrow 2\pi\, g_2(-\omega) \leftrightarrow 2\pi\, g_2(\omega)$

所以

$$\frac{\sin t}{\pi t} = \frac{\mathrm{Sa}(t)}{\pi} = f(t) \leftrightarrow g_2(\omega)$$

调制信号：$s(t) = \cos 500t, -\infty < t < +\infty$

$$S(j\omega) = \pi[\delta(\omega - 500) + \delta(\omega + 500)]$$

$$Y(j\omega) = \left\{ \frac{1}{2\pi}\left[\frac{1}{2\pi} F(j\omega) * S(j\omega) \right] * S(j\omega) \right\} \cdot H(j\omega)$$

$$= \frac{1}{4\pi^2}\{ g_2(\omega) * \pi[\delta(\omega + 500) + \delta(\omega - 500)]$$

$$= \frac{1}{4} \frac{1}{\pi^2} g_2(\omega) * \pi^2 [\delta(\omega+1000) + 2\delta(\omega) + \delta(\omega-1000)] \cdot H(j\omega)$$

$$= \frac{1}{4} g_2(\omega) * [\delta(\omega+1000) + 2\delta(\omega) + \delta(\omega-1000)] \cdot g_2(\omega)$$

$$= \frac{1}{2} g_2(\omega) \cdot \frac{1}{2} g_2(\omega) = \frac{1}{2} g_2(\omega)$$

所以

$$y(t) = \frac{\sin t}{2\pi t} = \frac{\mathrm{Sa}(t)}{2\pi} = \frac{1}{2} f(t)$$

第一次调制：$f_a(t) = f(t) \times s(t)$。

第二次调制：$f_b(t) = f(t) \times s(t)$。

低通滤波：$y(t) = f_b(t) * h(t)$。

为了更清楚地展示原理，取 $s(t) = \cos 10t$，所得结果如图 6.3.6 所示。

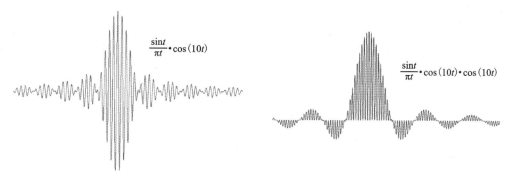

图 6.3.6　计算结果展示图

6.4　系统的复频域特性

1. 连续系统的系统函数

一个线性时不变连续时间系统如图 6.4.1 的(a)所示，$e(t)$、$r(t)$、$h(t)$ 分别表示输入激励信号、零状态响应及系统的冲激响应，则有

$$r(t) = e(t) * h(t)$$

上式左右两侧同时取拉普拉斯变换，得

$$R(s) = H(s)E(s)$$

此时图 6.4.1(a)可表示成图 6.4.1(b)。因而

$$H(s) = \frac{R(s)}{E(s)}$$

这样，系统零状态响应的拉普拉斯变换与激励信号的拉普拉斯变换之比称为线性时不变连续系统的系统函数，用 $H(s)$ 表示，它与系统的冲激响应 $h(t)$ 构成拉普拉斯变换对，即

$$H(s) = \mathcal{L}[h(t)]$$

图 6.4.1　线性时不变连续时间系统(时域)(a)和线性时不变连续时间系统(复频域)(b)

系统函数 $H(s)$ 所描述的是线性系统在复频域内的特性,当系统结构、输入输出位置及性质确定后,$H(s)$ 是不随激励的变化而变化的,因而其描述的是系统固有特性。在一般的网络分析中,由于激励与响应既可以是电压,也可以是电流,因此系统函数可以描述系统的阻抗导纳、电流比或电压比(即放大信数)。此外,若激励与响应在网络的同一端口,则系统函数称为策动点函数(或驱动点函数),如图 6.4.2(a)所示,若激励与响应不在同一端口,就称为转移函数(或传输函数),如图 6.4.2(b)所示。显然,策动点函数只可能是阻抗或导纳;而转移函数可以是限抗、导纳、电压比或电流比。

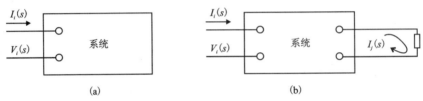

图 6.4.2　策动点函数与转移函数

将上述不同条件下系统函数的量纲列于表 6.4.1。在一般的系统分析中,对于这些量纲往往不加区分,统称为系统函数或转移函数。

表 6.4.1　系统函数的名称

激励与响应的位置	激励	响应	系统函数量纲
在同一端口(策动点函数)	电流	电压	策动点阻抗
在同一端口(策动点函数)	电压	电压流	策动点导纳
不在同一端口(转移函数)	电流	电压	转移阻抗
不在同一端口(转移函数)	电压	电流	转移导纳
不在同一端口(转移函数)	电压	电压	转移电压比(电压传输函数)
不在同一端口(转移函数)	电流	电压流	转移电流比(电流传输函数)

$H(s)$ 的求解方法可根据不同的已知条件采用不同的求解方法。

(1)若系统的冲激响应 $h(t)$ 已知,则该系统的系统函数 $H(s) = \mathcal{L}[h(t)]$。

(2)若描述系统的数学模型——微分方程已知,首先对该微分方程两侧取单边拉普拉斯变换,则系统函数 $H(s) = \dfrac{R(s)}{E(s)}$。

(3)若组成系统的具体电路已知,则可先列出输入输出关系方程(微积分方法),再按(2)中描述的方法求解。

(4)若描述系统的模拟框图已知,则可根据系统框图在 s 域求解系统输入输出的关系求出 $H(s) = \dfrac{R(s)}{E(s)}$。

总之，上述各种 $H(s)$ 的求解方法，都是围绕其定义式与 $h(t)$ 的关系计算的。

[例 6.4.1] 已知连续时间系统的阶跃响应为 $g(t)=(1-2\mathrm{e}^{-2t})u(t)$，求该系统的系统函数。

解： 由系统阶跃响应与冲激响应的关系，得

$$h(t)=\frac{\mathrm{d}g(t)}{\mathrm{d}t}=2\mathrm{e}^{-2t}u(t)$$

则

$$H(s)=\mathcal{L}[h(t)]=\frac{2}{s+2}$$

本题也可以利用 $H(s)$ 定义求解，由于阶跃响应的激励是阶跃信号 $u(t)$，故

$$H(s)=\frac{\mathcal{L}[g(t)]}{\mathcal{L}[u(t)]}=\left(\frac{1}{s}-\frac{1}{s+2}\right)\bigg/\frac{1}{s}=\frac{2}{s+2}$$

2. 离散系统的系统函数

与连续系统的系统函数相类似，线性时不变离散时间系统如图 6.4.3(a)所示。图中，$x(n)$、$y(n)$、$h(n)$ 分别表示输入序列、零状态响应及系统的单位冲激响应，则

$$y(n)=x(n)*h(n)$$

上式两边取 z 变换得

$$Y(z)=H(z)X(z)$$

此时，图 6.4.3(a)在 z 域内的表示如图 6.4.3(b)所示。

(a) 线性时不变离散时间系统(时域表示)　　(b) 线性时不变连续时间系统(z域表示)

图 6.4.3　线性系统展示图

定义

$$H(z)=\frac{Y(z)}{X(z)}$$

称 $H(z)$ 为线性时不变离散时间系统的系统函数，这里特别需要强调的是 $Y(z)$ 是系统零状态响应的 z 变换，明显可见，系统函数 $H(z)$ 与 $h(n)$ 构成 z 变换对，即

$$H(z)=\mathcal{Z}[h(n)]$$

$H(z)$ 描述了离散系统在 z 域内的特性，它同样反映了离散系统在复频域(z 域)内的固有特性。

与求 $H(s)$ 方法类似，$H(z)$ 也可根据不同的已知条件用不同方法求解。

(1) 若系统的单位冲激响应 $h(n)$ 已知，则该系统的系统函数 $H(z)=\mathcal{Z}[h(n)]$。

(2) 若系统所对应的差分方程已知，首先对该差分方程两侧取单边 z 变换，则系统函数 $H(z)=\frac{Y(z)}{X(z)}$。

(3)若系统的输入及零状态输出已知,则直接利用定义 $H(z) = \dfrac{Y(z)}{X(z)}$ 即可。

(4)若组成系统的模拟框图已知,则可根据系统的框图在 z 域求解系统输入输出的关系,利用 $H(z) = \dfrac{R(z)}{E(z)}$ 求得。

[**例 6.4.2**] 求下列差分方程所描述的离散时间系统的系统函数和单位冲激响应。
$$y(n) - ay(n-1) = bx(n)$$
解:将差分方程两侧取 z 单边变换,并利用移位特性,得到
$$Y(z) - a\,z^{-1}Y(z) - ay(-1) = bX(z)$$
由 $y(-1) = 0$,得
$$H(z) = \frac{Y(z)}{X(z)} = \frac{b}{1 - a\,z^{-1}}$$
系统的单位冲激响应为
$$h(n) = Z^{-1}[H(z)] = ba * u(n)$$

[**例 6.4.3**] 离散时间系统如图 6.4.4 所示,求该系统对应的系统函数。
解:由该系统框图可知,它对应的差分方程可写为
$$y(n) = a_1 y(n-1) + a_2 y(n-2) + b_1 x(n-1)$$

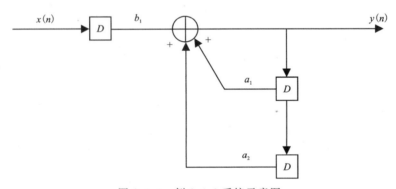

图 6.4.4 例 6.4.3 系统示意图

假设初始状态为零,差分方程两侧取 z 单边变换得
$$Y(z) = a_1\,z^{-1}Y(z) + a_2\,z^{-2}Y(z) + b_1\,z^{-1}X(z)$$
整理可得
$$H(z) = \frac{Y(z)}{X(z)} = \frac{b_1\,z^{-1}}{1 - a_1\,z^{-1} - a_2\,z^{-2}}$$

6.5 系统响应的复频域求解方法

系统的全响应 = 零输入响应 + 零状态响应 = $y_{zi}(t) + y_{zs}(t)$,需要知道对应的初始条件,才可求解,因此需要介绍 0_+ 与 0_- 值。记住以下几个重要公式。
$$y^{(j)}(0_+) = y_{zi}^{(j)}(0_+) + y_{zs}^{(j)}(0_+)$$

$$y^{(j)}(0_-) = y_{zi}^{(j)}(0_-) + y_{zs}^{(j)}(0_-)$$
$$y_{zs}^{(j)}(0_-) = 0 \Rightarrow y^{(j)}(0_-) = y_{zi}^{(j)}(0_-) = y_{zi}^{(j)}(0_+)$$

[例 6.5.1] 描述某 LTI 系统的微分方程为
$$y''(t) + 4y'(t) + 4y(t) = f'(t) + 3f(t)$$

已知输入 $f(t) = e^{-t}\varepsilon(t), y(0_+) = 1, y'(0_+) = 3$,求该系统的零输入响应 $y_{zi}(t)$ 和零状态响应 $y_{zs}(t)$。

解:两边同时做 Laplace 变换

$$s^2 Y(s) - sy(0_-) - y'(0_-) + 4sY(s) - 4y(0_-) + 4Y(s) = sF(s) - f(0_-) + 3F(s)$$
$$\Rightarrow (s^2 + 4s + 4)Y(s) - sy(0_-) - y'(0_-) - 4y(0_-) = (s+3)F(s)$$
$$\Rightarrow Y(s) = \frac{s+3}{s^2+4s+4}F(s) + \frac{y'(0_-)+(s+4)y(0_-)}{s^2+4s+4}$$

其中
$$Y_{zs}(s) = \frac{s+3}{s^2+4s+4}F(s), \quad Y_{zi}(s) = \frac{y'(0_-)+(s+4)y(0_-)}{s^2+4s+4}$$

考虑到
$$f(t) = e^{-t}\varepsilon(t) \leftrightarrow F(s) = \frac{1}{s+1}$$

则有
$$\frac{s+3}{s^2+4s+4} = \frac{s+3}{(s+2)^2} \cdot \frac{1}{s+1} = \frac{k_{11}}{(s+2)^2} + \frac{k_{12}}{s+2} + \frac{k_2}{s+1}$$

其中
$$k_{11} = (s+2)^2 Y_{zs}(s) = \frac{s+3}{s+1}\bigg|_{s=-2} = -1$$
$$k_{12} = \frac{\mathrm{d}}{\mathrm{d}s}(s+2)^2 Y_{zs}(s) = \frac{s+1-(s+3)}{(s+1)^2}\bigg|_{s=-2} = -2$$
$$k_2 = (s+1)Y_{zs}(s) = \frac{s+3}{(s+2)^2}\bigg|_{s=-1} = 2$$

得到
$$Y_{zs} = \frac{-1}{(s+2)^2} + \frac{-2}{s+2} + \frac{2}{s+1}$$
$$\Rightarrow y_{zs}(t) = \mathcal{L}^{-1}\{Y_{zs}(s)\} = -t\varepsilon(t)e^{-2t} - 2\varepsilon(t)e^{-2t} + 2e^{-t}\varepsilon(t)$$
$$Y_{zi}(s) = \frac{sy(0_-) + y'(0_-) + 4y(0_-)}{s^2 + 4s + 4}$$
$$y(0_+) = y_{zi}(0_+) + y_{zs}(0_+)$$
$$y(0_-) = y_{zi}(0_-) + y_{zs}(0_-) \quad (y_{zs}(0_-) = 0)$$
$$y_{zi}(0_+) = y_{zi}(0_-) = y(0_-)$$
$$y(0_+) = 1 = y_{zi}(0_+) + y_{zs}(0_+)$$

已知 y_{zs} 表达式,可知
$$y_{zs}(0_+) = -2 + 2 = 0$$

$$\Rightarrow y_{zi}(0_+) = y(0_+) = 1$$

$$\Rightarrow y(0_-) = y_{zi}(0_-) = y_{zi}(0_+) = 1$$

$$y'(0_-) = y'_{zi}(0_-) + y'_{zs}(0_-)(y'_{zs}(0_-) = 0)$$

$$y'(0_+) = y'_{z1}(0_+) + y'_{zs}(0_+)$$

$$y'_{zs}(t) = ([2\,\mathrm{e}^{-t} - (t+2)\,\mathrm{e}^{-2t}]s(t))'$$

$$= (-2\,\mathrm{e}^{-t} - \mathrm{e}^{-2t} + 2(t+2)\,\mathrm{e}^{-2t})\varepsilon(t) + (2\,\mathrm{e}^{-t} - (t+2)\,\mathrm{e}^{-2t})\delta(t)$$

$$= (-2\,\mathrm{e}^{-t} + (2t+3)\,\mathrm{e}^{-2t})\varepsilon(t)$$

$$\Rightarrow y'_{zs}(0_+) = (-2+3) = 1$$

由题可得

$$y'(0_+) = 3$$

$$\Rightarrow y'_{zi}(0_+) = y'(0_+) - y'_{zs}(0_+) = 2$$

$$\Rightarrow y'(0_-) = y'_{zi}(0_-) = y'_{z1}(0_+) = 2$$

$$\Rightarrow Y_{zi}(s) = \frac{y'(0_-) + (s+4)y(0_-)}{s^2 + 4s + 4} = \frac{(s+4) + 2}{s^2 + 4s + 4}$$

$$\frac{s+6}{(s+2)^2} = \frac{A_{11}}{(s+2)^2} + \frac{A_{12}}{s+2}$$

$$A_{11} = (s+2)^2 Y_{zi}(s) = s+6 \big|_{s=-2} = 4$$

$$A_{12} = \frac{\mathrm{d}}{\mathrm{d}s}(s+2)^2 Y_{zi}(s) \bigg|_{s=-2} = 1 = \frac{4}{(s+2)^2} + \frac{1}{s+2}$$

$$\Rightarrow y_{zi} = \mathcal{L}^{-1}(Y_{zi}(s)) = 4t\varepsilon(t)\,\mathrm{e}^{-2t} + \mathrm{e}^{-2t}\varepsilon(t) = (4t+1)\varepsilon(t)\,\mathrm{e}^{-2t}$$

［例 6.5.2］ 描述某 LTI 系统的微分方程为：$y''(t) + 5y'(t) + 6y(t) = f(t)$，求输入 $f(t) = 2\,\mathrm{e}^{-t}, t \geqslant 0; y(0) = 2, y'(0) = -1$ 时的全解（全响应）。

解：全响应

$$y(t) = y_{zi}(t) + y_{zs}(t)$$

对微分方程两端同时做 Laplace 变换可以得到

$$s^2 Y(s) - sy(0_-) - y'(0_-) + 5sY(s) - 5y(0_-) + 6Y(s) = F(s)$$

$$\Rightarrow (s^2 + 5s + 6)Y(s) - [sy(0_-) + y'(0_-) + 5y(0_-)] = F(s)$$

$$\Rightarrow Y(s) = \frac{1}{s^2 + 5s + 6}F(s) + \frac{sy(0_-) + y'(0_-) + 5y(0_-)}{s^2 + 5s + 6}$$

把 $F(s) = \dfrac{2}{s+1}$ 代入得到

$$Y(s) = \frac{1}{s^2 + 5s + 6} \cdot \frac{2}{s+1} + \frac{sy(0_-) + y'(0_-) + 5y(0_-)}{s^2 + 5s + 6}$$

$$Y_{zs}(s) = \frac{A_1}{(s+2)(s+3)(s+1)} = \frac{B_1}{s+1} + \frac{C_1}{s+2} + 3$$

$$A = (s+1)Y_{zs}(s)\big|_{s=-1} = 1$$

$$B = (s+2)Y_{zs}(s)\big|_{s=-2} = -2$$

$$C = (s+3)Y_{zs}(s)\big|_{s=-3} = 1$$

$$y_{zs}(t) = (e^{-t} - 2e^{-2t} + e^{-3t})\varepsilon(t) \quad (*)$$
$$y(0_+) = y_{zs}(0_+) + y_{zi}(0_+) \quad (y_{zs}(0_-) = y_{zs}(0_-))$$
$$y(0_-) = y_{zs}(0_-) + y_{zi}(0_-) \quad (y_{zs}(0_-) = 0)$$
$$y_{zs}(0_+) = 0$$
$$y(0_+) = y_{zi}(0_+)$$
$$\Rightarrow y(0_+) = y(0_-) = y_{zi}(0_-) = y_{zi}(0_+)$$
$$y(0_+) = y(0_-) = y(0) = 2$$

此外，根据状态公式有
$$y'(0_+) = y'_{zi}(0_+) + y'_{zs}(0_+)$$
$$y'(0_-) = y'_{zi}(0_-) + y'_{zs}(0_-) \quad (y'_{zs}(0_-) = 0)$$
$$y'_{zs}(0_+) = (-e^{-t} + 4e^{-2t} - 3e^{-3t})\varepsilon(t)\big|_{t=0_+} = 0$$

因为
$$y'_{zi}(0_+) = y'_{zi}(0_-)$$

所以
$$y'(0_+) = y'(0_-) = y'(0) = -1$$

则有
$$Y_{zi} = \frac{s \cdot 2 + (-1) + 5 \cdot 2}{s^2 + 5s + 6} = \frac{2s + 9}{s^2 + 5s + 6} = \frac{2s + 9}{(s+2)(s+3)} = \frac{A_2}{s+2} + \frac{B_2}{s+3}$$
$$A_2 = (s+2)Y_{zi}(s) = \frac{2s+9}{s+3}\bigg|_{s=-2} = 5$$
$$B_2 = (s+3)Y_{zi}(s) = \frac{2s+9}{s+2}\bigg|_{s=-3} = -3$$
$$Y_{zi} = \frac{5}{s+2} + \frac{-3}{s+3}$$
$$Y_{zi}(t) = (5e^{-2t} - 3e^{-3t})\varepsilon(t)$$

则
$$y(t) = (3e^{-2t} - 2e^{-3t} + e^{-t})\varepsilon(t)$$

［例 6.5.3］ 描述某二阶 LTI 系统的微分方程为 $y''(t) + 5y'(t) + 6y(t) = f(t)$，求冲激响应 $h(t)$。

解：
$$h''(t) + 5h'(t) + 6h(t) = \delta(t)$$
$$\Rightarrow s^2 H(s) + 5sH(s) + 6H(s) = 1 \Rightarrow H(s) = \frac{1}{s^2 + 5s + 6}$$
$$H(s) = \frac{1}{(s+2)(s+3)} = \frac{1}{s+2} - \frac{1}{s+3}$$
$$\Rightarrow h(t) = e^{-2t}\varepsilon(t) - e^{-3t}\varepsilon(t)$$

［例 6.5.4］ 描述某二阶 LTI 系统的微分方程为 $y''(t) + 5y'(t) + 6y(t) = f''(t) + 2f'(t) + 3f(t)$，求冲激响应 $h(t)$。

解：

$$h''(t) + 5h'(t) + 6h(t) = \delta''(t) + 2\delta'(t) + 3\delta(t)$$
$$s^2 H(s) + 5sH(s) + 6H(s) = s^2 + 2s + 3$$

那么有

$$H(s) = \frac{s^2 + 2s + 3}{s^2 + 5s + 6} = 1 + \frac{-3s - 3}{s^2 + 5s + 6} = 1 + \frac{3}{s+2} - \frac{6}{s+3}$$
$$= \delta(t) + 3e^{-2t}\varepsilon(t) - 6e^{-3t}\varepsilon(t)$$

[例 6.5.5] 如图 6.5.1 所示的 LTI 系统，求其冲激响应和阶跃响应。

解： 如图 6.5.1 所示，由左端第一个加法器可以得到

$$f(t) - 2x(t) - 3x'(t) = x''(t)$$
$$-x'(t) + 2x(t) = y(t)$$
$$\Rightarrow y''(t) + 3y'(t) + 2y(t) = -f'(t) + 2f(t)$$
$$\Rightarrow h''(t) + 3h'(t) + 2h(t) = -\delta'(t) + 2\delta(t)$$

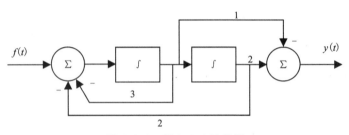

图 6.5.1 例 6.5.5 示意图

两边同时求 Laplace 变换

$$s^2 H(s) + 3sH(s) + 2H(s) = -s + 2$$
$$H(s) = \frac{-s+2}{s^2 + 3s + 2} = \frac{A}{s+1} + \frac{B}{s+2}$$
$$A = \frac{-s+2}{s+2}\bigg|_{s=-1} = 3$$
$$B = \frac{-s+2}{s+1}\bigg|_{s=-2} = -4$$

所以

$$h(t) = 3e^{-t}\varepsilon(t) - 4e^{-2t}\varepsilon(t)$$
$$g(t) = \int_{-\infty}^{t} h(\tau)d\tau = \int_{-\infty}^{t} (3e^{-\tau}\varepsilon(t) - 4e^{-2\tau}\varepsilon(t))d\tau$$

当 $t < 0$ 时，$g(t) = 0$；当 $t > 0$ 时，

$$g(t) = \int_0^t (3e^{-\tau} - 4e^{-2\tau})d\tau = (-3e^{-\tau} + 2e^{-2\tau})\bigg|_0^t = -3e^{-t} + 2e^{-2t} + 1$$

所以 $g(t) = (1 - 3e^{-t} + 2e^{-2t})\varepsilon(t)$。

z 变换的移序性质为常系数线性差分方程提供了变换域求解的依据，将移序运算转换为乘法，即可把差分方程转换为代数方程，因而可以求解出系统的零状态响应和零输入响应乃至全响应。

[**例 6.5.6**] 描述某 LTI 系统的差分方程为 $y(k)+3y(k-1)+2y(k-2)=f(k-2)$，已知初始状态 $y(-1)=1, y(-2)=0$，激励 $f(k)=\varepsilon(k)$，求系统的零状态响应，零输入响应和全响应。

解：对于差分方程两边同时取单边 z 变换可以得到

$$Y(z)+3z^{-1}Y(z)+3\sum_{k=0}^{0}y(k-1)z^{-k}+2z^{-2}Y(z)+2\sum_{k=0}^{1}Y(k-2)z^{-k}=z^{-2}F(z)$$

$$Y(z)+3z^{-1}Y(z)+3y(-1)+2z^{-2}Y(z)+2(y(-2)+2y(-1)z^{-1})=z^{-2}F(z)$$

$$(1+3z^{-1}+2z^{-2})Y(z)+3y(-1)+2y(-2)+2y(-1)z^{-1}=z^{-2}F(z)$$

$$\Rightarrow Y(z)=\frac{-3y(-1)-2y(-2)-2y(-1)z^{-1}}{1+3z^{-1}+2z^{-2}}+\frac{z^{-2}}{1+3z^{-1}+2z^{-2}}F(z)$$

$$=\frac{-3-2z^{-1}}{1+3z^{-1}+2z^{-2}}+\frac{z^{-2}}{1+3z^{-1}+2z^{-2}}F(z)=\frac{-3z^2-2z}{z^2+3z+2}+\frac{1}{z^2+3z+2}\cdot\frac{z}{z-1}$$

$$\frac{Y_{zi}(z)}{z}=\frac{-3z-2}{z^2+3z+2}=\frac{1}{z+1}+\frac{-4}{z+2}\Rightarrow Y_{zi}(z)=\frac{z}{z+1}+\frac{-4z}{z+2}=(-1)^k\varepsilon(k)-4(-2)^k\varepsilon(k)$$

$$\frac{Y_{zs}(z)}{z}=\frac{1}{(z-1)(z+1)(z+2)}=\frac{A}{z-1}+\frac{B}{z+1}+\frac{C}{z+2}$$

$$=\frac{\frac{1}{6}}{z-1}+\frac{-\frac{1}{2}}{z+1}+\frac{\frac{1}{3}}{z+2}\Rightarrow Y_{zs}(z)=\frac{1}{6}\varepsilon(k)-\frac{1}{2}(-1)^k\varepsilon(k)+\frac{1}{3}(-2)^k\varepsilon(k)$$

6.6 习题

一、自测题

1. 判断题

(1)因果系统一定是稳定系统。（　　）

(2)如果系统对输入信号的运算关系在整个运算过程中不随时间变化,则这种系统称为时不变系统。（　　）

(3)所谓稳定系统是指有界输入、有界输出的系统。（　　）

(4)差分方程本身能确定该系统的因果和稳定性。（　　）

2. 选择题

(1)设系统的单位抽样响应为 $h(n)$，则系统是因果系统的充要条件为（　　）。

A. 当 $n>0$ 时，$h(n)=0$　　　　　　　　B. 当 $n>0$ 时，$h(n)\neq 0$

C. 当 $n<0$ 时，$h(n)=0$　　　　　　　　D. 当 $n<0$ 时，$h(n)\neq 0$

(2)某一 LTI 系统，输入为 $x(n)$ 时，输出为 $y(n)$；则输入为 $2x(n)$ 时，输出为（　　）；输入为 $3x(n)$ 时，输出为（　　）。

A. $2y(n), y(n-3)$　　　　　　　　　　　B. $2y(n), y(n+3)$

C. $y(n), y(n-3)$　　　　　　　　　　　D. $y(n), y(n+3)$

(3)系统的幅频特性和相频特性如图 6.6.1 所示,不产生失真的激励信号为（　　）。

A. $f(t) = 2\sin 6t + \sin 8t$ B. $f(t) = 3\sin 8t + 2\sin 14t$
C. $f(t) = 4\sin 14t + 3\sin 18t$ D. $f(t) = \sin 6t + \sin 8t$

(4)某 LTI 系统的 $|H(j\omega)|$ 和 $\theta(\omega)$ 如图 6.6.2 所示,若 $f(t) = 1 + 2\cos(4t) + 5\cos(8t)$,响应为(　　)。

A. $1+2\sin 4t$　　B. $2+\sin 4t$　　C. $2+2\sin 4t$　　D. $2+2\sin 2t$

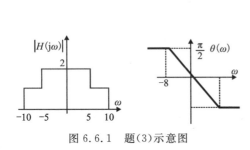
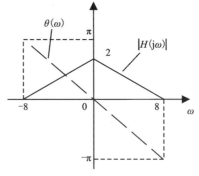

图 6.6.1　题(3)示意图　　　　　　　图 6.6.2　题(4)示意图

3.填空题

(1)线性时不变系统的性质有(　　)、(　　)、(　　)。

(2)设 LTI 系统输入为 $x(n)$,系统单位序列响应为 $h(n)$,则系统零状态输出 $y(n) = $(　　)。

二、作业题

1.在下列系统中,$f(t)$ 为激励,$y(t)$ 为响应,$x(t_0)$ 为初始状态,试判断它们是否为线性系统。

(1) $y(t) = x(t_0) \cdot \sin[f(t)]$;(2) $y(t) = x(t_0)^2 + f(t)$;

(3) $y(t) = 2x(t_0) + 3|f(t)|$;(4) $y(t) = af(t) + b$;

(5) $y(t) = x^2(t_0) \cdot \lg[f(t)]$;(6) $y(t) = x(t_0) + f^2(t)$;

(7) $y(t) = \sqrt{x(t_0)} + \int_{t_0}^{t} f(\tau)d\tau$;(8) $y(t) = e^{-t}x(t_0) + \dfrac{d(t)}{dt} + \int_{t_0}^{t} f(\tau)d\tau$。

2.下列系统中 $y_{zs}(\cdot)$ 和 $f(\cdot)$ 分别表示零状态响应和激励,试判断系统的因果性。

(1) $y_{zs}(t) = f(t+1)$;(2) $y_{zs}(t) = \int_{-\infty}^{t} f(x)dx$;

(3) $y_{zs}(t) = \sum^{n} f(i)$;(4) $y_{zs}(t) = f(3t)$。

3.下列系统中 $y_{zs}(\cdot)$ 和 $f(\cdot)$ 分别表示零状态响应和激励,试判断系统的稳定性。

(1) $y_{zs}(t) = 6f(t) + 2f(t-1)$;(2) $y_{zs}(t) = \int_{-\infty}^{t} f(x)dx$。

4.下述数学模型所描述的系统是否是线性系统、时不变系统、因果系统和稳定系统?

(1) $y(t) = 3t^3 f(t)$;(2) $y(t) = e^{f(t)}$;

(3) $y(t) = \dfrac{df(t)}{dt}$;(4) $y(t) = f(t-1) - f(1-t)$;

(5) $y(t) = (\sin\omega t)f(t)$;(6) $y(t) = \int_{-\infty}^{3t} f(\tau)d\tau$。

5. 某LTI连续系统,其初始状态一定,已知当激励为 $f(t)$ 时,其全响应为 $y_1(t) = e^{-t} + \cos(\pi t), t \geq 0$,若初始状态不变,激励变为 $2f(t)$ 时,其全响应为
$$y_2(t) = 2\cos(\pi t), t \geq 0$$
求初始状态不变而激励为 $3f(t)$ 时系统的全响应。

6. 某一阶LTI离散系统,其初始状态为 $x(0)$。已知当激励为 $f(k)$ 时,其全响应为 $y_1(k) = \varepsilon(k)$。若初始状态不变,激励为 $-f(k)$ 时,其全响应为 $y_2(k) = [2(0.5)^k - 1]\varepsilon(k)$。若初始状态为 $2x(0)$,激励为 $4f(k)$ 时,求全响应。

7. 若激励为 $x(t)$,响应为 $r(t)$ 的系统微分方程分别由下列各式描述,分别求其冲激响应和阶跃响应。

$$\frac{dr(t)}{dt} + 2r(t) = x(t)$$

$$\frac{d^2r(t)}{dt^2} + \frac{dr(t)}{dt} + r(t) = \frac{dx(t)}{dt} + x(t)$$

$$\frac{d^3r(t)}{dt^3} + 6\frac{d^2r(t)}{dt^2} + 11\frac{dr(t)}{dt} + 6r(t) = \frac{d^2x(t)}{dt^2} + x(t)$$

8. 写出如图 6.6.3 和图 6.6.4 所示框图的微分方程或差分方程

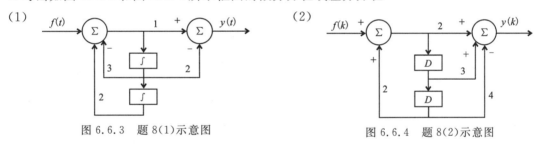

图 6.6.3 题 8(1)示意图   图 6.6.4 题 8(2)示意图

9. 图 6.6.5(a)所示线性时不变系统是由 3 个子程序组成的,已知总系统的 $h(t)$、$h_1(t)$ 和 $h_2(t)$ 分别如图 6.6.5(b)~(d)所示,求子程序的冲击响应 $h_3(t)$。

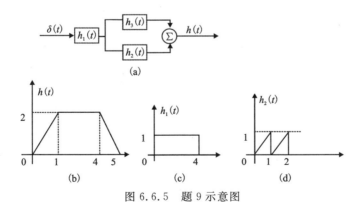

图 6.6.5 题 9 示意图

10. 系统如图 6.6.6 所示,已知

$h_1(t) = \delta(t-1), h_2(t) = \varepsilon(t)$
试求系统的冲激响应 $h_3(t)$。

11. 已知系统的激励为 $f(t) = \sin\varepsilon(t)$，零状态响应为

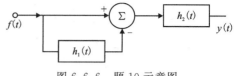

图 6.6.6 题 10 示意图

$$g(t) = t\varepsilon(t) + 2(1-t) + (t-2)\varepsilon(t-2)$$

求系统的冲激响应 $h(t)$。

12. 描述某 LTI 系统方程为 $y''(t) + 3y'(t) + 2y(t) = 2f'(t) + 6f(t)$。已知 $y(0_-) = 2$，$y'(0_-) = 1, f(t) = \varepsilon(t)$，求该系统的零输入响应，零状态响应和全响应，并求解 $y(0_+)$ 和 $y(0_-)$ 的值。

13. 若已知上题中的 $y(0_+) = 3, y'(0_+) = 1, f(t) = \varepsilon(t)$，求该系统的零输入响应和零状态响应。

14. 假若某 LTI 系统的单位阶跃响应为 $2e^{-2t}\varepsilon(t) + \delta(t)$，试计算系统对于激励信号 $3e^{-t}\varepsilon(t)$ 的输出信号 $y(t)$。

15. 已知信号表示式为 $f(t) = e^{at}\varepsilon(-t) + e^{at}\varepsilon(t)$，式中 $a > 0$，试求 $f(t)$ 的双边 Laplace 变换，给出收敛域。

16. 用 Laplace 变换法解微分方程

$$y''(t) + 5y'(t) + 6y(t) = 3f(t)$$

(1) 已知 $y''(t) + 5y'(t) + 6y(t) = 3f(t)$；

(2) 已知 $f(t) = e^{-t}\varepsilon(t), y(0_-) = 0, y'(0_-) = 1$。

17. 已知系统函数和初始状态如下，求系统的零输入响应 $y_{zs}(t)$。

(1) $H(s) = \dfrac{s+6}{s^2+5s+6}, y(0_-) = y'(0_-) = 1$；

(2) $H(s) = \dfrac{s}{s^2+4}, y(0_-) = 0, y'(0_-) = 1$；

(3) $H(s) = \dfrac{s+4}{s(s^2+3s+2)}, y(0_-) = y'(0_-) = y''(0_-) = 1$。

18. 如图 6.6.7(a) 所示的复合系统是由 2 个子系统组成的，子系统的系统函数或冲激函数如下，求复合系统的冲激响应。

(1) $H_1(s) = 1, h_2(t) = \delta(t-T)$；

(2) $H_1(s) = 1, h_2(t) = \delta(t-T), T$ 为常数。

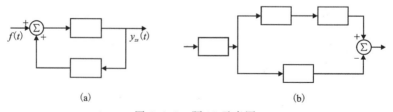

图 6.6.7 题 18 示意图

19. 如图 6.6.7(b) 所示的复合系统，由 4 个子系统连接组成，若各子系统的系统函数或冲

激响应分别为：$H_1(s) = \dfrac{1}{s+1}, H_2(s) = \dfrac{1}{s+2}, h_3(t) = \varepsilon(t), h_4(t) = \mathrm{e}^{-2t}\varepsilon(t)$，求复合系统的冲激响应。

20. 若某系统的差分方程为
$$y(k) - y(k-1) - 2y(k-2) = f(k) + 2f(k-2)$$
已知 $y(-1) = 2, y(-2) = -1/2, f(k) = \varepsilon(k)$。求系统的 $y_{zi}(k), y_{zs}(k), y(k)$。

21. 描述 LIT 系统的差分方程为
$$6y(k) - 5y(k-1) + y(k-2) = f(k)$$
已知 $y(-1) = 6, y(-2) = -20, f(k) = 10\cos\left(\dfrac{k\pi}{2}\right)\varepsilon(k)$，求其全响应。

22. 描述 LIT 系统的差分方程为
$$y(k) - \dfrac{1}{6}y(k-1) - \dfrac{1}{6}y(k-2) = f(k) + 2f(k-1)$$
求系统的单位序列响应 $h(k)$。

6.7 实操环节

本章常用的 MATLAB 函数如下。

1. tf

功能：建立连续时间系统的系统函数。

调用格式：sys＝tf(***b***,***a***)

其中，***b***、***a*** 分别为系统函数
$$H(s) = \dfrac{b(s)}{a(s)} = \dfrac{b_1 s^m + b_2 s^{m-1} + b_3 s^{m-2} + \cdots + b_{m+1}}{a_1 s^n + a_2 s^{n-1} + a_3 s^{n-2} + \cdots + a_{n+1}}$$
的分子、分母多项式系数向量 $[b_1, b_2, \cdots, b_{m+1}]$，$[a_1, a_2, \cdots, a_{n+1}]$。

2. 1sim

功能：求解连续时间系统的零状态响应。

调用格式：y＝1sim(sys,***x***,***t***)

其中，sys 是 LTI 系统模型，借助 tf 函数获得；***x*** 表示输入信号的行向量，***x*** 所对应的时别是从小到大；***t*** 表示输入信号时间范围的向量。

3. freqs

功能：求解连续时间系统的频率响应。

调用格式：H＝freqs(***b***,***a***,*ω*)

其中，***b***、***a*** 分别为函数

$$H(s) = \frac{b(s)}{a(s)} = \frac{b_1 s^m + b_2 s^{m-1} + b_3 s^{m-2} + \cdots + b_{m+1}}{a_1 s^n + a_2 s^{n-1} + a_3 s^{n-2} + \cdots + a_{n+1}}$$

的分子、分母多项式系数向量 $[b_1, b_2, \cdots, b_{m+1}]$，$[a_1, a_2, \cdots, a_{n+1}]$；$\omega$ 为需计算的 $H(j\omega)$ 的频点向量。

4. freqz

功能：求解离散系统的频率响应。

调用格式：H＝freqz(b, a, ω)

其中，b、a 分别为函数

$$H(z) = \frac{B(z)}{A(z)} = \frac{b_0 + b_1 z^{-1} + b_2 z^{-2} + \cdots + b_m z^{-m}}{a_0 + a_1 z^{-1} + a_2 z^{-2} + \cdots + a_n z^{-n}}$$

的分子、分母多项式系数向量 $[b_0, b_1, \cdots, b_m]$，$[a_0, a_1, \cdots, a_n]$；ω 为需计算的 $H(e^{j\omega})$ 的频点向量。

5. abs

功能：取模运算。

调用格式：y＝abs(H)

其中，H 为复信号；y 为 H 的模。

6. angle

功能：取相角运算。

调用格式：y＝angle(H)

其中，H 为复信号；y 为 H 的相角。

6.7.1 实例

1. 连续系统的频率响应求解

给定如下连续 LTI 系统的系统函数，利用 MATLAB 绘制其幅频、相频响应图。

$$H(s) = \frac{0.2 s^2 + 0.3s + 1}{s^2 + 0.4s + 0.3}$$

实验参考程序为：

```
1  % 绘制连续系统的幅频、相频曲线
2  a=[1 0.4 0.3];              % 分母各系数
3  b=[0.2 0.3 1];              % 分子各系数
4  x=logspace(-1,3);           % 指定数轴的对数刻度空间
5  freqs(b,a,w);               % 由分式多项式系数绘制幅频、相频曲线
```

连续系统幅频、相频响应图如图 6.7.1 所示。

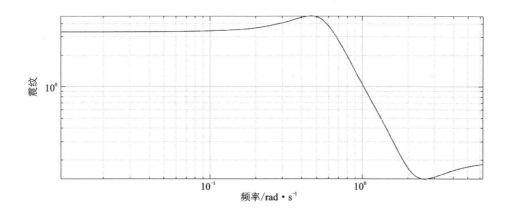

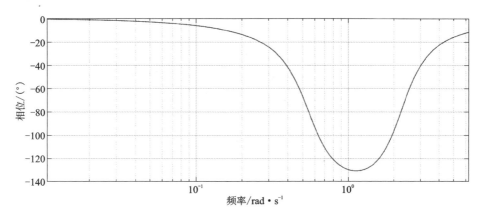

图 6.7.1 连续系统幅频和相频响应曲线

2. 离散系统的频率响应求解

给定如下离散 LTI 系统的系统函数,利用 MATLAB 绘制其幅频、相频响应图。

$$H(z) = \frac{1+0.7z^{-1}+0.1z-2}{1+0.1z^{-1}-0.3z-2}$$

实验参考程序为:

```
1  % 绘制离散系统的频幅、相频曲线
2  a=[1  0.1  -0.3];        % 分母各系数
3  b=[1  0.7  0.1];         % 分子各系数
4  freqz(b,a,128);          % 由分式多项式系数绘制频幅、相频曲线
```

离散系统频幅、相频响应图如图 6.7.2 所示。

3. 数字振荡器、数字陷波器与数字谐振器设计

(1)实现一个数字振荡器 $h(n) = \sin(\omega_k n)$,其中 $\omega_k = 2\pi f_k / f_s$,频率 $f_k = 1000\,\text{Hz}$,采样频率 $f_s = 10\,\text{kHz}$。设 $n = 0 \sim 999$,由于该系统的系统函数为

$$H(z) = \frac{\sin(\omega_k)\,z^{-1}}{1-2\cos(\omega_k)\,z^{-1}+z^{-2}} = \frac{Y(z)}{X(z)}, Y(z)[1-2\cos(\omega)\,z^{-1}+z^{-2}] = X(z)\sin(\omega_k)\,z^{-1}$$

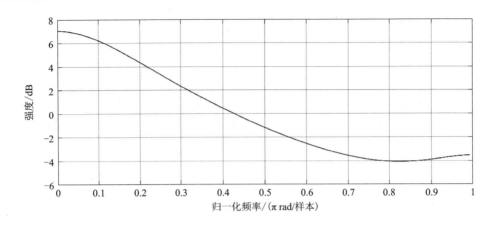

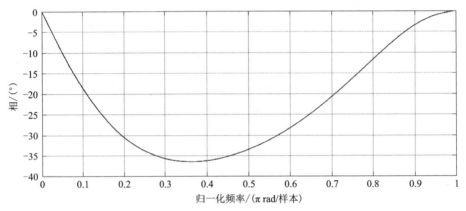

图 6.7.2 离散系统的频幅和相频响应曲线

两边取 z 反变换，得 $y(n)-2\cos(\omega)y(n-1)+y(n-2)=\sin(\omega_k)x(n-1)$，设输入 $x(n)=\delta(n)$，得到该系统单位脉冲响应对应的差分方程为

$$h(n)-2\cos(\omega_k)h(n-1)+h(n-2)=\sin(\omega_k)\delta(n-1)$$

实验参考程序为：

```
1   clear
2   clc
3   N=100;
4   n=0:N-1;fk=1000;fs=10000;
5   wk=2*pi*fk/fs;                      % 数字频率 wk
6   den=[1  -2*cos(wk)  1];
7   num=[0  sin(wk)];
8   h=impz(num,den,N);                  % 系统单位脉冲响应 h(n)
9   subplot(121);stem(n,h,'.');grid on;
10  title('h(n)');                      % 画 h(n)
11  subplot(122);zplane(num,den,N);
12  grid on;
13  title('零极点分布图')                % 画零极点图
```

数字振荡器的单位脉冲响应和零极点分布如图 6.7.3 所示。

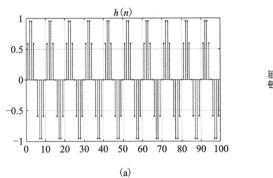
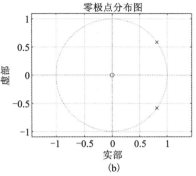

图 6.7.3 数字振荡器的单位脉冲响应和零极点分布图

(2)数字陷波器。实现一个数字陷波器,陷波频率 $f_0=50\mathrm{Hz}$,采样频率 $f_s=600\mathrm{Hz}$,$r=0.9$。实验参考程序为:

```
1   clear
2   clc
3   N=600;
4   n=0:N-1;
5   f0=50;fs=600;r=0.9;
6   w0=2*pi*f0/fs;
7   num=[1 -2*cos(w0) 1];
8   den=[1 -2*r*cos(w0) r*r];
9   [H,w]=freqz(num,den,N);
10  x=2*sin(2*pi*50/fs*n)+sin(2*pi*100/fs*n);
11  yf=filter(num,den,x);
12  subplot(221);plot(w/pi,abs(H));grid on;
13  subplot(222);plot(w/pi,angle(H));grid on;
14  subplot(223);zplane(num,den);grid on;
15  subplot(224);plot(yf);grid on;
16  axis([0 200 -3 3]);
```

数字陷波器的波形图如图 6.7.4 所示。

4. 梳状滤波器设计

设计一个梳状滤波器,用于消除工频 50Hz 及其谐波 100Hz 干扰,设取样频率 $f_s=200\mathrm{Hz}$,则 $f_1=50\mathrm{Hz}$ 对应的数字频率为 $\omega_1=2\pi f_1/f_s=0.5\pi\mathrm{rad}$;$f_2=100\mathrm{Hz}$ 对应的数字频率为 $\omega_2=2\pi f_2/f_s=\pi\mathrm{rad}$。梳状滤波器的零点频率为 $2\pi k/N(k=0~3)$,由 $2\pi/N=\pi/2$ 得 $N=4$。常数系数 a 要尽量靠近1,设 $a=0.9$。

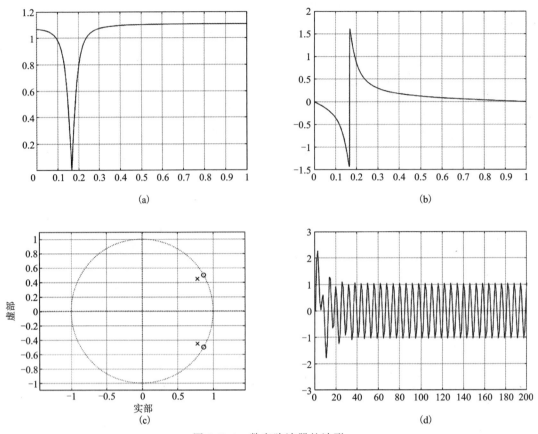

图 6.7.4 数字陷波器的波形

实验参考程序为：

```
1   clear
2   clc
3   N=600;
4   n=0:N-1;
5   N1=4;a=0.9;
6   num=[1 0 0 0 -1];
7   den=[1 0 0 0 -a];
8   [H,w]=freqz(num,den,N,'whole');
9   f1=50;f2=100;fs=200;
10  x=sin(2*pi*f1/fs*n)+ sin(2*pi*f2/fs*n);
11  yf=filter(num,den,x);
12  subplot(221);plot(x);grid on;
13  title('x(n)');axis([0 200 -2 2]);
14  subplot(222);plot(w/pi,abs(H));grid on;title('梳状滤波器的幅频特性|H(ejw)|');
15  subplot(223);zplane(num,den);grid on;title('零极点分布图');
16  subplot(224);plot(yf);grid on;axis([0 600 -2 2]);title('y(n)');
```

梳状滤波器的波形如图 6.7.5 所示。

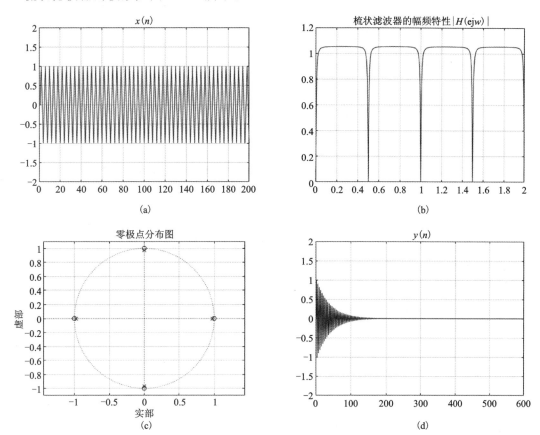

图 6.7.5　梳状滤波器的波形

6.7.2　练习

1. 参考实例中数字振荡器的实现程序,采用差分方程设计一个产生 DTMF 信号"2"的数字振荡器: $h(n) = \sin(\omega_{k1}n) + \sin(\omega_{k2}n)$,其中 $\omega_{k1} = 2\pi f_{k1}/f_s, \omega_{k2} = 2\pi f_{k2}/f_s$,频率 $f_{k1} = 697\text{Hz}, f_{k2} = 1336\text{Hz}$,取样频率 $f_s = 8\text{kHz}(n = 0 \sim 799)$。列出程序清单,并画出 $h(n)$ 的波形。

2. 利用实例中的数字陷波器,对信号 $x(n) = 2\sin(2\pi \times 50/f_s \times n) + \sin(2\pi \times 100/f_s \times n)$ ($n = 0 \sim 599$) 进行滤波,画出 $x(n)$ 及滤波输出 $y(n)$。被滤除的是哪个频率的信号?

3. 编程实现数字谐振器的以下功能,并列出程序清单。

(1) 设谐振频率 $\omega_0 = \pi/3, r = 0.99$,画出 $H(z)$ 的幅频特性和相频特性曲线。

(2) 画出 $H(z)$ 的零极点分布图,体会谐振原理。

(3) 利用该数字谐振器对信号 $x(n) = 2\sin(\pi/3 \times n) + \sin(\pi/6 \times n)(n = 0 \sim 599)$ 进行滤波,画出 $x(n)$ 及输出 $y(n)$,系统在哪个频率上产生谐振?

(4) 利用实例中的梳状滤波器,对信号 $x(n) = \sin(2\pi \times 50/f_s \times n) + \sin(2\pi \times 100/f_s \times n)(n = 0 \sim 599)$ 进行滤波,画出 $x(n)$ 及滤波输出 $y(n)$。梳状滤波器是否可以消除这些干扰信号?

6.8 课外阅读

6.8.1 系统响应的时域分析

本书中给出了系统响应的变换域(频域、复频域)求解方法,这种方式是一种便于理解且方便高效的方法。事实上,连续系统和离散系统的系统响应均有时间域的求解方法,这些方法往往是借助求解微分方程和代数方程实现的。

由于连续时间 LTI 系统的数学模型是常系数线性微分方程,故可以采用求解微分方程方法求解系统的响应。由电路分析理论已知,一个系统的响应分为零输入响应和零状态响应。零输入响应是指系统在没有外加激励信号的作用下,仅由系统的起始状态所产生的响应,通常以 $r_{zi}(t)$ 来表示。零状态响应是指系统的起始状态等于零时,仅由外加激励信号作用所产生的响应,通常以 $r_{zs}(t)$ 来表示。利用微分方程求解 $r_{zi}(t)$ 和 $r_{zs}(t)$ 的方法在电路与分析课程中已有详细讲解,此处只做简要介绍。

1. 零输入响应的求解

设系统的激励为 $e(t)$,响应为 $r(t)$,对 n 阶系统,其数学模型为

$$C_n \frac{\mathrm{d}^n}{\mathrm{d}t^n}r(t) + C_{n-1}\frac{\mathrm{d}^{n-1}}{\mathrm{d}t^{n-1}}r(t) + \cdots + C_1\frac{\mathrm{d}}{\mathrm{d}t}r(t) + C_0 r(t)$$
$$= E_m \frac{\mathrm{d}^m}{\mathrm{d}t^m}e(t) + E_{m-1}\frac{\mathrm{d}^{m-1}}{\mathrm{d}t^{m-1}}e(t) + \cdots + E_1\frac{\mathrm{d}}{\mathrm{d}t}e(t) + E_0 e(t)$$

按照上述零输入响应的定义,令 $e(t) = 0$,$r_{zi}(t)$ 必然满足齐次方程

$$C_n \frac{\mathrm{d}^n}{\mathrm{d}t^n}r_{zi}(t) + C_{n-1}\frac{\mathrm{d}^{n-1}}{\mathrm{d}t^{n-1}}r_{zi}(t) + \cdots + C_1\frac{\mathrm{d}}{\mathrm{d}t}r_{zi}(t) + C_0 r_{zi}(t) = 0$$

设特征根为 α,是如下特征方程的根

$$C_n \alpha^n + C_{n-1}\alpha^{n-1} + \cdots + C_1 \alpha + C_0 = 0$$

若上述特征方程有 n 个不相等的特征根,即 $\alpha_1 \neq \cdots \neq \alpha_2 \neq \cdots \neq \alpha_n$,对应的零输入解为

$$r_{zi}(t) = \sum_{k=1}^{n} A_{zik}\, \mathrm{e}^{\alpha_k t}$$

r_{zi} 中的常系数 A_{zik} 可由 $r(0^-), r'(0^-), \cdots, r^{(n)}(0^-)$ 的值来求解,其中 $r^k(0^-)$ 表示 $\left.\dfrac{\mathrm{d}^k r(t)}{\mathrm{d}t^k}\right|_t = 0^-(k = 1,2,\cdots,n)$。这是因为从 $t < 0$ 到 $t > 0$ 都没有激励的作用,而且系统内部结构不会发生变化,因而系统的状态在零点不会发生变化,即 $r^{(k)}(0^+) = r^{(k)}(0^-)$。其中 $r^{(k)}(0^-)$ 表示 $r(t)$ 及其各阶导数在 0^- 时刻的取值,称其为 0^- 状态或起始状态,它包含了为计算未来响应所需要的过去全部信息。$r(0^+), r'(0^+), \cdots, r^{(n)}(0^+)$ 表示 0^+ 状态或初始状态。表 6.8.1 给出不同特征根类型所对应的齐次解形式。

表 6.8.1 不同特征根类型所对应的齐次解形式

特征根	齐次解形式
单实根 α	$C\,e^{\alpha t}$
k 重实根 α	$e^{\alpha t}(C_1 + C_2 t + \cdots + C_k t^{k-1})$
一对单复根 $\alpha \pm j\beta$	$e^{\alpha t}[C_1 \cos(\beta t) + C_2 \sin(\beta t)]$
一对重复根 $\alpha \pm j\beta$	$e^{\alpha t}[(C_1 + C_2 t + \cdots + C_k t^{k-1})\cos(\beta t) + (D_1 + D_2 t + \cdots + D_k t^{k-1})\sin(\beta t)]$

注:C、C_i 和 D_i 均为待定系数。

2. 零状态响应的求解

根据前述的零状态响应的定义可知,$r_{zs}(t)$ 应满足方程

$$C_n \frac{\mathrm{d}^n}{\mathrm{d}t^n} r_{zs}(t) + C_{n-1} \frac{\mathrm{d}^{n-1}}{\mathrm{d}t^{n-1}} r_{zs}(t) + \cdots + C_1 \frac{\mathrm{d}}{\mathrm{d}t} r_{zs}(t) + C_0 r_{zs}(t)$$
$$= E_m \frac{\mathrm{d}^m}{\mathrm{d}t^m} e(t) + E_{m-1} \frac{\mathrm{d}^{m-1}}{\mathrm{d}t^{m-1}} e(t) + \cdots + E_1 \frac{\mathrm{d}}{\mathrm{d}t} e(t) + E_0 e(t) \quad (6.8.1)$$

并符合 $r^{(k)}(0^-) = 0$ 的约束,其表达式为

$$r_{zs}(t) = r_{齐次解}(t) + B(t)$$

其中 $B(t)$ 是式(6.8.1)的特解。而特解的形式与输入信号的形式有关,表 6.8.2 给出了常用输入信号所对应的特解表达式,求解表达式中的系数 $B, B_1, B_2, \cdots, D_1, D_2, \cdots$ 时,需将 $B(t)$ 代入原方程,利用方程左右对应项系数相等的方法进行求解。

表 6.8.2 几种典型激励信号对应的特解

激励函数	响应函数 $r(t)$ 的特解
E(常数)	B(常数)
t^p	$B_1 t^p + B_2 t^{p-1} + \cdots + B_p t + B_{p+1}$
$e^{\alpha t}$	$B^{\alpha t}$
$\cos(\omega t)$ 或 $\sin(\omega t)$	$B_1 \cos(\omega t) + B_2 \sin(\omega t)$
$t^p e^{\alpha t} \cos(\omega t)$ 或 $t^p e^{\alpha t} \sin(\omega t)$	$(B_1 t^p + B_2 t^{p-1} + \cdots + B_p t + B_{p+1}) e^{\alpha t} \cos(\omega t) + (D_1 t^p + D_2 t^{p-1} + \cdots + D_p t + D_{p+1}) e^{\alpha t} \sin(\omega t)$

齐次解中的系数需利用初始状态值 $r(0^+)$ 及其各阶导 $r^{(k)}(0^+)$ 通过待定系数法确定。这就需要解决由 0^- 状态导出 0^+ 状态的问题。一般情况下,激励 $e(t)$ 是一个连续信号,若其不含冲激或阶跃信号时,起始状态与初始状态相同,即 $r(0^-) = r(0^+)$。但是,当激励中含有冲激或阶跃信号时,系统的状态可能会在 0 时刻发生跳变。例如,电容两端加入一个电压激励

$v_c(t) = u(t)$,激励加入前电容两端电压为 0,此时 $v_c(0^-) = 0, v_c(0^-) = 1$,故 $v_c(0^-) \neq v_c(0^+)$,有跳变。再如,电感两端加入一个冲激电压源,同样,激励加入之前电感两端电流为 0,此时两端的电流 $i_L(t) = \frac{1}{L}\int_{-\infty}^{t}\delta(\tau)\mathrm{d}\tau = \frac{1}{L}u(t)$,所以 $i_L(0^-) \neq i_L(0^+)$,有跳变。这样,求解描述 LTI 系统的微分方程时,就需要从已知的 $r^{(k)}(0^-)$ 来设法求得 $r^{(k)}(0^+)$。

6.8.2 线性时不变离散时间系统的时域分析

系统的数学模型是常系数线性差分方程,其一般形式表示为

$$a_0 y(n) + a_1 y(n-1) + \cdots + a_N y(n-N) = b_0 x(n) + b_1 x(n-1) + \cdots + b_M x(n-M)$$
(6.8.2)

即

$$\sum_{k=0}^{N} a_k y(n-k) = \sum_{r=0}^{M} b_r x(n-r)$$

其中 $x(n)$ 为激励,$y(n)$ 为响应。其求解方法一般可采用迭代法、经典法、卷积和法(求解零状态响应)。卷积和法在离散时间系统的分析中占据十分重要的位置。

差分方程的时域解法主要有迭代法和解微分方程。

1. 迭代法

离散时间系统的差分方程具有递推关系。若已知初始状态和 $x(n)$,就可利用迭代法求得差分方程的数值解。

[例 6.8.1] 已知 $y(n) = ay(n-1) + x(n), x(n) = \delta(n), n < 0$ 时 $y(n) = 0$,求 $y(n)$ 表达式。

解: 分别令 $n = 0, 1, 2, \cdots, n$,代入原差分方程,依次可求出 $y(0), y(1), \cdots, y(n)$,即

$$n = 0 \quad y(0) = ay(-1) + x(0) = 0 + \delta(n) = 1$$
$$n = 1 \quad y(1) = ay(0) + x(1) = a + 0 = a$$
$$n = 2 \quad y(2) = ay(1) + x(2) = a \cdot a + 0 = a^2$$
$$n = n \quad y(n) = ay(n-1) + x(n) = a^n$$

根据 $y(0), y(1), \cdots, y(n)$ 的规律,可以得到

$$y(n) = a^n u(n)$$

用迭代法求解差分方程思路清楚,便于编写计算程序,能得到方程的数值解,但不易得到解析形式的解。此种方法更适用于求解 $y(n)$ 的前 n 个值,且不需要求封闭表达式解时的情况。

2. 解微分方程

与微分方程的时域经典解法类似,差分方程的解也是由齐次解和特解两部分组成,即

$$y(n) = y_h(n) + y_p(n)$$

其中 $y_h(n)$ 表示齐次解,$y_p(n)$ 表示特解。其中齐次解的形式由齐次方程的特征根确定,特解

的形式由差分方程中激励信号的形式确定。首先给出齐次解法,由式(6.8.1),令方程右端等于 0,得齐次差分方程为

$$\sum_{k=0}^{N} a_k y(n-k) = 0$$

$$\sum_{k=0}^{N} a_k \lambda^{N-k} = 0$$

式中有 N 个特征根 $D_{\lambda_i}(i=1,2,\cdots,N)$。根据特征根的不同情况,齐次解将具有不同的形式。当特征根是互不相等的实根 $\lambda_1 \neq \lambda_2 \neq \cdots \neq \lambda_N$ 时,齐次解的形式为

$$y_h(n) = \sum_{k=0}^{N} C_k \lambda_k^n = C_0 \lambda_0^n + C_1 \lambda_1^n + \cdots + C_N \lambda_N^n$$

当特征根在 λ_0 处有 L 次重根,其余为单根时,齐次解的形式为

$$y_h(n) = \sum_{k=1}^{L} C_k n^{L-k} \lambda_0^n + \sum_{i=1}^{N-L} B_i \lambda_i^n$$

$$= [C_1 n^{L-1} + C_2 n^{L-2} + \cdots + C_{L-1} n + C_L] \lambda_0^n + \sum_{i=1}^{N-L} B_i \lambda_i^n$$

当特征根是共轭复根 $\lambda_1 = a + jb = \rho e^{j\Omega_0}$,$\lambda_2 = a - jb = \rho e^{-j\Omega_0}$ 时,仍按照前述表示方法,并可进一步整理得到

$$y_h(n) = C_1 \rho^n \cos(n\Omega_0) + C_2 \rho^n \sin(n\Omega_0)$$

上面各式中的待定系数 $C_1,C_2,\cdots,C_N$ 在全解的形式确定后,由给定的 N 个初值来确定。表 6.8.3 列出了特征根和齐次解的对应关系。

表 6.8.3 不同特征根对应的齐次解的形式

特征根特性	齐次解 $y_h(n)$ 的形式
特征根是 N 个互不相等的实根,即 $\lambda_1 \neq \lambda_2 \neq \cdots \neq \lambda_N$	$y_h(n) = \sum_{k=0}^{N} C_k \lambda_k^n = C_0 \lambda_0^n + C_1 \lambda_1^n + \cdots + C_N \lambda_N^n$
特征根在 λ_0 处有 L 次重根,其余为单根	$y_h(n) = \sum_{k=1}^{L} C_k n^{L-k} \lambda_0^n + \sum_{i=1}^{N-L} B_i \lambda_i^n$ $= [C_1 n^{L-1} + C_2 n^{L-2} + \cdots + C_{L-1} n + C_L \lambda_0^n] + \sum_{i=1}^{N-L} B_i \lambda_i^n$
特征根是一对共轭复根 $\lambda_1 = a+jb = \rho e^{j\Omega_0}$ $\lambda_2 = a-jb = \rho e^{-j\Omega_0}$	$y_h(n) = C_1 \rho^n \cos(n\Omega_0) + C_2 \rho^n \sin(n\Omega_0)$

差方特解的形式与方程右端 $x(n)$ 的形式有关。表 6.8.4 列出了常用激励信号所对应的特解形式。

得到齐次解和特解后,将两者相加可得全解的表达式。将已知的 N 个初始条件代入全解中,即可求得齐次解表达式中的待定系数,由此获得差分方程的全解。

表 6.8.4　几种常用激励信号对应的特解

$x(n)$	$y_p(n)$
a^n（a 不是齐次根）	$D a^n$
a^n（a 是单齐次根）	$(D_1 n + D_2) a^n$
n^k 的多项式，所有特征根不是 1	$D_0 n^k + D_1 n^{k-1} + \cdots + D_k$
n^k 的多项式，1 是 r 重特征根	$(D_0 n^k + D_1 n^{k-1} + \cdots + D_k) n^r$
$a^n n^k$	$a^n (D_0 n^k + D_1 n^{k-1} + \cdots + D_k)$
$\sin(\omega_0 n)$ 或 $\cos(\omega_0 n)$	$D_1 \sin(\omega_0 n) + D_2 \cos(\omega_0 n)$
$a^n \sin(\omega_0 n)$ 或 $a^n \cos(\omega_0 n)$	$a^n [D_1 \sin(\omega_0 n) + D_2 \cos(\omega_0 n)]$

6.8.3　补充材料：调制

1. 定义

调制是将能量低的消息信号与能量高的载波信号进行混合，产生一个新的高能量信号的过程，该信号可以将信息传输到很远的距离。或者说，调制是根据消息信号的幅度去改变载波信号的特性（幅度、频率或者相位）的过程。下面我们通过一个简单的例子更深入地认识一下调制过程，图 6.8.1 所示为幅度调制。

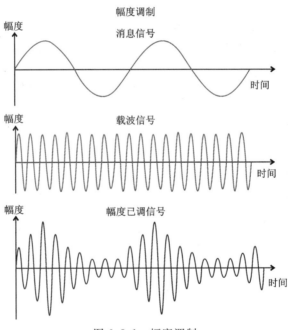

图 6.8.1　幅度调制

2. 为什么要调制

举个例子,两个人说话距离 0.5m 的时候很容易听清对方要表述的内容,但是距离增加到 5m 的时候听起来就比较费劲,如果周围再增加一些其他人说话的声音,有可能就听不出对方要表达的意思了。从上面的例子我们可以看出,消息信号一般强度很弱,无法进行远距离传播。除此之外,物理环境、外部噪声和传播距离的增加都会进一步减小消息的信号强度。那为了把消息信号传输到很远的地方,我们该怎么办呢?此时就可以通过高频率和高能量的载波信号来帮助我们实现,它传播距离更远,不容易受外部干扰的影响,这种高能量或高频信号称为载波信号。

3. 如何调制

既然我们可以使用载波信号帮助我们将消息信号传输到很远的地方,那么如何将消息信号和载波信号进行结合呢?我们知道,一个信号包括了幅度、频率和相位,那么我们可以根据消息信号的幅度来改变载波信号的幅度、频率和相位,即我们所熟知的调幅、调频和调相。在调制过程中,载波信号的特性会根据调制方式发生变化,但是我们要传输的消息信号的特性不会发生改变。

4. 调制中包括哪些信号类型

1)消息信号

消息信号就是我们要传播到目的地的消息,如我们的语音信号等,它也称调制信号或者基带信号。

2)载波信号

具有振幅、频率和相位等特性,但是不包含任何有用信息的高能量或高频信号,称为载波信号或载波。

3)调制信号

当消息信号与载波信号进行混合,会产生一个新的信号,称这个新信号为调制信号。

5. 调制类型有哪些

调制一般可分为模拟调制和数字调制。

模拟调制:指模拟消息信号直接调制在载波上,让载波的特性跟随其幅度进行变化。

数字调制:指调制信号或者消息信号已经不再是模拟形式,而是进行了模数转换,将数字基带信号调制到载波上进行传输。它的优点有高抗噪性、高可用带宽和容许功率。

更多细分如图 6.8.2 所示。

1)调幅

载波信号的幅度根据消息信号的幅度而变化(改变),而载波信号的频率和相位保持恒定(图 6.8.1)。

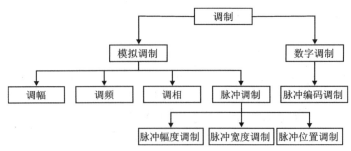

图 6.8.2 调制类型划分图

2）调频

载波信号的频率根据消息信号的幅度而变化（改变），而载波信号的幅度和相位保持恒定（图 6.8.3）。

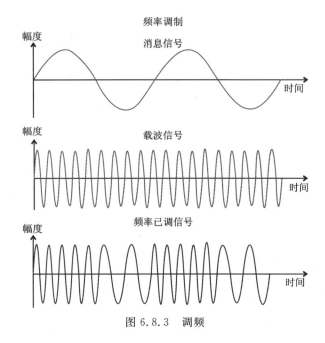

图 6.8.3 调频

3）调相

载波信号的相位根据消息信号的幅度而变化（改变），而载波信号的幅度保持恒定（图 6.8.4）。

4）模拟脉冲调制

根据消息信号的幅度改变载波脉冲的特性（脉冲幅度、脉冲宽度或脉冲位置）的过程（图 6.8.5）。

5）脉冲编码调制

这是对连续变化的模拟信号进行抽样、量化和编码产生的数字信号。它的优点是音质好，缺点是体积大。

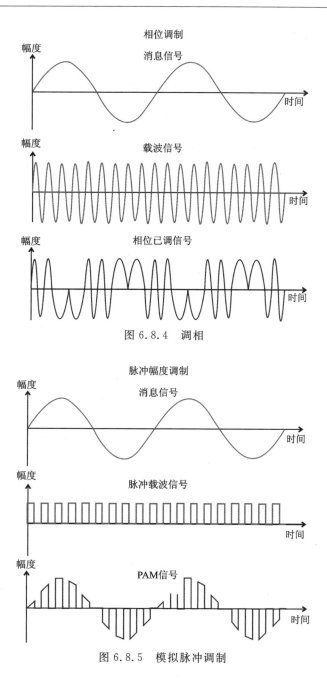

图 6.8.4 调相

图 6.8.5 模拟脉冲调制

第四部分　线性系统的设计与实现

第 7 章　数字滤波器概论

本章讨论的重点是数字滤波器。数字滤波器和模拟滤波器具有不同的实现方法,数字滤波器是通过对输入信号进行数值运算的方法来实现滤波的,而模拟滤波器则用电阻、电容、电感及有源器件等构成电路对信号进行滤波。因此,与模拟滤波器相比,数字滤波器具有精度高、稳定性强、灵活度大、体积小、重量轻、不要求阻抗匹配以及实现模拟滤波器无法实现的特殊滤波功能等优点,数字滤波器要求输入、输出信号均为数字信号。通过本章的学习,可了解数字滤波器的定义、分类及实际滤波器的设计指标,并知晓几种常见的特殊数字滤波器。

7.1　数字滤波器的定义与分类

7.1.1　数字滤波器的定义

数字滤波器通常是指一个用有限精度算法实现的离散线性时不变系统,因此它具有线性时不变系统的所有特性。

数字滤波器一般属于选频滤波器。数字滤波器的频率响应 $H(e^{j\omega})$ 可表示为

$$H(e^{j\omega}) = |H(e^{j\omega})| e^{j\theta(\omega)}$$

式中:$|H(e^{j\omega})|$ 为滤波器的幅频响应;$\theta(\omega)$ 为滤波器的相频响应。

幅频响应表示信号通过该滤波器后各频率成分的衰减情况,而相频响应反应各频率成分通过滤波器后在时间上的延时情况。因此,即使两个滤波器的幅频响应相同,只要相频响应不一样,对相同的输入,滤波器的输出信号波形也是不一样的。一般选频滤波器的技术要求由幅频响应给出,相频响应一般不作要求。但若对输出波形有要求,则需要考虑相频响应的技术指标,如语音合成、波形传输、图像处理等。若对输出波形有严格要求,则需要设计线性相位数字滤波器。

滤波器的特性最容易通过它的幅频响应曲线来描述。滤波器在某个频率的幅度增益决定了滤波器对此频率输入的放大因子,其增益可取任意值。增益高的频率范围,信号可以通过,称为滤波器的带通(PassBand),相反,增益低的频率范围,滤波器对信号有衰减或阻塞作用,称为滤波器的带阻(StopBand)(图 7.1.1)。例如,低通滤波器使低频成分通过,阻碍高频成分;高通滤波器则相反,使高频成分通过,阻碍低频成分。理想滤波器的幅频响应是矩形,即通带的增益为 1,阻带的增益为 0,然而这种理想的滤波器是在现实中不可实现的。

数字滤波器的实现方式一般可以分为两种,即软件实现和硬件实现。软件实现指的是在

计算机上通过执行滤波程序来实现。这种方法灵活，但一般不能完成实时处理。硬件实现指的是在单片机、FPGA 或 DSP 芯片上实现。由于硬件运算速度快，可以实现实时处理，故在实际系统中经常用硬件来实现各种数字滤波器。

数字滤波器的输出可以用两种方法求出，一种是用滤波器的差分方程计算滤波器的输出，另一种是利用卷积过程计算输出。后者有限定条件，即系统单位脉冲响应 $h(t)$ 必须为有限长序列。

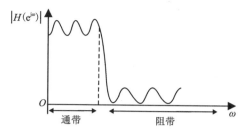

图 7.1.1 低通滤波器幅频响应示意图

7.1.2 数字滤波器的分类

数字滤波器按照不同的分类方法，有很多种类，但总体可以分为两大类。一类称为经典滤波器，即一般的线性系统滤波器。另一类即为所谓的现代滤波器。现代滤波器的理论建立在随机信号处理的理论基础上，它利用了随机信号的统计特性对信号进行滤波，如维纳滤波器、卡尔曼滤波器、自适应滤波器等。下面介绍经典滤波器的分类。

1. 根据 $H(e^{j\omega})$ 的通带特性分类

与模拟滤波器一样，从滤波功能上分类，数字滤波器可以分成低通、高通、带通和带阻等滤波器。它们的理想幅频响应如图 7.1.2 所示。需要注意的是，数字滤波器的频率响应 $H(e^{j\omega})$ 都是以 2π 为周期的，滤波器的低频频带位于 2π 的整数倍处，而高频频带位于 2π 的奇数倍附近，这一点和模拟滤波器是有区别的。

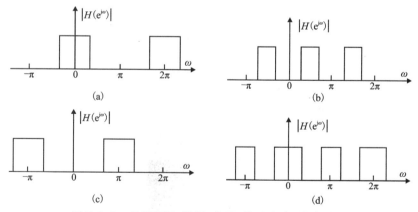

图 7.1.2 理想低通、带通、高通、带阻滤波器幅频响应

2. 根据滤波器的实现分类方式

数字滤波器从实现的网络结构或者单位脉冲响应分类，可以分成无限脉冲响应(infinite impulse response，IIR)滤波器和有限脉冲响应(finite impulse response，FIR)滤波器。它们的系统函数分别为

$$H(z) = \frac{\sum_{i=0}^{M} b_i z^{-i}}{1 + \sum_{i=1}^{N} a_i z^{-i}} \tag{7.1.1}$$

$$H(z) = \sum_{i=0}^{M} h(i) z^{-i} \tag{7.1.2}$$

式(7.1.1)中的 $H(z)$ 称为 N 阶 IIR 滤波器的系统函数，式(7.1.2)中的 $H(z)$ 称为 M 阶 FIR 滤波器的系统函数。

1) IIR 系统（递归系统）

IIR 滤波器的差分方程为

$$y(n) = \sum_{i=0}^{M} b_i x(n-i) - \sum_{i=1}^{N} a_i y(n-i) \tag{7.1.3}$$

由于 $N \geqslant 1$，$y(n)$ 不仅与 $x(n-i)$ 有关，还与 $y(n-i)$ 有关，即系统存在输出对输入的反馈，所以称为递归系统（recursive system）。

又因为 $N \geqslant 1$ 时，$H(z)$ 在 z 平面上存在着极点，所以 $h(n)$ 为无限长序列，故递归系统也称为 IIR 滤波器。

2) FIR 系统（非递归系统）

FIR 滤波器的差分方程为

$$y(n) = \sum_{i=0}^{M} b_i x(n-i) \tag{7.1.4}$$

显然，该系统不存在输出对输入的反馈，所以称之为非递归系统（nonrecursive system）。又因为 $h(n) = b_n, 0 \leqslant n \leqslant M$ 为有限长序列，故非递归系统也称为 FIR 系统。

IIR 系统和 FIR 系统的特性不同，实现方法也不同，后续章节将详细介绍。

7.2 实际滤波器的设计指标

7.2.1 实际滤波器对理想滤波器的逼近

图 7.2.1 是理想低通滤波器的幅频响应，该理想低通滤波器有截止频率 ω_d。可以看出，理想滤波器在通带内幅度为常数（非零），在阻带内幅度为零。此外，一般理想滤波器要求具有线性相位，这里假设相频响应 $\theta(\omega) = 0$。它的脉冲响应可以由离散 Fourier 反变换得到，即

$$h(n) = \frac{\sin(n\omega_d)}{n\pi} \tag{7.2.1}$$

图 7.2.2 给出了理想低通滤波器的脉冲响应，显然该响应为非因果且无限长序列。

由于脉冲响应是非因果且无限长的序列，故它不能通过时移来转变为因果系统。此外，无限长脉冲响应不能直接转换为非递归差分方程，一个简单的解决办法就是把图 7.2.3 所示

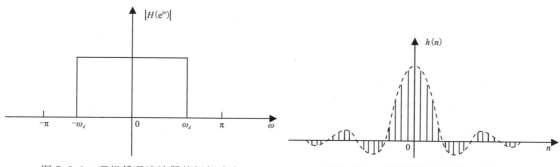

图 7.2.1　理想低通滤波器的幅频响应　　　　图 7.2.2　理想低通滤波器的脉冲响应

的脉冲响应中值很小的采样点截去,将其变为有限长,再进行时移得到因果系统,使其描述的滤波器可用。例如,图 7.2.3(b)所示响应,除了中间的 33 项外,其余的部分均被截取掉了,保留部分再通过移位即得到因果序列。

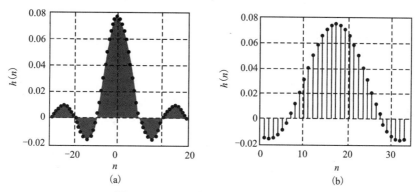

图 7.2.3　理想低通滤波器脉冲响应

截断脉冲响应自然会对频率产生影响。截断后,滤波器幅频响应曲线不再是理想矩形,通带不再平坦,有过渡带,同时阻带衰减不再为零。图 7.2.4 给出了因果脉冲响应的幅频响应。当然,脉冲响应保留的采样点越多,即滤波器阶数越高,滤波器的幅频响应曲线越接近理想。

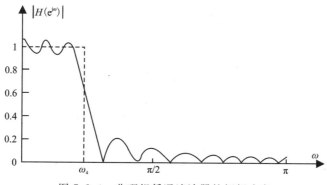

图 7.2.4　非理想低通滤波器的幅频响应

7.2.2 实际滤波器的设计指标

当滤波器形状为非理想时,要用一些参数指标来描述其关键特性。图 7.2.5 表示低通滤波器的幅频响应。滤波器的通带定义了滤波器允许通过的频率范围。在阻带内,通过滤波器的信号严重衰减。ω_p 和 ω_s 分别称为通带截止频率(或称通带上限频率)和阻带截止频率(或称阻带下限频率)。参数 δ_1 定义了通带波纹(pass band ripple),即滤波器通带内偏离单位增益的最大值。参数 δ_2 定义了阻带波纹(stop band ripple),即滤波器阻带内偏离零增益的最大值。参数 B_t 定义了过渡带宽度(transition width),即阻带下限和通带上限之间的距离,$B_t = |\omega_s - \omega_p|$。过渡带一般是单调下降的。通带内和阻带内允许的衰减一般用 dB 表示,通带允许的最大衰减用 α_p 表示,阻带内允许的最小衰减用 α_s 表示,它们分别定义为

$$\alpha_p = 20\lg \frac{A_{\max}}{A_{\min}} = 20\lg \frac{1+\delta_1}{1-\delta_1} \text{dB} \tag{7.2.2}$$

$$\alpha_s = 20\lg \frac{A_{\max}}{A_s} = 20\lg \frac{1+\delta_1}{\delta_2} \text{dB} \tag{7.2.3}$$

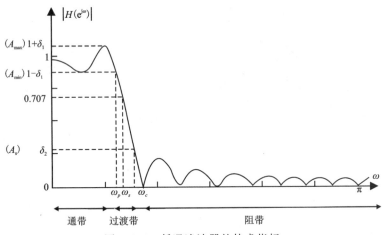

图 7.2.5 低通滤波器的技术指标

式中:$A_{\max}$ 是通带内幅度最大值;$A_{\min}$ 是通带内幅度最小值;A_s 是阻带内最大值。

幅度下降到 0.707 即 $\sqrt{2}/2$ 时,$\omega = \omega_c$,此时 $\alpha_p = 3\text{dB}$,称 ω_c 为 $3dB$ 的通带截止频率。若滤波器为带通或带阻滤波器,则会增加低端通(阻)带频率 $\omega_{pl}(\omega_{sl})$(图 7.2.6)和高端通(阻)带频率 $\omega_{pu}(\omega_{su})$(图 7.2.7)

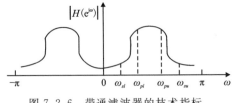

图 7.2.6 带通滤波器的技术指标

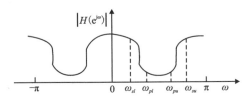

图 7.2.7 带阻滤波器的技术指标

7.3 几种常见的特殊滤波器

7.3.1 全通滤波器

如果滤波器的幅频响应在所有频率处的取值均为常数 A（如 $A=1$），即
$$|H(\mathrm{e}^{j\omega})| = 1 \qquad (0 \leqslant \omega < 2\pi) \tag{7.3.1}$$
则该滤波器称为全通滤波器。全通滤波器的频率响应函数可表示为
$$H(\mathrm{e}^{j\omega}) = \mathrm{e}^{j\theta(\omega)} \tag{7.3.2}$$

式(7.3.2)表明信号通过全通滤波器后，幅频响应保持不变，仅相频响应随 ω 改变。简单的一阶全通滤波器的系统函数为
$$H(z) = \frac{z^{-1} - a}{1 - a z^{-1}} \tag{7.3.3}$$
式中：a 为实数且 $0 < |a| < 1$。

这一系统所对应的零、极点位置如图 7.3.1 所示。

高阶全通滤波器可以分解为多个一阶全通滤波器，它们可以是如式(7.3.3)所示的实零点和实极点的一阶系统，还可以是如式(7.3.4)所示的复数零点和复数极点的一阶系统。
$$H(z) = \frac{z^{-1} - a^*}{1 - a z^{-1}} \tag{7.3.4}$$
式中：a 为复数且 $0 < |a| < 1$。

由此可知，全通系统的零、极点出现在共轭镜像位置上（以单位圆为"镜子"），如图 7.3.2 所示。

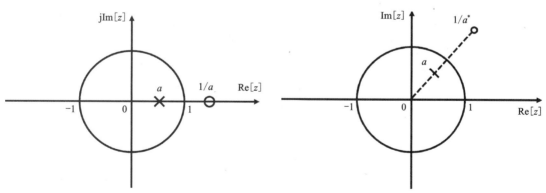

图 7.3.1　当 a 为实数且 $0<|a|<1$ 时，一阶全通滤波器的零、极点位置

图 7.3.2　当 a 为复数且 $0<|a|<1$ 时，一阶全通系统的零、极点位置

一般来讲，要求系统为实系统，即 $h(n)$ 是实序列，则此时 $H(z)$ 的系数应为实数，故其系统函数的复数极点和零点都是共轭成对出现。此时，往往构成一个实系统的二阶全通系统，其系统函数为
$$H(z) = \frac{z^{-1} - a^*}{1 - a z^{-1}} \cdot \frac{z^{-1} - a}{1 - a^* z^{-1}}, 0 < |a| < 1 \tag{7.3.5}$$

其中 $H(z)$ 由两个一阶全通系统级联而成，其零点和极点都是共轭对，如图 7.3.3 所示。

N 阶数字全通滤波器的系统函数可表示为

$$H(z) = \prod_{k=1}^{N} \frac{z^{-1} - a_k^*}{1 - a_k z^{-1}} = \frac{d_N + d_{N-1} z^{-1} + \cdots + d_1 z^{-(N-1)} + z^{-N}}{1 + d_1 z^{-1} + \cdots + d_{N-1} z^{-(N-1)} + d_N z^{-N}} = \frac{z^{-N} D(z^{-1})}{D(z)}$$

(7.3.6)

式中

$$D(z) = 1 + d_1 z^{-1} + \cdots + d_{N-1} z^{-(N-1)} + d_N z^{-N} \quad (7.3.7)$$

为具有实系数的多项式，其根全部在单位圆内。当 $z = e^{j\omega}$ 时，满足

$$D(e^{j\omega}) = D^*(e^{-j\omega}) \quad (7.3.8)$$

所以有

$$|H(e^{j\omega})| = 1 \quad (0 \leqslant \omega < 2\pi) \quad (7.3.9)$$

$H(z)$ 满足全通系统的要求。

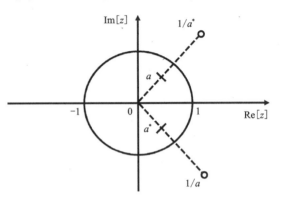

图 7.3.3　二阶全通系统的零、极点位置

根据式(7.3.6)，可以分析得出全通滤波器的零、极点分布规律。设 z_k 为 $H(z)$ 的零点，z_k^{-1} 必然是 $H(z)$ 的极点，记为 $p_k = z_k^{-1}$，则全通滤波器的极点和零点互为倒数关系。如果考虑到 $D(z)$ 和 $D(z^{-1})$ 的系数为实数，其极点、零点均以共轭对出现，那么复数零点、复数极点必然以 4 个为一组出现。例如，z_k 为 $H(z)$ 的零点，则必有零点 z_k^*、极点 $p_k = z_k^{-1}$、$p_k^* = (z_k^{-1})^*$。对实数零、极点，则以两个为一组出现，且零点与极点互为倒数关系。

全通滤波器起纯相位滤波作用，常常用作延时均衡器。使用全通滤波器与某个离散时间系统级联，可以在不改变原系统幅频响应的基础上，使得整个级联系统在感兴趣频带内具有一个常数延时。由于最小相位系统存在诸多优点，常用全通系统与最小相位系统的级联形式来表示非最小相位系统。

设非最小相位系统的系统函数为 $H(z)$，最小相位系统的系统函数为 $H_{\min}(z)$，全通系统的系统函数为 $H_{ap}(z)$，则

$$H(z) = H_{\min}(z) \cdot H_{ap}(z) \quad (7.3.10)$$

具体做法是将非最小相位系统 $H(z)$ 在单位圆外的零点反射到单位圆内，使之成为最小相位系统 $H_{\min}(z)$ 的零点，然后构造全通系统 $H_{ap}(z)$ 使 $H_{\min}(z)$ 与 $H(z)$ 的幅频响应相同。

设 $H(z)$ 有一个零点在单位圆之外，即 $z = \dfrac{1}{z_0}$，$|z_0| < 1$，其余的极点、零点均在单位圆内，那么 $H(z)$ 可表示为

$$H(z) = H_1(z) \cdot (z^{-1} - z_0) \quad (7.3.11)$$

其中 $H_1(z)$ 的极点和零点都在单位圆内。进一步将式(7.3.11)整理，得

$$H(z) = H_1(z)(z^{-1} - z_0) \frac{1 - z_0^* z^{-1}}{1 - z_0^* z^{-1}} = H_1(z)(1 - z_0^* z^{-1}) \frac{z^{-1} - z_0}{1 - z_0^* z^{-1}}$$

$$= H_{\min}(z) \frac{z^{-1} - z_0}{1 - z_0^* z^{-1}} \tag{7.3.12}$$

因为 $|z_0| < 1$,所以零点 $z = z_0^*$ 在单位圆内。此时,$H_{\min}(z) = H_1(z)(1 - z_0^* z(-1))$ 为最小相位系统。而 $[z(-1) - z_0]/(1 - z_0^* z^{-1})$ 是全通系统。

7.3.2 数字陷波器

数字陷波器是一个在频率响应上包含了一个或多个深槽的滤波器。在理想情况下,这些深槽完全为零,也就是在频率响应中有一些被完全抑制的部分。图 7.3.4 表示在频率 w_0 和 w_1 出现深槽的陷波器。陷波器在许多实际应用中非常有用,这些应用中要求完全消除这些频率分量。

为了完全抑制滤波器在频率 w_0 处的频率响应,可以简单地在单位圆上且角度为 ω/π 处,引入一对复共轭零点,即 $z_{1,2} = e^{\pm j\omega_0}$。所以陷波器的系统函数为

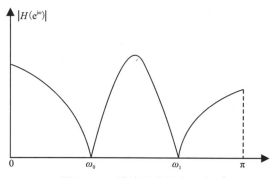

图 7.3.4 陷波器的频率响应

$$H(z) = b_0(1 - e^{jw_0} Z^{-1})(1 - e^{jw_0} Z^{-1}) = b_0(1 - 2\cos w_0 \, z^{-1} + z^{-2}) \tag{7.3.13}$$

图 7.3.5 给出了 $\omega_0 = \pi/4$ 时的陷波器的幅频响应和相频响应示意图。

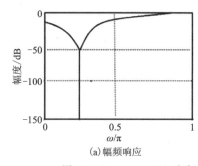
(a) 幅频响应

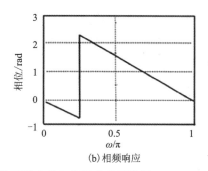
(b) 相频响应

图 7.3.5 $\omega_0 = \pi/4$ 时陷波器的幅频响应和相频响应示意图

上述陷波器的问题在于陷波有一个相对大的带宽,这意味着在陷波频率附近的其他频率分量也会被严重限制。为了降低陷波的带宽,可以通过在系统函数中引入极点的方式来改善频率响应特征。

假定将一对复共轭极点放置在 $p_{1,2} = r e^{\pm j\omega_0}$ 处,极点的引入使得陷波点附近出现了共振峰,同时减少了陷波的带宽。此时所得滤波器的系统函数为

$$H(z) = b_0 \frac{1 - 2\cos w_0 \, z^{-1} + z^{-2}}{1 - 2r\cos w_0 \, z^{-1} + r^2 z^{-2}} \tag{7.3.14}$$

图 7.3.6 给出了当 $\omega = \pi/4, r = 0.65$ 或 $\omega = \pi/4, r = 0.95$ 时,式(7.3.14)所描述的滤波器的幅频响应。将 $|H(e^j)|$ 与图 7.3.16 中的滤波器的频率响应作比较,可看到极点的作用

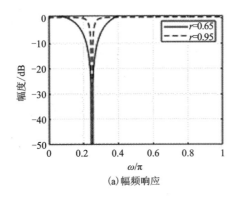
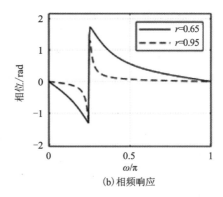

(a) 幅频响应 (b) 相频响应

图 7.3.6　极点位于 $r=0.65$ 和 $r=0.95$ 处的两个陷波器的幅频响应和相频响应示意图

减少了陷波带宽。

对应图 7.3.6 的 MATLAB 参考代码如下：

```
1  clear all% 清除工作区中所有变量和函数
2  r1=0.65;r2=0.95;
3  w=0:0.005*pi:pi;
4  z1=exp(j*pi/4);z2=exp(-j*pi/4);% 给出系统的两个零点 z_{1,2}= e^{±jπ/4}
5  p11=r1*exp(j*pi/4);p12=r1*exp(-j*pi/4);% 给出系统1的两个极点 p_{1,2}= r_1 e^{±jπ/4}
6  p21=r2*exp(j*pi/4);p22=r2*exp(-j*pi/4);% 给出系统2的两个极点 p_{1,2}= r_2 e^{±jπ/4}
7  \lbrack b1,a1\rbrack=zp2tf([z1,z2]',[p11,p12]',1);% 由零极点求系统函数 H(z)的系数
8  \lbrack b2,a2\rbrack=zp2tf([z1,z2]',[p21,p22]',1);
9  H1=freqz(b1,a1,w);\hfill\% 求系统1的频率响应
10 H2=freqz(b2,a2,w);\hfill\% 求系统2的频率响应
```

除了减少陷波带宽外，由于极点产生了共振峰，在陷波点附近引入极点可能会在通带内引起小的纹波。在陷波器的系统函数中引入另外的极点或零点可以减少纹波。

[例 7.3.1]　设信号 $x(t)=\sin(2\pi\times 60t)+x_s(t)$，式中 $x_s(t)$ 是低于 60Hz 的低频信号，试设计一个陷波器将 60Hz 的信号干扰滤除，采样频率 $F_s=200$Hz。

解：60Hz 对应的数字频率为 $\omega_0=2\pi\times 60/200=0.6\pi$ rad，选择 $r=0.75$，陷波器的系统函数为

$$H(z)=\frac{1-2\cos w_0\ z^{-1}+z^{-2}}{1-2r\cos w_0\ z^{-1}+r^2\ z^{-2}}$$

$$=\frac{1-2z^{-1}\cos(0.6\pi)+z^{-2}}{1-2\times 0.75\cos(0.6\pi)\ z^{-1}+(0.75)^2\ z^{-2}} \quad (7.3.15)$$

$$=\frac{1+0.618\ z^{-1}+z^{-2}}{1+0.4635\ z^{-1}+0.5625\ z^{-2}}$$

为了测试陷波器的特性，令 $x_s(n)=2\sin(2\pi\times 25t)$，因此数字陷波器的输入信号 $x(n)=\sin(2\pi\times 60n/F_s)+2\sin(2\pi\times 25n/F_s)$，相应的 MATLAB 参考代码如下：

```
1  B=[1,0.618,1];% 系统函数H(z)的分子系数
2  A=[1,0.4635,0.5625];% 系统函数H(z)的分母系数
3  f1=60;f2=25;Fs=200;% 给出频率参数
4  n=0:1023;
5  x=sin(2*pi*f1/Fs*n)+ sin(2*pi*f2/Fs*n);% 输入信号
6  X=abs(fft(x))/max(abs(fft(x)));
7  y=filter(B,A,x);% 求出输出信号
8  Y=abs(fft(y,1024))/max(abs(fft(y,1024)));
```

由图 7.3.7(a)可以看出输入信号有两个频率,由图 7.3.7(b)可以看出,陷波器输出信号中 60 Hz 的干扰被抑制掉了。

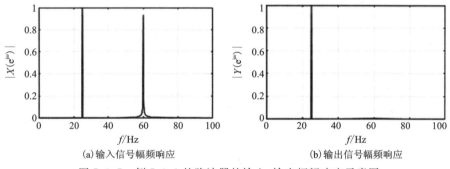

(a) 输入信号幅频响应   (b) 输出信号幅频响应

图 7.3.7 例 7.3.1 的陷波器的输入、输出幅频响应示意图

7.3.3 梳状滤波器

最简单的梳状滤波器可以看成是陷波器,即在频带内周期性地出现陷波,类似于常见的梳子,有一个个周期间隔的齿。在实际系统中,梳状滤波器有许多应用,如消除电源中的谐波,抑制移动目标指示雷达中固定物体的杂乱信号。

设滤波器的系统函数为 $H(z)$,其频率响应函数 $H(e^{j\omega})$ 是以 2π 为周期的。若用 z^N 代替 $H(z)$ 的变量 z 得到 $H(z^N)$,则相应的频率响应函数 $H(e^{j\omega N})$ 是以 $2\pi/N$ 为周期的,即区间 $[0,2\pi]$ 上有 N 个周期。利用这种性质,可以构成各种梳状滤波器。

现在,假定原来的数字滤波器的频率响应函数 $H(e^{j\omega})$ 在某一频率 ω_0 处的频谱为零,那么频率响应函数为 $H(e^{j\omega N})$ 的滤波器在 $\omega_k = \omega_0 + 2\pi k/N(k=0,1,2,\cdots,N-1)$ 处周期性地出现零谱。例如,$H(z)=(1-z^{-1})/(1-az^{-1})$,$0<a<1$,零点为 1,极点为 a,所以 $H(z)$ 表示一个高通滤波器。以 z^N 代替 $H(z)$ 的 z,得到

$$H(z^N) = \frac{1-z^{-N}}{1-az^{-N}} \tag{7.3.16}$$

当 $N=8$ 时,零点为 $z_k = e^{j\frac{2\pi}{8}k}$,$k=0,1,\cdots,7$;极点为 $z_k = \sqrt[8]{a}\, e^{j\frac{2\pi}{8}k}$,$k=0,1,\cdots,7$。$H(z)$ 的零、极点分布和幅频响应曲线如图 7.3.8 所示。由于其幅频响应曲线的形状像梳子,故取名为梳状滤波器。梳状滤波器可滤除输入信号中 $\omega = 2\pi k/N$,$k=0,1,2,\cdots,N-1$ 的频率分量。

[**例7.3.2**] 设计一个梳状滤波器,用于滤除心电图信号中的50Hz及其二次谐波100Hz的干扰,设采样频率为400Hz。

解:采用前面介绍的梳状滤波器,系统函数为

$$H(z^N) = \frac{1-z^{-N}}{1-az^{-N}} \quad (7.3.17)$$

式中有两个参数需要选择,N的大小取决于要滤除的频点的位置,a要尽量靠近1。计算得到要滤除的两个数字角频率:$\omega_1 = 2\pi \times 50/400 = \pi/4$,$\omega_2 = 2\pi \times 100/400 = \pi/2$。零点频率为$2k\pi/N, k=0,1,2,\cdots,N-1$。由$2/N = \pi/4$可求出$N=8$。设$a=0.9$,梳状滤波器的幅频响应如图7.3.9所示。

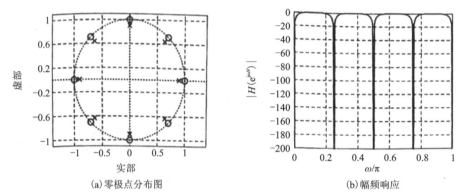

(a) 零极点分布图　　(b) 幅频响应

图7.3.8　梳状滤波器的零、极点分布和幅频响应示意图($N=8$)

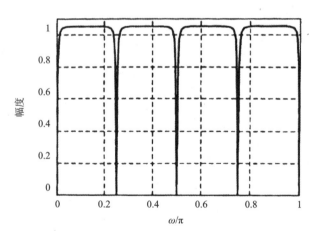

图7.3.9　例7.3.2的梳状滤波器的幅频响应

7.4　实操环节

本实验相关MATLAB函数。

1. 由技术指标求模拟滤波器的阶数 N 和 3dB 截止频率 Ω_c

1）巴特沃斯低通滤波器

MATLAB 函数：$[N,\text{wc}]=\text{buttord}(\text{wp},\text{ws},\text{ap},\text{as})$。

其中，N 是滤波器阶数；wc 是模拟滤波器的 3dB 截止频率(rad/s)；wp 是通带截止频率 Ω_p；ws 是阻带截止频率 Ω_s；ap 是通带最大衰减 α_p；as 是阻带最小衰减 α_s。

2）切比雪夫Ⅰ型低通滤波器

MATLAB 函数：$[N,\text{wpo}]=\text{cheb1ord}(\text{wp},\text{ws},\text{ap},\text{as})$。

其中，N 是滤波器阶数；wpo 是模拟滤波器的通带截止频率(rad/s)，其他参数含义与 1)相同。

3）切比雪夫Ⅱ型低通滤波器

MATLAB 函数：$[N,\text{wso}]=\text{cheb2ord}(\text{wp},\text{ws},\text{ap},\text{as})$。

其中，N 是滤波器阶数；wso 是模拟滤波器的阻带截止频率(rad/s)，其他参数含义与 1)相同。

4）椭圆低通滤波器

MATLAB 函数：$[N,\text{wpo}]=\text{ellipord}(\text{wp},\text{ws},\text{ap},\text{as})$。

其中，N 是滤波器阶数；wpo 是模拟滤波器的通带截止频率(rad/s)，其他参数含义与 1)相同。

2. 利用频带变换实现从低通滤波到高通/带通/带阻滤波器的转换

1）巴特沃斯滤波器

MATLAB 函数：$[B,A]=\text{butter}(N,\text{wc},\text{'ftype'})$。

其中，N 是滤波器阶数；wc 是模拟滤波器的 3dB 截止频率(rad/s)；ftype 是滤波器类型，若 ftype 不写，则默认为低通滤波器，ftype=high 是高通滤波器，ftype=stop 是带阻滤波器；当 $w=[\text{wc1}\quad\text{wc2}]$ 时，为带通滤波器；B、A 是模拟滤波器系统函数 $H(s)$ 的分子/分母多项式的系数

$$H(s)=\frac{B(s)}{A(s)}=\frac{B(1)s^N+B(2)s^{N-1}+\cdots+B(n)s+B(N+1)}{A(1)s^N+A(2)s^{N-1}+\cdots+A(n)s+A(N+1)}$$

2）切比雪夫Ⅰ和Ⅱ型滤波器

对于切比雪夫Ⅰ型滤波器，MATLAB 函数：$[B,A]=\text{cheby1}(n,\text{ap},\text{wpo},\text{'ftype'})$。对于切比雪夫Ⅱ型滤波器，MATLAB 函数：$[B,A]=\text{cheby2}(n,\text{as},\text{wso},\text{'ftype'})$。

3）椭圆滤波器

MATLAB 函数：$[B,A]=\text{ellip}(N,\text{ap},\text{as},\text{wpo},\text{'ftype'})$。

3. 模拟滤波器的频响特性

MATLAB 函数：$[H,\text{Omega}]=\text{freqs}(B,A)$。

其中，H 是模拟滤波器 $H(s)$ 的频率响应；B、A 分别是 $H(s)$ 分子/分母多项式的系数；Omega 是模拟滤波器的角频率(rad/s)。

实例:已知 IIR 滤波器的系统函数为

$$H(z) = \frac{6 + 1.2 z_{-1} - 0.72 z_{-2} + 1.728 z_{-3}}{8 - 10.4 z_{-1} + 7.28 z_{-2} - 2.352 z_{-3}}$$

请给出该滤波器直接 II 型、级联型和并联型结构。

解:根据系统函数可知系统差分方程为

$$y(n) = 1.3y(n-1) - 0.91y(n-2) + 0.294y(n-3) + 0.75x(n) + 0.15x(n-1) - 0.09x(n-2) + 0.216x(n-3)$$

由差分方程可以直接画出滤波器直接 II 型结构如图 7.4.1 所示。

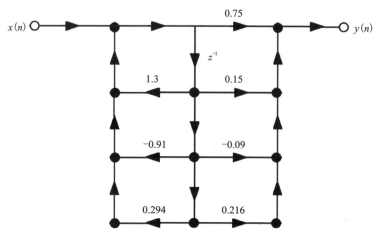

图 7.4.1 直接 II 型结构

函数 tf2sos 实现直接型到级联型的转换,函数名 tf2sos 表示 transfer functionto second-order sections,意思是把传递函数表示成二阶节相乘的形式,MATLAB 源代码如下:

```
1  % chap7sec1_1.m IIR 滤波器直接型转级联型
2  % tf2sos:transfer function to second-order sections
3  clear;
4  clc;
5  close all;
6  b=[6,1.2,-0.72,1.728];% 传递函数分子
7  a=[8,-10.4,7.28,-2.352];% 传递函数分母
8  [sos,g]= tf2sos(b,a)
```

程序运行结果如下,g 表示级联型结构的增益,sos 存储的是级联型结构的系数,每一行表示一个二阶节信息,分子(零点)系数在前,分母(极点)系数在后。

```
sos=
   1.0000    0.8000    0         1.0000   -0.6000    0
   1.0000   -0.6000    0.3600    1.0000   -0.7000    0.4900
g=
   0.7500
```

将结果写成系统函数的形式,即

$$H(z) = \frac{3}{4} \cdot \frac{1+0.8\,z^{-1}}{1-0.6\,z^{-1}} \cdot \frac{1-0.6\,z^{-1}+0.36\,z^{-2}}{1-0.7\,z^{-1}+0.49\,z^{-2}}$$

级联型滤波器结构如图 7.4.2 所示。

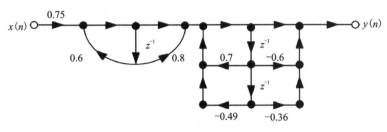

图 7.4.2　级联型结构

自定义函数 tf2par 实现直接型到级联型的转换,MATLAB 源代码如下:

```
1  % chp3sec1_2.m:IIR直接型转并联型
2  clear;
3  clc;
4  close all;
5  b=[6,1.2,-0.72,1.728];% 传递函数分子
6  a=[8,-10.4,7.28,-2.352];% 传递函数分母
7  [C,B,A]=tf2par(b,a)
```

程序运行结果如下,C 表示并联型结构的常数项,B 表示各部分的分子(零点)系数,A 表示对应的分母(极点)系数。

```
C=
-0.7347
B=
0.0196   0.2322
1.46510
A=
1.0000  -0.7000   0.4900
1.0000  -0.6000
```

将结果写成系统函数的形式,即

$$H(z) = -0.7347 + \frac{1.4651}{1-0.6\,z^{-1}} + \frac{0.0196\,z^{-1}+0.2322}{1-0.7\,z^{-1}+0.49\,z^{-2}}$$

并联型滤波器结构如图 7.4.3 所示。

自定义函数 tf2par 源代码如下:

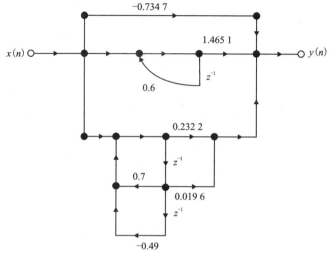

图 7.4.3 并联型结构

```
function[C,B,A]=tf2par(b,a)
% C=当 length(b)> length(a)时的多项式直通部分
% B=包含各 bk 的
% h=包含各 ak 的 K×3 维实系数矩阵
% b=直接型的分子多项式系数
% a=直接型的分母多项式系数
%
M=length(b);N=length(a);
[r1,p1,C]=residuez(b,a);% 先求系统的单根 p1,对应的留数 r1 及直接项 C
p=cplxpair(p1,1e-9);% 用配对函数 cplxpair 出 p1 找共扼复根 p,1e-9 为容差
I=cplxcomp(p1,p);% 找 p1 变为 p 时的排序变化,MAILAB 无此于程序,列于后面
r=r1(I);% 让 r1 的排序同样变化成为 r,以保持与极点对应
% 变为二阶子系统
K=floor(N/2);B=zeros(K,2);A=zeros(K,3);z% 二阶子系统变量的初始化
K=floor(N/2);B=zexos(K,2);A=zeros(K,3);% 二阶子系统变量的初始化
if K+2=N;% N 为偶,A(z)的次数为奇,有一个因子是一阶的
   for i=1:2:N-2
      pi=p(1:1+1,i);% 取出一对极点
      pi=p(i:i+1,i)% 取出一对留数
      [Bi,Ai]=residue2(ri,pi,[])% 二个极点留数转为二阶子系统分子分母系数
      B(fix((1+1)/2),i)=real(Bi);% 取 Bi 的实部,放入系数矩阵 B 的相应行中
      λ(fix((i+1)/2),i)=real(Ai)% 取 Ai 的实部,放入系数矩阵 A 的相应行中
   end
   [Bi,hi]=residuez(r(N-1),p(N-1),[]);$ 处理单实根
   B(K,:)=[real(Bi)0];A(K,:)=[real(Ai)0];
else% N 为奇,A(z)的次数为偶,所有因子都是二阶的
```

```
      for i=1:2:N-1
        pi=p(1,1+1,i);% 取出一对极点
        pi=p(i:i+1,i)% 取出一对留数
        [Bi,Ai]=residue2(ri,pi,[])% 二个极点留数转为二阶子系统分子分母系数
        B(fix((1+1)/2),i)=real(Bi);% 取 Bi 的实部,放入系数矩阵 B 的相应行中
        λ(fix((i+1)/2),i)=real(Ai)% 取 Ai 的实部,放入系数矩阵 A 的相应行中
      end
    end
```

tf2par 还用到了自定义函数 cplxcomp,该函数用于计算复数极点 p1 变为 p2 后留数的新序号,源代码如下:

```
function I= cplecoup(p1,p2)
% 计算复数极点 p1 变为 2 后留数的新序号;
% 本程序必须用在 cplxpair 程序之后以便重新确定频率极点向量及其相应的留数向量;
%         p2=cplypair(p1)
%
I=[]% 设一个空矩阵
for j=1:1:length(p²)% 逐项检查改变排序后的向量 p2
  for j=1:1:length(p¹)% 把该项与 p1 中各项比较
    if(abs(p1(i)-p2(j))<0,0001)% 看与哪一项相等
      I=[I,i];% 把此项在 p1 中的序号放入 I
    end
  end
end
I= I';            % 最后的 I 表示了 p2 中各元素在 p1 中的位置
```

1. 设计巴特沃斯模拟低通滤波器

设计一个巴特沃斯模拟低通滤波器,通带截止频率 $f_p=1\text{kHz}$,阻带截止频率 $f_s=5\text{kHz}$,通带最大衰减 $\alpha_p=1\text{dB}$,阻带最小衰减 $\alpha_s=40\text{dB}$。

实验参考程序如下:

```
% ch5prog1.m
clear
clc
fp=1000;fs=5000;
wp=2*pi*fp;
ws=2*pi*fs;
a p=1;a s=40;
[N,w c]=buttord(w p,w s,a p,a s,'s')
[B,A]=butter(N,w c,'s')
subplot(221);plot(Omega/(2*pi),20*log10(abs(H+ eps)));
grid on;axis([0   6000-60   10]);
subplot(222)iplot(Omega/(2*pi),angle(H)*180/pi);grid on;
grid on;axis([0   6000-200   200]);
```

巴特沃斯模拟低通滤波器的幅频特性和相频特性如图 7.4.4 所示。

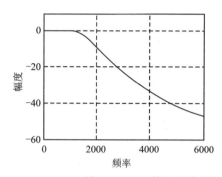 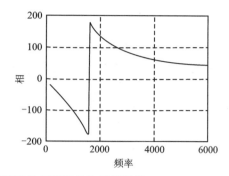

图 7.4.4　巴特沃斯模拟低通滤波器的幅频特性和相频特性

实验内容：

(1)运行此程序，绘出巴特沃斯模拟低通滤波器的幅频特性与相频特性。

(2)观察幅频特性曲线，当纵坐标为 -1dB 时，横坐标是多少？是否与 f_p 相等？当纵坐标为 40dB 时，横坐标是多少？是否与 f_s 相等？

(3)在命令窗口中读出滤波器阶数 N、3dB 截止频率 wc、滤波器分子/分母系数 B 和 A。根据 B、A，写出模拟滤波器系统函数 $H(s)$ 的表达式。

2. 双线性变换法设计 IIR 数字低通滤波器

用双线性变换法设计一个巴特沃斯数字低通滤波器，技术指标为 wp＝0.2πrad、ws＝0.35πrad、α_p＝1dB、α_s＝10dB。

实验参考程序如下：

```
% ch5prog8 1.m
clear
clc
w p=0.2*pi;
w s=0.35*pi;
a p=1;
a s=10;
N1=1024;
[N,wc]=buttord(w p/pi,w s/pi,a p,a s)
[b,a]=butter(N,w c);
[H,w]=freqz(b,a,N1);
plot(w/pi,20*log(abs(H)));grid on;title('数字低通滤波器幅频特性')
```

双线性变换法设计的数字低通滤波器的幅频特性如图 7.4.5 所示。

实验内容：

(1)运行此程序，绘出数字低通滤波器的幅频特性曲线。

(2)在命令窗口中读出数字低通滤波器的阶数 N、3dB 截止频率 wc、数字低通滤波器 $H(z)$ 的分子/分母多项式的系数 b 和 a。

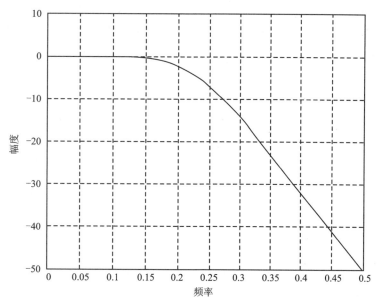

图 7.4.5 双线性变换法设计的数字低通滤波器的幅频特性

(3) 当 wp=0.2πrad 时,实际的 $α_p$ 是多少?当 ws=0.35πrad 时,实际的 $α_s$ 是多少?该滤波器的技术指标是否达到了设计目标?

7.5 课外阅读

1. IIR 和 FIR 滤波器的比较

至今为止,我们讨论了 IIR 和 FIR 两种滤波器的设计方法,但在实际应用时应该如何选择它们呢?下面对这两种滤波器进行比较。

从性能上说,IIR 滤波器系统函数的极点可以位于单位圆内的任何位置,因此可以用较低的阶数获得高的选择性,所用的存储单元少,所以经济效率高。但是这个高效率是以相位的非线性为代价的。FIR 却可以得到严格的线性相位,然而 FIR 滤波器系统函数的极点固定在原点,所以只能用较高的阶数达到高的选择性。对于同样的滤波器设计指标,FIR 滤波器所需的阶数比 IIR 滤波器的阶数高 5~10 倍,成本较高,信号延时也较大。

从结构上看,IIR 滤波器必须采用递归结构,极点位置必须在单位圆内,否则系统将不稳定。在这种结构中,由于运算过程中对序列进行舍入处理,这种有限字长效应有时会产生寄生振荡。相反,FIR 滤波器采用非递归结构,不存在稳定性的问题,运算误差也较小。此外 FIR 滤波器可以采用快速 Fourier 变换算法,在相同阶数的条件下,运算速度快得多。

从设计工具看,IIR 滤波器可以借助模拟滤波器的成果,因此,一般都有有效的封闭形式的设计公式可供准确计算,计算工作量比较小,对计算工具的要求不高。FIR 滤波器一般没有封闭形式的设计公式。窗口法仅对窗口函数可以给出计算公式,但计算通带阻带衰减无显式表达式。一般 FIR 滤波器的设计只有计算程序可循,因此对计算工具要求较高。

另外也应看到,IIR 滤波器虽然设计简单,但主要是用于设计具有片段常数特性的滤波器,如低通、高通、带通及带阻等,往往脱离不了模拟滤波器的格局。FIR 滤波器则要灵活得多,尤其是它能易于适应某些较特殊的应用,如构成微分器或积分器,或用于巴特沃斯、切比雪夫等逼近不可能达到预定指标的情况。因而有更大的适应性和更广阔的天地。

从上面的简单比较我们可以看到,IIR 和 FIR 滤波器各有所长,所以在实际应用时应该从多方面考虑来加以选择。例如,从使用要求来看,在对相位要求不敏感的场合,如语音通信等,选用 IIR 较为合适,这样可以充分发挥其经济高效的特点;而对于图像信号处理、数据传输等以波形携带信息的系统,则对线性相位要求较高,采用 FIR 滤波器较好。当然,在实际应用中还应考虑经济上的要求。

2. FIR 数字滤波器与 IIR 数字滤波器的比较

有限脉冲响应(FIR)滤波器和无限脉冲响应(IIR)滤波器的设计方法不同,必然会使得两者的性能不同。下面通过例子来加以说明。

[例 7.5.1] 用 MATLAB 分别设计一个 TTP 和 FIR 数字带通滤波器,设计指标如下:
$$f_{pl} = 11\text{kHz}, f_{pu} = 20\text{kHz}$$
$$f_{sl} = 10\text{kHz}, f_{su} = 21\text{kHz}$$
$$\alpha_p = 1\text{dB}, \alpha_s = 50\text{dB}, F_s = 50\text{kHz}$$

设滤波器的输入信号为 $x(n) = \sin(2\pi n f_0 / F_s), 0 \leqslant n \leqslant 255, f_0 = 12\text{kHz}$,分别求 IIR 和 FIR 数字滤波器的输出。

解:MATLAB 程序如下:

```
fsl=10000;fpl=11000;fpu=20000;fsu=21000;Fs=50000;Rp=1;Rs=50;
wsl=2*pi*fsl/Fs;wpl=2*pi*fpl/Fs;wpu=2*pi*fpu/Fs;wsu=2*pi*fsu/Fs;
wp=[wpl/pi,wpu/pi];ws=[wsl/pi,wsu/pi];
[N,Wpo]=ellipord(wp,ws,Rp,Rs);        % 求模拟带通滤波器的阶数和通带截止频率
[b,a]=ellip(N,Rp,Rs,Wpo);             % 用双线性变换求椭圆形带通数字滤波器
w=0:0.005*pi:pi;[h,w]=freqz(b,a,w);   % 求 IIR 数字带通滤波器的幅频响应
B1=wsu-wpu;B2=wpl- wsl;
B=min(B1,B2);                         % 选取最窄的过渡带
NF=ceil(6.6*pi/B);                    % 求用窗函数法设计(汉明窗)FIR 时所需阶数
wpl=[(fpl+fsl)/Fs,(fpu+fsu)/Fs];      % 求 FIR 数字滤波器的通带起始和截止频率
hl=fir1(NF-1,wpl);                    % 窗函数法设计 FIR 数字带通滤波器
[hf,w]=freqz(hl,1,w);                 % 求 FIR 数字带通滤波器的幅频响应
x=sin(2*pi*(1:256)*12000/Fs);         % 输入信号
yi=filter(b,a,x);yf=filter(hl,1,x);   % 求系统输出
```

程序运行结果:IIR 数字滤波器的阶数为 $N=12$,FIR 数字滤波器的阶数为 $N=166$,FIR 滤波器的阶数要远大于 IIR 滤波器的阶数。带通滤波器的幅频响应如图 7.5.1 所示。

无论是 FIR 滤波器还是 IIR 滤波器,在通带截止频率处 $\omega_{pl}/\pi=0.44, \omega_{pu}/\pi=0.8$,幅度衰减为 1dB 左右,在阻带起始频率处 $\omega_{sl}/\pi=0.4, \omega_{su}/\pi=0.84$,幅度衰减为 50dB 左右,满足设

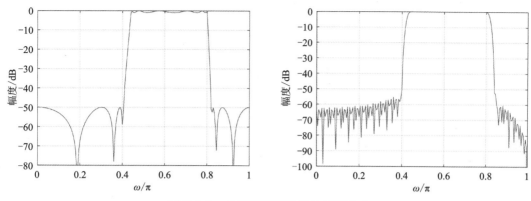

图 7.5.1 数字带通滤波器的幅频响应
(a)IIR 数字滤波器;(b)FIR 数字滤波器

计指标。带通滤波器的相频响应如图 7.5.2 所示。由图 7.5.2 可见,IIR 数字滤波器存在着严重的非线性相位,而 FIR 则在通带内具有严格的线性相位。

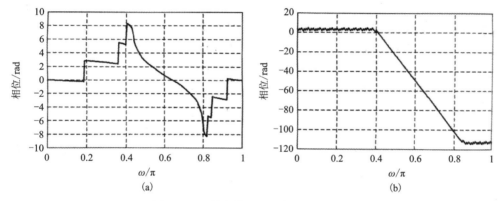

图 7.5.2 数字带通滤波器的相频反应
(a)IIR 数字滤波器;(b)FIR 数字滤波器

由例 7.5.1 可以看出,与 FIR 数字滤波器相比,IIR 数字滤波器有以下几个特点:

(1)在相同的滤波器设计指标下,FIR 滤波器所需的阶数要远大于 IIR 滤波器。如例 7.5.1 中,IIR 滤波器只需要 12 阶,而 FIR 滤波器则需要 166 阶。因此 IIR 滤波器在实际应用中,所需存储单元少,运算次数少,信号输出时延小。如图 7.5.3(a)所示,IIR 滤波器的输出在 30 点左右有稳定的输出,而 FIR 滤波器的输出在 90 点左右之后才有稳定的输出。

(2)FIR 滤波器可以得到严格的线性相位。如图 7.5.2(b)所示,IIR 滤波器的相频特性只在通带中心位置近似为线性,而在通带两段出现非线性,并且 FIR 滤波器的频率选择性越好,其相位的非线性越严重。而 FIR 滤波器在整个通带内相频特性都有严格的线性相位。

(3)FIR 滤波器采用非递归结构,无论是在理论上还是在实际的有限精度运算中,FIR 滤波器都是稳定的,且其有限精度运算误差也小。IIR 滤波器采用递归结构,其极点必须在 z 平面的单位圆内,系统才稳定。在实际的有限精度运算中,由于有限字长效应,可能会引起寄生振荡。

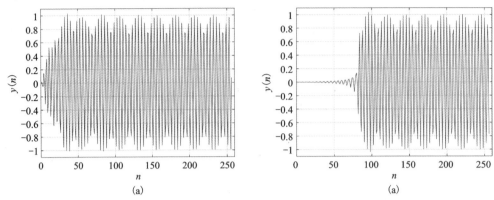

图 7.5.3 单频信号分别通过 IIR 和 FIR 数字带通滤波器
(a)IIR 数字滤波器的输出;(b)FIR 数字滤波器的输出

(4)FIR 滤波器的单位脉冲响应为有限长序列,求系统输出时,可以采用快速 Fourier 变换,通过重叠相加或重叠保留算法来提高运算速度。IIR 滤波器则不能使用这些算法。

(5)IIR 滤波器的设计是规格化的,概率特性为分段常数的标准低通、高通、带通、带阻、全通滤波器。FIR 滤波器的设计要灵活得多。例如频率采样设计法,可用于设计各种不同幅度特性及相位特性的 FIR 滤波器。因此,FIR 可以设计理想正交移相器、理想微分器等各种滤波器,适应性较广。

第五部分 综合应用

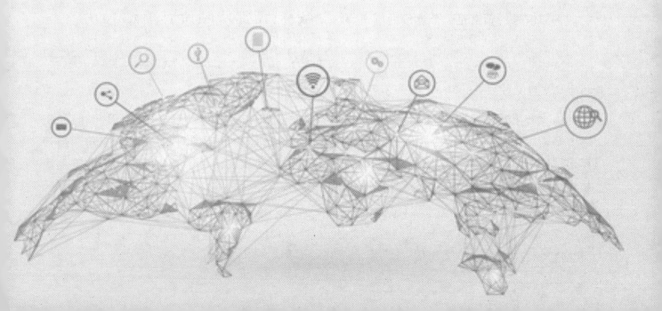

第8章 综合实验一:听声音辨音域

8.1 实验目的

(1)学会运用 MATLAB 的信号处理功能,采集语音信号,并对语音信号进行变换处理,观察其时域和频域特性,加深对信号处理理论的理解。

(2)掌握 Fourier 变换的基本原理和方法,并实际运用在信号处理上。

8.2 实验原理及方法

8.2.1 理论原理

频谱分析用 Fourier 变换将波形变换为频谱,从另一角度了解信号特征。常见的 Fourier 变换有 DFT 和 FFT。DFT 是 FFT 的基础,FFT 是 DFT 的快速算法,在 MATLAB 中可以利用函数 FFT 来计算序列的离散 Fourier 变换 DFT。FFT 是时域和频域转换的基本运算。

对于给定的一段时域信号,可以通过 Fourier 变换得到相应的频域信号,计算公式为

$$x(f) = \left[\sum_{n=0}^{N-1} x(n) \cos(2\pi f n \Delta t) + j \sum_{n=0}^{N-1} x(n) \sin(2\pi f n \Delta t) \right] \quad (8.2.1)$$

式中:N 为采样点数;$\Delta t = \dfrac{1}{Fs}$ 为采样时间隔。

采样信号的频谱是一个连续的频谱,故采用离散 Fourier 变换(DFT),计算公式为

$$X(k\Delta f) = \sum_{n=0}^{N-1} x(n)\, \mathrm{e}^{-\mathrm{j}(2\pi/N)^{kn}} \quad (8.2.2)$$

式中:N 为采样点数;$\Delta t = \dfrac{1}{Fs}$ 为采样时间隔,$\Delta f = Fs/N$。

由于采用式(8.2.2)进行计算时,有大量指数(等价于三角函数)运算,效率很低,因此实际中多采用快速 Fourier 变换(FFT)。其原理是通过选择和重新排列,将重复的三角函数计算得到的中间结果保存起来,以减少重复计算带来的时间浪费。由于三角函数计算的重复量相当大,故 FFT 能极大地提高运算效率。

8.2.2 具体流程

1. 图形界面设计

首先打开 MATLAB,在命令窗口中输入 guide 命令进入 GUI 图形设计界面,新建一个空白的图形界面文件,向其中添加所需要的控件,并进行布局,然后根据功能依次修改各控件的 string 值和 Tag 值。

2. 回调函数的编写

右键单击控件,点击查看回调,选择 callback 即可对各控件的回调函数进行编写,需要用到的函数包及其使用方法如下。

(1)[y,fs]=audioread(filename):用于读取音频文件的函数,其中 fs 为采样频率,y 为读取到的音频信号,其数据结构为一维数组。

(2)recorder=audiorecorder(samplenum,16,channel):用于录制音频,其中 samplenum 为采样点数,'16'代表的是 16 位音频,channel 表示声道数(在电脑上右键单击声音→选择录制→属性→高级,即可查看自己电脑上硬件设备的音频和声道)。

(3)y=getaudiodata(recorder):可将录制的音频转换为一位数字信号。

(4)Y=fft(sample,samplenum):快速 Fourier 变换函数。

各控件间的参数传递可参考:https://www.cnblogs.com/jmliao/p/5628521.html。

8.3 实验内容及要求

结合数字信号处理的课堂知识,利用 MATLAB 软件制作一个语音信号分析软件,要求该软件具有以下功能:

(1)能够读取音频文件,对该语音信号进行时域和频域上的分析,并显示该音频信号的波形、频谱、幅值以及相位。

(2)录制一段语音,输入至软件中,能够自动分析出该段语音信号的音域(如男低音 82~392Hz、男中音 123~493Hz、男高音 164~698Hz、女低音 82~392Hz、女中音 123~493Hz、女高音 220~1.1kHz)。

8.4 实验过程及结果

(1)实验代码如下:

```
1  function varargout=untitled1(varargin)
2  % UNTITLED1 MATLAB code for untitled1.fig
3  %      UNTITLED1,by itself,creates a new UNTITLED1 or raises
4  %      the existing singleton *.
```

```matlab
5   %
6   %       H=UNTITLED1 returns the handle to a new UNTITLED1 or the
7   %       handle to the existing singleton*.
8   %
9   %       UNTITLED1('CALLBACK',hObject,eventData,handles,...) calls
10  %       the local function named CALLBACK in UNTITLED1.M with the
11  %       given input arguments.
12  %
13  %       UNTITLED1('Property','Value',...) creates a new UNTITLED1
14  %       or raises the existing singleton*.Starting from the left,
15  %       property value pairs are applied to the GUI before
16  %       untitled1_OpeningFcn gets called.An unrecognized property
17  %       name or invalid value makes property application stop.
18  %       All inputs are passed to untitled1_OpeningFcn via varargin
19  %
20  %       *See GUI Options on GUIDE's Tools menu.Choose"GUI allows
21  %       only one instance to run(singleton)".
22  %
23  % See also:GUIDE,GUIDATA,GUIHANDLES
24
25  % Edit the above text to modify the response to help untitled1
26
27  % Last Modified by GUIDE v2.5 01-Mar-2020 17:45:33
28
29  % Begin initialization code-DO NOT EDIT
30  gui_Singleton=1;
31  gui_State=struct('gui_Name',       mfilename,...
32                   'gui_Singleton',  gui_Singleton,...
33                   'gui_OpeningFcn', @ untitled1_OpeningFcn,...
34                   'gui_OutputFcn',  @ untitled1_OutputFcn,...
35                   'gui_LayoutFcn',  [],...
36                   'gui_Callback',   []);
37  if nargin && ischar(varargin {1})
38      gui_State.gui_Callback=str2func(varargin {1});
39  end
40
41  if nargout
42      [varargout {1:nargout }]=gui_mainfcn(gui_State,varargin {:});
43  else
```

```
44        gui_mainfcn(gui_State,varargin{:});
45   end
46   % End initialization code-DO NOT EDIT
47
48
49   % ---Executes just before untitled1 is made visible.
50   function untitled1_OpeningFcn(hObject,eventdata,handles,varargin)
51   % This function has no output args,see OutputFcn.
52   % hObject handle to figure
53   % eventdata reserved-to be defined in a future version of MATLAB
54   % handles structure with handles and user data(see GUIDATA)
55   % varargin command line arguments to untitled1(see VARARGIN)
56
57   % Choose default command line output for untitled1
58   handles.output=hObject;
59
60   % Update handles structure
61   guidata(hObject,handles);
62
63   % UIWAIT makes untitled1 wait for user response(see UIRESUME)
64   % uiwait(handles.figure1);
65
66
67   % ---Outputs from this function are returned to the command line.
68   function varargout=untitled1_OutputFcn(hObject,eventdata,handles)
69   % varargout cell array for returning output args(see VARARGOUT);
70   % hObject handle to figure
71   % eventdata reserved-to be defined in a future version of MATLAB
72   % handles structure with handles and user data(see GUIDATA)
73
74   % Get default command line output from handles structure
75   varargout{1}=handles.output;
76
77
78
79   function samplerate_Callback(hObject,~,handles)
80   % hObject handle to samplerate(see GCBO)
81   % eventdata reserved-to be defined in a future version of MATLAB
82   % handles structure with handles and user data(see GUIDATA)
```

```
83    a=str2num(get(hObject,'String'));% 得到其中的字符串并将其转换为数字
84    if isempty(a)% 判断是否为数据,若否,则将其设置为 0
85        set(hObject,'String','0');
86    end
87    guidata(hObject,handles);% 更新数据
88    % Hints:get(hObject,'String') returns contents of samplerate as text
89    %        str2double(get(hObject,'String')) returns contents of samplerate
90    %        as a double
91
92
93    % ---Executes during object creation,after setting all properties.
94    function samplerate_CreateFcn(hObject,eventdata,handles)
95    % hObject handle to samplerate(see GCBO)
96    % eventdata reserved-to be defined in a future version of MATLAB
97    % handles empty-handles not created until after all CreateFcns called
98
99    % Hint:edit controls usually have a white background on Windows.
100   %      See ISPC and COMPUTER.
101   if ispc && isequal(get(hObject,'BackgroundColor'),get(0,'defaultUicontrolBackgroundColor'))
102       set(hObject,'BackgroundColor','white');
103   end
104
105
106
107   function samplenum_Callback(hObject,eventdata,handles)
108   % hObject handle to samplenum(see GCBO)
109   % eventdata reserved-to be defined in a future version of MATLAB
110   % handles structure with handles and user data(see GUIDATA)
111   b=str2num(get(hObject,'String'));% 得到其中的字符串并将其转换为数字
112   if isempty(b)% 判断是否为数据,若否,则将其设置为 0
113       set(hObject,'String','0');
114   end
115   guidata(hObject,handles);% 更新数据
116   % Hints:get(hObject,'String') returns contents of samplenum as text
117   %        str2double(get(hObject,'String')) returns contents of samplenum
118   %        as a double
119
120
121   % ---Executes during object creation,after setting all properties.
```

```matlab
122  function samplenum_CreateFcn(hObject,eventdata,handles)
123  % hObject handle to samplenum(see GCBO)
124  % eventdata reserved-to be defined in a future version of MATLAB
125  % handles empty-handles not created until after all CreateFcns called
126
127  % Hint:edit controls usually have a white background on Windows.
128  %       See ISPC and COMPUTER.
129  if ispc && isequal(get(hObject,'BackgroundColor'),get(0,'defaultUicontrolBackgroundColor'))
130     set(hObject,'BackgroundColor','white');
131  end
132
133
134
135  function tone_Callback(hObject,eventdata,handles)
136  % hObject handle to tone(see GCBO)
137  % eventdata reserved-to be defined in a future version of MATLAB
138  % handles structure with handles and user data(see GUIDATA)
139
140  % Hints:get(hObject,'String')returns contents of tone as text
141  %       str2double(get(hObject,'String'))returns contents of tone
142  %       as a double
143
144
145  % ---Executes during object creation,after setting all properties.
146  function tone_CreateFcn(hObject,eventdata,handles)
147  % hObject handle to tone(see GCBO)
148  % eventdata reserved-to be defined in a future version of MATLAB
149  % handles empty-handles not created until after all CreateFcns called
150
151  % Hint:edit controls usually have a white background on Windows.
152  %       See ISPC and COMPUTER.
153  if ispc && isequal(get(hObject,'BackgroundColor'),get(0,'defaultUicontrolBackgroundColor'))
154     set(hObject,'BackgroundColor','white');
155  end
156
157
158
159  function foutt_Callback(hObject,eventdata,handles)
```

```
160  % hObject handle to foutt(see GCBO)
161  % eventdata reserved-to be defined in a future version of MATLAB
162  % handles structure with handles and user data(see GUIDATA)
163
164  % Hints:get(hObject,'String')returns contents of foutt as text
165  %       str2double(get(hObject,'String'))returns contents of foutt
166  %       as a double
167
168
169  % ---Executes during object creation,after setting all properties.
170  function foutt_CreateFcn(hObject,eventdata,handles)
171  % hObject handle to foutt(see GCBO)
172  % eventdata reserved-to be defined in a future version of MATLAB
173  % handles empty-handles not created until after all CreateFcns called
174
175  % Hint:edit controls usually have a white background on Windows.
176  %       See ISPC and COMPUTER.
177  if ispc && isequal(get(hObject,'BackgroundColor'),get(0,'defaultUicontrolBack-
     groundColor'))
178     set(hObject,'BackgroundColor','white');
179  end
180
181
182
183  function foutfreq_Callback(hObject,eventdata,handles)
184  % hObject handle to foutfreq(see GCBO)
185  % eventdata reserved-to be defined in a future version of MATLAB
186  % handles structure with handles and user data(see GUIDATA)
187
188  % Hints:get(hObject,'String')returns contents of foutfreq as text
189  %       str2double(get(hObject,'String'))returns contents of foutfreq
190  %       as a double
191
192
193  % ---Executes during object creation,after setting all properties.
194  function foutfreq_CreateFcn(hObject,eventdata,handles)
195  % hObject handle to foutfreq(see GCBO)
196  % eventdata reserved-to be defined in a future version of MATLAB
197  % handles empty-handles not created until after all CreateFcns called
198
```

```
199    %  Hint:edit controls usually have a white background on Windows.
200    %        See ISPC and COMPUTER.
201    if ispc && isequal(get(hObject,'BackgroundColor'),get(0,'
       defaultUicontrolBackgroundColor'))
202        set(hObject,'BackgroundColor','white');
203    end
204
205
206
207    function outt_Callback(hObject,eventdata,handles)
208    %  hObject handle to outt(see GCBO)
209    %  eventdata reserved-to be defined in a future version of MATLAB
210    %  handles structure with handles and user data(see GUIDATA)
211
212    %  Hints:get(hObject,'String')returns contents of outt as text
213    %         str2double(get(hObject,'String'))returns contents of outt
214    %         as a double
215
216
217    %  ---Executes during object creation,after setting all properties.
218    function outt_CreateFcn(hObject,eventdata,handles)
219    %  hObject handle to outt(see GCBO)
220    %  eventdata reserved-to be defined in a future version of MATLAB
221    %  handles empty-handles not created until after all CreateFcns called
222
223    %  Hint:edit controls usually have a white background on Windows.
224    %        See ISPC and COMPUTER.
225    if ispc && isequal(get(hObject,'BackgroundColor'),get(0,'
       defaultUicontrolBackgroundColor'))
226        set(hObject,'BackgroundColor','white');
227    end
228
229
230
231    function outamp_Callback(hObject,eventdata,handles)
232    %  hObject handle to outamp(see GCBO)
233    %  eventdata reserved-to be defined in a future version of MATLAB
234    %  handles structure with handles and user data(see GUIDATA)
235
236    %  Hints:get(hObject,'String')returns contents of outamp as text
```

```matlab
237 %       str2double(get(hObject,'String')) returns contents of outamp
238 %       as a double
239
240
241 % ---Executes during object creation,after setting all properties.
242 function outamp_CreateFcn(hObject,eventdata,handles)
243 % hObject handle to outamp(see GCBO)
244 % eventdata reserved-to be defined in a future version of MATLAB
245 % handles empty-handles not created until after all CreateFcns called
246
247 % Hint:edit controls usually have a white background on Windows.
248 %       See ISPC and COMPUTER.
249 if ispc && isequal(get(hObject,'BackgroundColor'),get(0,'defaultUicontrolBackgroundColor'))
250     set(hObject,'BackgroundColor','white');
251 end
252
253
254
255 function outfreq_Callback(hObject,eventdata,handles)
256 % hObject handle to outfreq(see GCBO)
257 % eventdata reserved-to be defined in a future version of MATLAB
258 % handles structure with handles and user data(see GUIDATA)
259
260 % Hints:get(hObject,'String') returns contents of outfreq as text
261 %       str2double(get(hObject,'String')) returns contents of outfreq
262 %       as a double
263
264
265 % ---Executes during object creation,after setting all properties.
266 function outfreq_CreateFcn(hObject,eventdata,handles)
267 % hObject handle to outfreq(see GCBO)
268 % eventdata reserved-to be defined in a future version of MATLAB
269 % handles empty-handles not created until after all CreateFcns called
270
271 % Hint:edit controls usually have a white background on Windows.
272 %       See ISPC and COMPUTER.
273 if ispc && isequal(get(hObject,'BackgroundColor'),get(0,'defaultUicontrolBackgroundColor'))
274     set(hObject,'BackgroundColor','white');
```

```
275    end
276
277
278
279    function outphase_Callback(hObject,eventdata,handles)
280    % hObject handle to outphase(see GCBO)
281    % eventdata reserved-to be defined in a future version of MATLAB
282    % handles structure with handles and user data(see GUIDATA)
283
284    % Hints:get(hObject,'String')returns contents of outphase as text
285    %       str2double(get(hObject,'String'))returns contents of outphase
286    %       a double
287
288
289    % ---Executes during object creation,after setting all properties.
290    function outphase_CreateFcn(hObject,eventdata,handles)
291    % hObject handle to outphase(see GCBO)
292    % eventdata reserved-to be defined in a future version of MATLAB
293    % handles empty-handles not created until after all CreateFcns called
294
295    % Hint:edit controls usually have a white background on Windows.
296    %       See ISPC and COMPUTER.
297    if ispc && isequal(get(hObject,'BackgroundColor'),get(0,'defaultUicontrolBackgroundColor'))
298        set(hObject,'BackgroundColor','white');
299    end
300
301
302    % ---Executes on button press in startrecord.
303    function startrecord_Callback(hObject,eventdata,handles)
304    % hObject handle to startrecord(see GCBO)
305    % eventdata reserved-to be defined in a future version of MATLAB
306    % handles structure with handles and user data(see GUIDATA)
307    Fs=str2double(get(findobj('Tag','samplerate'),'String'));
308    recorder=audiorecorder(str2double(get(findobj('Tag','recordtime')
           ,'String'))*Fs,24,str2double(get(findobj('Tag','channel'),'String')));
309    recordblocking(recorder,str2double(get(findobj('Tag','recordtime'),'String')));
310    y=getaudiodata(recorder);
311    handles.y=y;
312    guidata(hObject,handles);
```

```
313    N=size(handles.y);
314    % t=0:1/Fs:(N(1)-1)/Fs;
315    plot(handles.plot,handles.y);
316    title('WAVE');
317    % xlabel(handles.plot,'Time /(s)','fontweight','bold');
318    ylabel(handles.plot,'Amplitude','fontweight','bold');
319    grid(handles.plot);
320    set(handles.samplenum,'String',num2str(N(1)));
321
322
323    function channel_Callback(hObject,eventdata,handles)
324    % hObject handle to channel(see GCBO)
325    % eventdata reserved-to be defined in a future version of MATLAB
326    % handles structure with handles and user data(see GUIDATA)
327    c=str2num(get(hObject,'String'));% 得到其中的字符串并将其转换为数字
328    if isempty(c)% 判断是否为数据,若否,则将其设置为 0
329        set(hObject,'String','0');
330    end
331    guidata(hObject,handles);% 更新数据
332    % Hints:get(hObject,'String') returns contents of channel as text
333    %       str2double(get(hObject,'String')) returns contents of channel
334    %       as a double
335
336
337    % ---Executes during object creation,after setting all properties.
338    function channel_CreateFcn(hObject,eventdata,handles)
339    % hObject handle to channel(see GCBO)
340    % eventdata reserved-to be defined in a future version of MATLAB
341    % handles empty-handles not created until after all CreateFcns called
342
343    % Hint:edit controls usually have a white background on Windows.
344    %      See ISPC and COMPUTER.
345    if ispc && isequal(get(hObject,'BackgroundColor'),get(0,'defaultUicontrolBackgroundColor'))
346        set(hObject,'BackgroundColor','white');
347    end
348
349
350
351    % ---Executes on button press in fileopen.
```

```
352  function fileopen_Callback(hObject,eventdata,handles)
353  % hObject handle to fileopen(see GCBO)
354  % eventdata reserved-to be defined in a future version of MATLAB
355  % handles structure with handles and user data(see GUIDATA)
356  fs=str2double(get(findobj('Tag','samplerate'),'String'));
357  [filename ]=uigetfile('*.wav','选择声音文件');
358  [y,fs ]=audioread(filename);
359  handles.y=y ;
360  guidata(hObject,handles);
361  N=size(handles.y);
362  title('WAVE');
363  % t=0:1/ fs:(N(1)-1)/ fs ;
364  plot(handles.plot,handles.y);
365  % xlabel(handles.plot,'Time /(s)','fontweight','bold');
366  ylabel(handles.plot,'Amplitude','fontweight','bold');
367  grid(handles.plot);
368  set(handles.samplenum,'String',num2str(N(1)));
369
370  function recordtime_Callback(hObject,eventdata,handles)
371  % hObject handle to recordtime(see GCBO)
372  % eventdata reserved-to be defined in a future version of MATLAB
373  % handles structure with handles and user data(see GUIDATA)
374  r=str2num(get(hObject,'String'));% 得到其中的字符串并将其转换为数字
375  if isempty(r)% 判断是否为数据,若否,则将其设置为 0
376      set(hObject,'String','0');
377  end
378  guidata(hObject,handles);% 更新数据
379  % Hints:get(hObject,'String') returns contents of recordtime as text
380  %        str2double(get(hObject,'String')) returns contents of recordtime
381  %        as a double
382
383
384  % ---Executes during object creation,after setting all properties.
385  function recordtime_CreateFcn(hObject,eventdata,handles)
386  % hObject handle to recordtime(see GCBO)
387  % eventdata reserved-to be defined in a future version of MATLAB
388  % handles empty-handles not created until after all CreateFcns called
389
390  % Hint:edit controls usually have a white background on Windows.
391  %       See ISPC and COMPUTER.
```

```
392  if ispc && isequal(get(hObject,'BackgroundColor'),get(0,'
        defaultUicontrolBackgroundColor'))
393      set(hObject,'BackgroundColor','white');
394  end
395
396
397  % ---Executes on button press in WAV.
398  function WAV_Callback(hObject,eventdata,handles)
399  % hObject handle to WAV(see GCBO)
400  % eventdata reserved-to be defined in a future version of MATLAB
401  % handles structure with handles and user data(see GUIDATA)
402  set(findobj('Tag','recordtime'),'enable','off');
403  set(handles.channel,'enable','off');
404  set(handles.fileopen,'enable','on');
405  set(handles.startrecord,'enable','off');
406  % Hint:get(hObject,'Value')returns toggle state of WAV
407
408
409  % ---Executes on button press in recording.
410  function recording_Callback(hObject,eventdata,handles)
411  % hObject handle to recording(see GCBO)
412  % eventdata reserved-to be defined in a future version of MATLAB
413  % handles structure with handles and user data(see GUIDATA)
414  set(findobj('Tag','recordtime'),'enable','on');
415  set(handles.channel,'enable','on');
416  set(handles.fileopen,'enable','off');
417  set(handles.startrecord,'enable','on');
418  % Hint:get(hObject,'Value')returns toggle state of recording
419
420
421  % ---Executes on button press in time_domain.
422  function time_domain_Callback(hObject,eventdata,handles)
423  % hObject handle to time_domain(see GCBO)
424  % eventdata reserved-to be defined in a future version of MATLAB
425  % handles structure with handles and user data(see GUIDATA)
426  Fs=str2double(get(findobj('Tag','samplerate'),'String'));
427  N=str2double(get(findobj('Tag','samplenum'),'String'));
428  n=1;
429  ymax=max([handles.y(1),handles.y(2)]);
430  ymin=min([handles.y(1),handles.y(2)]);
```

```
431    from=str2double(get(handles.pointfrom,'String'));
432    to=str2double(get(handles.pointto,'String'));
433    if from<1| to-from<5;
434        msgbox('Error range! ');
435        return ;
436    end
437    for i=from+2:to-1;
438        if handles.y(i-1)<0&handles.y(i-2)<0&handles.y(i)>=0&handles.
           y(i+1)>0
439            if handles.y(i)==0
440                ti(n)=i ;
441            else
442                ti(n)=i-handles.y(i)/(handles.y(i)-handles.y(i-1));
443            end
444            amp(n)=(ymax-ymin)/2;ymax=0;
445            ymin=0;
446            n=n+1;
447        else
448            if ymax< handles.y(i)
449                ymax=handles.y(i);
450            end
451            if ymin> handles.y(i)
452                ymin=handles.y(i);
453            end
454        end
455    end
456    n=n-1;
457    for i=1:n-1
458        T(i)=ti(i+1)-ti(i);
459    end
460    freq=Fs/mean(T);
461    set(handles.outt,'String',1/freq);
462    set(handles.outfreq,'String',num2str(freq));
463    set(handles.outamp,'String',num2str(mean(amp(2:n-1))));
464    phase=2*pi * (1-(ti(1:n-1)-1)./ T+ floor((ti(1:n-1)-1)./ T));
465    set(handles.outphase,'String',num2str(mean(phase)));
466    fq=num2str(freq)
467    if handles.sex==1
468        if fq< 392
469            set(handles.tone,'String','男低音')
```

```
470     else
471         if fq< 493
472             set(handles.tone,'String','男中音')
473         else
474             set(handles.tone,'String','男高音')
475         end
476     end
477 else
478     if fq< 392
479         set(handles.tone,'String','女低音')
480     else
481         if fq< 493
482             set(handles.tone,'String','女中音')
483         else
484             set(handles.tone,'String','女高音')
485         end
486     end
487 end
488
489
490 % ---Executes on button press in frequency_domain.
491 function frequency_domain_Callback(hObject,eventdata,handles)
492 % hObject handle to frequency_domain(see GCBO)
493 % eventdata reserved-to be defined in a future version of MATLAB
494 % handles structure with handles and user data(see GUIDATA)
495 Fs=str2double(get(findobj('Tag','samplerate'),'String'));
496 N=str2double(get(findobj('Tag','samplenum'),'String'));
497 from=str2double(get(handles.pointfrom,'String'));
498 to=str2double(get(handles.pointto,'String'));
499 sample=handles.y(from:to);
500 f=linspace(0,Fs /2,(to-from+1)/2);
501 Y=f f t(sample,to-from+1);
502 [C,I]=max(abs(Y));
503 set(handles.foutt,'String',1/ f(I));
504 set(handles.foutfreq,'String',f(I));
505 if handles.sex==1
506     if f(I)<392
507         set(handles.tone,'String','男低音')
508     else
509         if f(I)<493
```

```
510              set(handles.tone,'String','男中音')
511         else
512              set(handles.tone,'String','男高音')
513         end
514     end
515 else
516     if f(I)<392
517         set(handles.tone,'String','女低音')
518     else
519         if f(I)< 493
520              set(handles.tone,'String','女中音')
521         else
522              set(handles.tone,'String','女高音')
523         end
524     end
525 end
526 Y=Y(1:(to-from+ 1)/2);
527 plot(handles.plot1,f,2*sqrt(Y.*conj(Y)));
528 plot(handles.plot2,f,angle(Y));
529 xlabel(handles.plot1,'freqency(Hz)');
530 xlabel(handles.plot2,'freqency(Hz)');
531 ylabel(handles.plot1,'amplitude');
532 ylabel(handles.plot2,'phase(rad)');
533
534
535
536 function pointfrom_Callback(hObject,eventdata,handles)
537 %  hObject handle to pointfrom(see GCBO)
538 %  eventdata reserved-to be defined in a future version of MATLAB
539 %  handles structure with handles and user data(see GUIDATA)
540
541 % Hints:get(hObject,'String')returns contents of pointfrom as text
542 %       str2double(get(hObject,'String'))returns contents of pointfrom
543 %       as a double
544
545
546 % ---Executes during object creation,after setting all properties.
547 function pointfrom_CreateFcn(hObject,eventdata,handles)
548 %  hObject handle to pointfrom(see GCBO)
549 %  eventdata reserved-to be defined in a future version of MATLAB
```

```matlab
550 %       handles empty-handles not created until after all CreateFcns called
551
552 % Hint:edit controls usually have a white background on Windows.
553 %       See ISPC and COMPUTER.
554 if ispc && isequal(get(hObject,'BackgroundColor'),get(0,'defaultUicontrolBackgroundColor'))
555     set(hObject,'BackgroundColor','white');
556 end
557
558
559
560 function pointto_Callback(hObject,eventdata,handles)
561 % hObject handle to pointto(see GCBO)
562 % eventdata reserved-to be defined in a future version of MATLAB
563 % handles structure with handles and user data(see GUIDATA)
564
565 % Hints:get(hObject,'String') returns contents of pointto as text
566 %       str2double(get(hObject,'String')) returns contents of pointto
567 %       as a double
568
569
570 % ---Executes during object creation,after setting all properties.
571 function pointto_CreateFcn(hObject,eventdata,handles)
572 % hObject handle to pointto(see GCBO)
573 % eventdata reserved-to be defined in a future version of MATLAB
574 % handles empty-handles not created until after all CreateFcns called
575
576 % Hint:edit controls usually have a white background on Windows.
577 %       See ISPC and COMPUTER.
578 if ispc && isequal(get(hObject,'BackgroundColor'),get(0,'defaultUicontrolBackgroundColor'))
579     set(hObject,'BackgroundColor','white');
580 end
581
582
583 % ---Executes on button press in men.
584 function men_Callback(hObject,eventdata,handles)
585 % hObject handle to men(see GCBO)
586 % eventdata reserved-to be defined in a future version of MATLAB
587 % handles structure with handles and user data(see GUIDATA)
```

```
588    handles.sex=1;
589    guidata(hObject,handles);
590    % Hint:get(hObject,'Value')returns toggle state of men
591
592
593    % ---Executes on button press in women.
594    function women_Callback(hObject,eventdata,handles)
595    % hObject handle to women(see GCBO)
596    % eventdata reserved-to be defined in a future version of MATLAB
597    % handles structure with handles and user data(see GUIDATA)
598    handles.sex=0;
599    guidata(hObject,handles);
600    % Hint:get(hObject,'Value')returns toggle state of women
```

(2)实验结果上述程序运行结果图如图 8.4.1 所示。

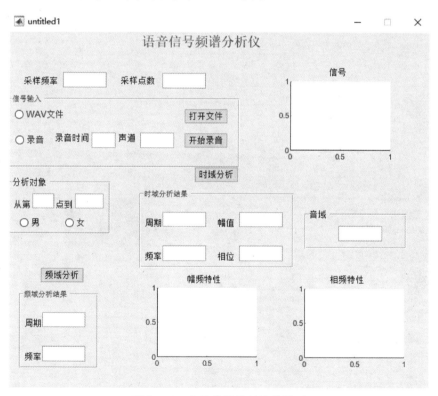

图 8.4.1　上述代码运行结果界面

当输入采样频率,录音时间和声道之后,输入分析对象"男"或者"女",时间截断位置从"*"点,到"*"点之后,再点击时域分析和频域分析即可以得到如图 8.4.2 所示的界面。

输入采样频率,信号输入选择"WAV"文件,点击打开文件,选择一曲自备的曲目,如周深的"大鱼",输入分析对象,再点击时域和频域分析,可以得到如图 8.4.3 示意图。

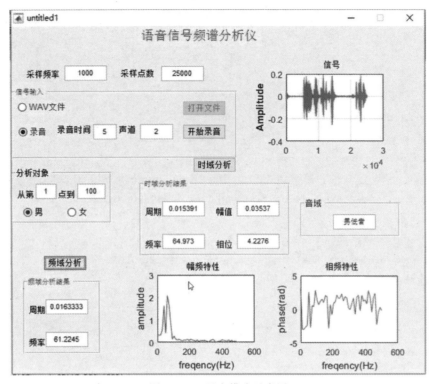

图 8.4.2 录音模式示意图

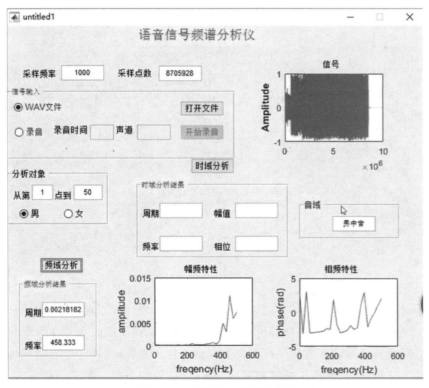

图 8.4.3 文件导入模式示意图

第 9 章　实验二：一维信号的频域分析

9.1　实验目的

(1)实现对股票数据的可视化呈现及频域分析。
(2)实现对心电信号的分析及去噪处理。

9.2　股票数据的分析和处理

1. 股票数据的分析

(1)数据收集

数据来自 Choice 数据终端—电脑版(终端下载网址：https://choice.eastmoney.com/Product/download_center.html)，选择一只需要分析的股票，如图 9.2.1 所示选择沪深 A 股 000001.SZ，可以显示该只股票每日的开盘价、最高价、最低价、收盘价、成交量以及价格变化趋势(成交价)，时间区间设定为 2021 年 10 月 22 日至 2022 年 1 月 17 日。将数据导出成 Excel 格式。

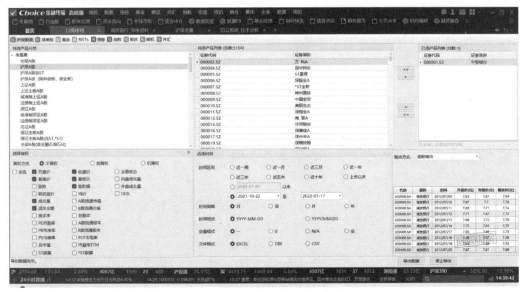

图 9.2.1　Choice 数据终端股票数据示意图

利用工具,将数据导入到 MATLAB 当中(图 9.2.2)。

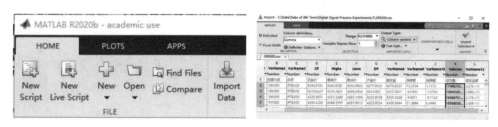

(a) Import Data 工具　　　　　(b) Import Data 界面

图 9.2.2　使用 Import Data 工具导入数据

(2)股票数据可视化,也可以用 importdata 来导入 excel 数据,程序代码如下:

```
Clear clc
A= importdata('000001.xls');  % 请注意文件路径
data = A.data;
OP = data(:,1);
Highs = data(:,3);
Lows = data(:,4);
CP = data(:,2);
Volumn= data(:,6);
Turnover = data(:,5);

subplot(321) plot(OP);
% 使用 plot 函数绘制开盘价图像
gridon;
xlabel('时间');
ylabel('人民币/元');
title('开盘价');
subplot(322)
plot(Highs);
% 使用 plot 函数绘制最高价图像
gridon;
xlabel('时间');
ylabel('人民币/元');
title('最高价');
subplot(323)
plot(Lows);
% 使用 plot 函数绘制最低价图像
gridon;
xlabel('时间');
ylabel('人民币/元');
```

```
title('最低价');
subplot(324)
plot(CP);
% 使用plot函数绘制收盘价图像
grid on;
xlabel('时间');
ylabel('人民币/元');
title('收盘价');
subplot(325)
plot(Volumn);
% 使用plot函数绘制交易量图像
grid on;
xlabel('时间');
ylabel('人民币/元');
title('成交量');
subplot(326)
plot(Turnover);
% 使用plot函数绘制价格变化趋势图像
grid on;
xlabel('时间');
ylabel('人民币/元');
title('涨跌幅');
```

由程序可以运行出如图 9.2.3 所示的可视化结果。

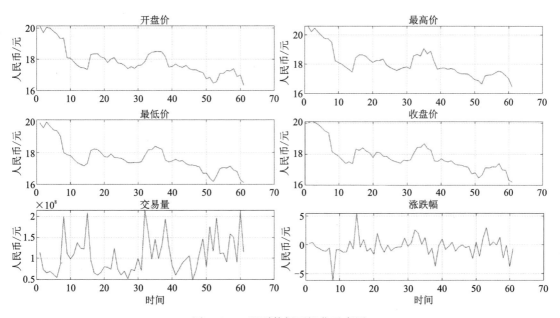

图 9.2.3 股票数据可视化示意图

2. 股价数据的移动平均处理

股票交易期为 2021 年 10 月 22 日至 2022 年 1 月 17 日,共 61 个交易日,设 $L=11$ 日,通过编程实现对该股票的收盘价进行 L 点移动平均,画出收盘价及其移动平均线。然后使用 smooth 函数对数据进行处理,其代码如下:

```
Clear clc
CPE = smooth(CP,11); % 使用 smooth 函数对收盘价取 11 日平均值
plot(CPE); % 使用 plot 函数绘制平均收盘价格变化趋势图像
xlabel('时间');
ylabel('人民币/元')
title('11 天平均收盘价格变化趋势图像');
grid on;
hold on;
plot(CP); % 使用 plot 函数绘制收盘价格变化趋势图像
legend('11 天收盘价格变化趋势图像');
```

程序运行的结果如图 9.2.4 所示。

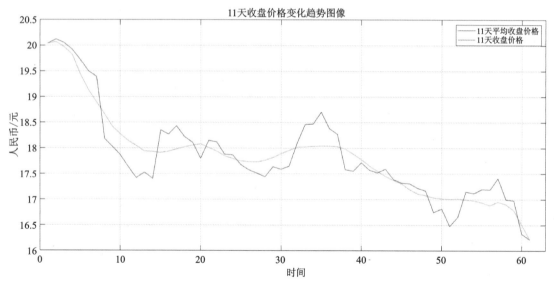

图 9.2.4　11 天收盘价格变化趋势图像

3. 股票数据的频域分析

截取 2021 年 10 月 22 日至 2022 年 1 月 17 日中的数据中共 60 个交易日的收盘价数据。其中这 60 个交易日的收盘价为 $c(n)(n=1,2,3,\cdots,N, N=60)$。通过编程对 $c(n)$ 消除斜坡影响,得 $x(n)$,并对其做 DFT,点数为 60,画 $x(n)$ 及其幅频的波形。然后对数据进行处理,其结果如图 9.2.5 所示。

$$c_1(n)=x_1(n)+c(1)-\left[\frac{c(1)-c(N)}{N-1}\right]\times(n-1), n=1,2,3,\cdots,N$$

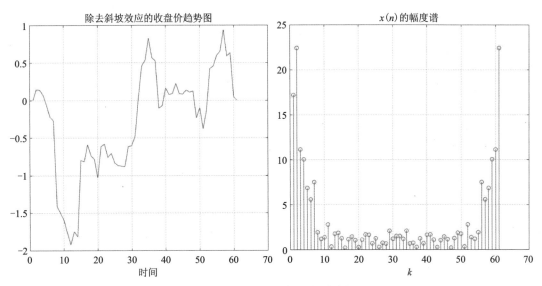

图 9.2.5 股票数据的频域分析

基于 Fourier 变换的股票趋势分析实验代码：

```
clearclc
N=length(CP);
% 迭代处理求出 x(n)
for i=1:61
x(i,1)=CP(i,1)-CP(1,1)+(((CP(1,1)-CP(N,1))./(N-1)).*(i-1));
end
X= fft(x,N); % 对 x(n)进行 Fourier 变换
subplot(121)
plot(x) % 使用 plot 函数绘制 x(n)图像
grid on;
xlabel('时间');
ylabel('人民币/元');
title('除去斜坡效应的收盘价趋势图');
subplot(122)stem(abs(X)) % 使用 stem 函数绘制 X(n)图像
grid on;
xlabel('k');%
ylabel('人民币/元');
title('x(n)的幅度谱');
```

观察图 9.2.5 可得：当 $k=1$ 时，$x(n)$ 的幅频谱取最大值，故 $x(n)$ 的主周期分量为 $\omega_k = \frac{2\pi}{61}$。

基于 Fourier 变换的股票趋势分析实验代码，结果如图 9.2.6 所示。

```
clearclc
N=length(x);
XR=real(X(1,1));
XI=imag(X(1,1));
for i=1:N
x1(i,1)=(2./N).*(XR-XI).*(cos((2.*pi.*i)./N));
end
for i=1:N
c1(i,1)=x1(i,1)+CP(1,1)-(((CP(1,1)-CP(N,1))./(N-1)).*(i-1));
end
subplot(121) plot(x1)
grid on;
xlabel('时间');
ylabel('人民币/元');
hold on;
plot(x);
legend('x1(n)','x(n)');
title('x(n) 和光滑滤波的 x1(n)');
hold off;
subplot(122) plot(c1);
grid on;
xlabel('k');
% ylabel('人民币/元');hold on;
plot(CP);
legend('c1(n)','c(n)');
hold off;
title('收盘价 c(n) 及光滑滤波后的收盘价 c1(n)');
```

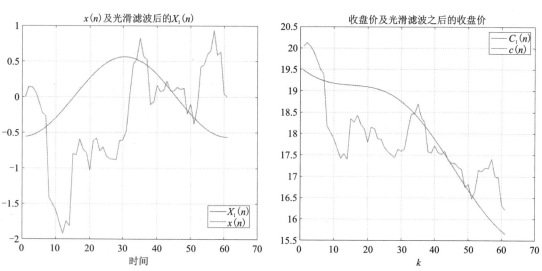

图 9.2.6　股票数据的 Fourier 分析示意图

9.3 心电信号的分析与处理

1. 数据下载和处理

心电数据来自 MIT-BIH ECG,下载网址 https://archive.physionet.org/cgi-bin/atm/ATM。按图示选择数据库后,在 toolbox 中选择导出 mat 文件,如图 9.3.1 所示下载.mat 文件。

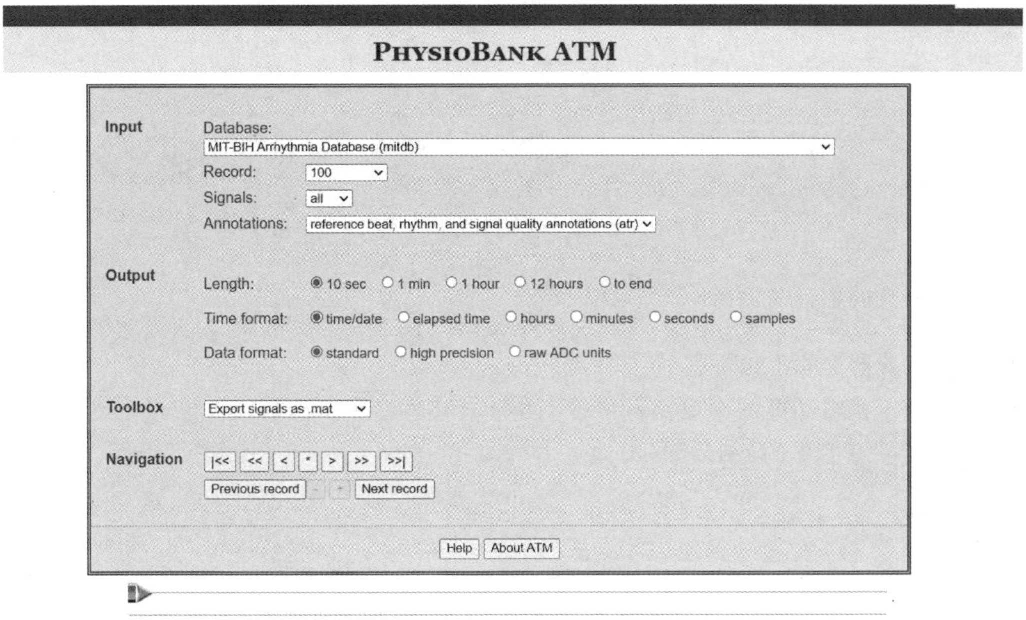

图 9.3.1 心电数据收集和下载

读取心电信号并叠加工频干扰,设当设置其幅度和相位;显示含有工频干扰的心电波形(采样频率 $f_s=150\mathrm{Hz}$,采样点数 $N=512$),其结果如图 9.3.2 所示。

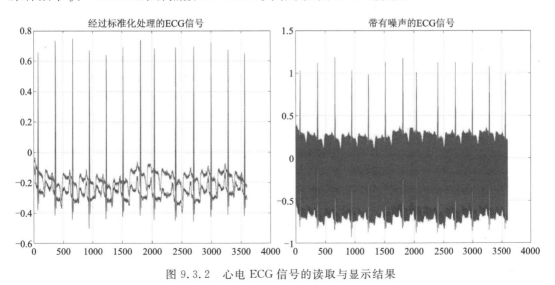

图 9.3.2 心电 ECG 信号的读取与显示结果

代码如下：

```
Clear clc
fs=150;A=0.5;fp=50;N=512;phi=0;
load ECG_X1.mat % 载入 ECG 信号
x=ECG_X1/256; % 对 ECG 信号进行归一化 % 生成工频噪声
for k=1:512
z1(k,1)=A*sin(2*pi*fp*k/fs+phi);
end
x1=x+z1;
subplot(121) plot(x); % 使用 plot 函数绘制 ECG 信号
grid on;title('ECG Signal (After Normalization)');
subplot(122)plot(x1); % 使用 plot 函数绘制叠加噪声后的 ECG 信号
grid on;title('ECG Signal with Noice');
```

2. 工频干扰的估计与消除

1) FIR 滤波器消除工频干扰

由于工频干扰在心电图中是高频噪声，因此可以通过平滑滤波器进行低通滤波。Hanning 滤波器是一个简单的 FIR 型平滑滤波器，其系统函数为

$$H(z)=\frac{1}{4}(1+2z^{-1}+z^{-2})$$

FIR 滤波器消除工频干扰实验代码如下：

```
Clear clc
fs=150; A=0.5; fp=50;N=512;phi=0;
load ECG_X1.mat % 载入 ECG 信号
x=ECG_X1/256; % 对 ECG 信号进行归一化 % 生成工频噪声
for k=1:512z1(k,1)=A*sin(2*pi*fp*k/fs+phi);
end
x1=x+z1; % 系统函数系数
den=[4 0 0];num=[1 2 1];omega=linspace(0,pi,512);
h=freqz(num,den,omega); % 生成系统函数单位脉冲响应
subplot(221)plot(x1); % 使用 plot 函数绘制叠加噪声后的 ECG 信号
grid on; title('叠加噪声的 ECG 信号');
subplot(222) gain=20*log10(abs(h));plot(omega/pi,gain);
% 使用 plot 函数绘制系统函数增益
ylabel('Gain (dB)');
title('Hanning 滤波器系统函数增益曲线');
grid on;
```

```
subplot(223)
zplane(num,den);
% 使用 zplane 函数绘制系统函数零极点
xlabel('Real');
ylabel('Imagine');
title('Hanning 滤波器的零点和极点');
grid on;
subplot(224)
y=filter(num,den,x1);plot(y);
% 使用 plot 函数绘制滤波后的 ECG 信号
grid on;
title('用 Hanning 滤波器滤波处理之后的 ECG 信号');
```

程序运行结果如图 9.3.3 所示。

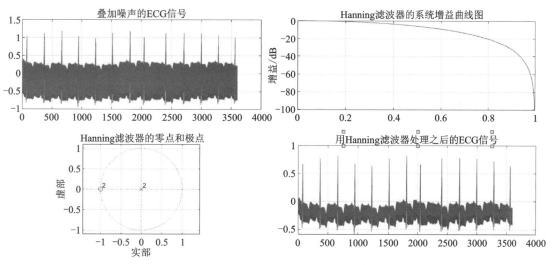

图 9.3.3　用 Hanning 滤波器滤波的结果

观察图 9.3.3 可得：使用 Hanning 滤波器对心电信号进行滤波，工频干扰未被彻底消除。对原有程序进行修改，使用设计下列 3 级 Hanning 滤波器来进一步改善滤波效果。

FIR 滤波器消除工频干扰实验代码如下：

```
y1=filter(num,den,x1);
y2=filter(num,den,y1);
y3=filter(num,den,y2);plot(y3);
% 使用 plot 函数绘制滤波后的 ECG 信号
grid on;
title('用 Hanning 滤波处理的 ECG 信号');
```

观察图 9.3.4 可得：使用 3 级 Hanning 滤波器对心电信号进行滤波，工频干扰已被彻底消除。

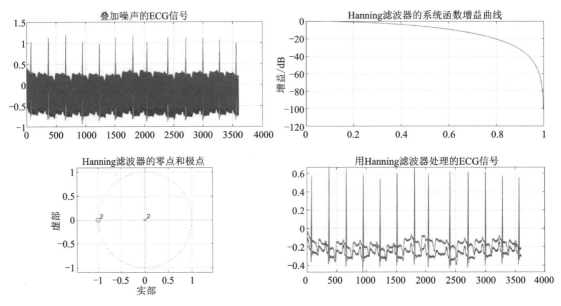

图 9.3.4 使用三级 Hanning 滤波器进行滤波的结果

2)窗函数法设计 FIR 带阻滤波器

利用窗函数法设计一个 FIR 带阻滤波器,设置适当的滤波参数,消除工频干扰,画出该滤波器单位脉冲响应、幅频特性、消噪后的心电信号波形及其幅频谱。窗函数法设计 FIR 带阻滤波器实验代码如下:

```
Clear clc
fs=150;A=0.5;fp=50;N=512;phi=0;
load ECG_X1.mat % 载入 ECG 信号
ECG_X1=val(:,1:512);
x=ECG_X1/256;% 对 ECG 信号进行归一化
% 生成工频噪声
for k=1:512
z1(k,1)=A*sin(2*pi*fp*k/fs+phi);
end
x1=x+z1;
T=1/fs;
t=0:T:(N-1)*T;
f=fs/N*(0:N/2-1);
wp=[2*pi*48/fs,2*pi*52/fs];
ws=[2*pi*49/fs,2*pi*51/fs];
% 设置带阻滤波器参数
```

```
wc=(ws+wp)/2;
% 求理想带阻截止频率
tr=ws(1)-wp(1);N1=floor(8*pi/tr);k=0:N1;
% 设置窗口长度
eps=0.1;m=k-(N1)/2+eps;hz=sin(pi*m)./(pi*m)-(sin(wc(:,2)*m)./(pi*m)-sin(wc(:,1)*m)./(pi*m));
% 理想带阻滤波器单位脉冲响应
w_ham=(hamming(N1+1))';% 选择 Hamming 窗
h= hz.* w_ham; % 求设计滤波器的
h[H,w]=freqz(h,1);
% 求频率响应
y=filter(h,1,x1);
Y=fft(y,N);
subplot(2,2,1);
plot(k,h);
% 使用 plot 函数绘制带阻滤波器单位脉冲响应
title('带阻滤波器单位脉冲响应');
axis([0  500  -0.1  0.3]);
grid on;
subplot(2,2,2);
plot(w* fs/(2*pi),20*log10(abs(H)));
% 使用 plot 函数绘制带阻滤波器增益
title('带阻滤波器系统函数增益曲线');
axis([0  80  -100  10]);
grid on;
subplot(2,2,3);
plot(t,y); % 使用 plot 函数绘制滤波后的 ECG 信号
title('滤波后的 ECG 信号');
grid on;
subplot(2,2,4);plot(w*fs/(pi),abs(Y));
% 使用 plot 函数绘制滤波后的 ECG 信号频谱
title('滤波后的 ECG 信号频谱');
axis([0  80  0  15]);grid on;
```

实验结果如图 9.3.5 所示。

3) LMS 自适应滤波算法消除工频干扰

采用 LMS 算法对含工频干扰的心电信号进行消噪,并绘出消噪后的心电信号波形(设原工频干扰的幅度为 0.7,初相位为 $\pi/5$)。LMS 自适应滤波算法消除工频干扰实验代码如下:

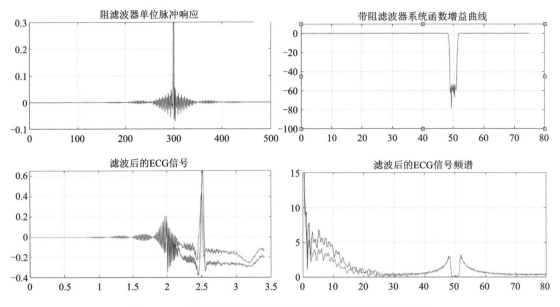

图 9.3.5 使用窗函数法设计 FIR 滤波器进行滤波的结果

```
Clear
clc
fs=150;A=0.5;fp=50;N=512;phi=0;
load ECG_X1.mat % 载入 ECG 信号
ECG_X1=val(:,1:512);
x=ECG_X1'/256; % 对 ECG 信号进行归一化% 生成工频噪声
for k=1:512
z1(k,1)=A*sin(2*pi*fp*k/fs+phi);
end
x1=x+z1;
d=x1;
D=fft(d,N); % 求 Fourier 变换,得频率特性
Ts=1/fs;
n=0:length(x1)-1;
t=n*Ts;f=fs/N*(0:N/2-1);
subplot(2,2,1);plot(t,d);
% 使用 plot 函数绘制带噪声的 ECG 信号
title('带噪声的 ECG 信号');
grid on;
subplot(2,2,2); plot(f,abs(D(1:N/2)));
% 使用 plot 函数绘制带噪声的 ECG 信号频谱
title('带噪声的 ECG 信号频谱');
grid on;
```

```
w1=zeros(1,N);w2=zeros(1,N);
% 初始化加权系数
C=0.7;phe=pi/5;x1= C*cos(2*pi*50*n/fs+phe);
x2=C*sin(2*pi*50*n/fs+phe);u=0.1;% 设置步长因子
for n=1:N
y1(n)=w1(n)*x1(n);
y2(n)=w2(n)* x2(n);
e(n)=d(n)-(y1(n)+y2(n));
w1(n+1)=w1(n)+ 2* u* e(n)* x1(n);
w2(n+1)=w2(n)+2*u*e(n)*x2(n);% 迭代,进行 LMS 自适应滤波
end
subplot(2,1,2); plot(t,e);
% 使用 plot 函数绘制滤波后的 ECG 信号
title('滤波后的 ECG 信号');grid on;
```

实验结果如图 9.3.6 所示。

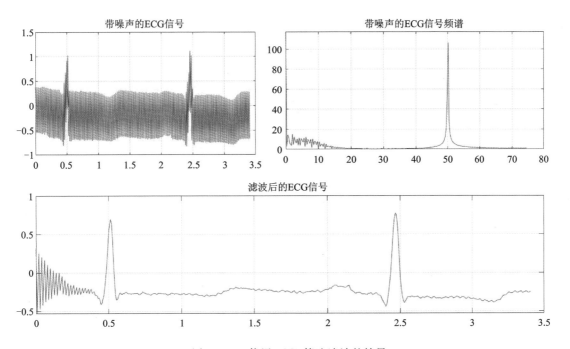

图 9.3.6 使用 LMS 算法滤波的结果

第10章 综合实验三:图像合成

10.1 实验目的

本次实验将设计一个针对性的图像处理系统,对信号做一系列的数字处理,并进行频谱分析,包括对信号作 Fourier 变换、设计不同的滤波器做过滤、绘制信号处理前后的频谱图和时域波形图等,最终得出爱因斯坦一秒变梦露的图像。

10.2 实验原理

一幅梦露的图像经过低通滤波器后其细节变得模糊,而爱因斯坦的图像经过高通滤波器后轮廓变得突出(锐化),将这两幅处理过的图像混合后就得到了我们所看到的图。而人眼的分辨率有限(相当于一个低通滤波器),当我们缩小图像或者远离图像时,细节将不会被人眼接收(低通滤波器带宽变小),所看到的图像就从爱因斯坦变成了梦露。

设计思路:
(1)对两幅图片进行大小和灰度处理。
(2)对两幅图片进行 Fourier 变换处理。
(3)设计高通与低通滤波器(本章采用两种滤波器:理想滤波器和巴特沃斯滤波器)。
(4)得出频响特性并进行分析。
(5)将处理后的两幅图片进行叠加合成。
(6)对所得图片进行 Fourier 反变换,得到最终图像。

10.3 数学模型

1.理想带通滤波器

低通滤波器:

$$H(j\omega) = \begin{cases} 1 & |\omega| \ll p \\ 0 & |\omega| > p \end{cases} \quad p\text{ 为截止频率}$$

高通滤波器:

$$H(j\omega) = \begin{cases} 1 & |\omega| \gg p \\ 0 & |\omega| < p \end{cases} \quad p\text{ 为截止频率}$$

2. 巴特沃兹滤波器

具有通带内最大平坦的振幅特性,且随着 ω 的增大单调减小,其幅度平方函数形式如下:

$$A(\Omega^2) = |H(j\Omega)|^2 = \frac{1}{1+\left(\dfrac{j\Omega}{j\Omega_c}\right)^{2N}} \qquad (\Omega_c 为截止频率)$$

其中,N 为滤波器的阶数,是整数,N 越大,通带和阻带的近似性越好。

3. 程序设计思路

我们先将两幅图片分别截取相同大小并转换为灰度图,再进行 Fourier 变换,分别得到两幅图像的频谱图,然后选择理想带通滤波器或者巴特沃兹滤波器,对所得的两幅图进行滤波处理,并画出相应的频响特性,最终将两幅图进行叠加混合,进行 Fourier 逆变换,即得到爱因斯坦一秒变梦露图。其主要流程图如 10.3.1 所示。

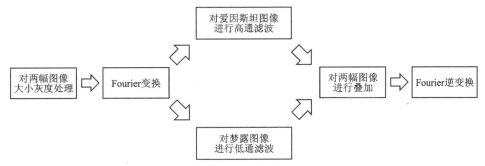

图 10.3.1 图像合成实验流程图

步骤 1:对两幅图像作大小及灰度处理。

将两幅图像首先截取相同大小,采用双线性插值算法指定高度和宽度(图 10.3.2),便于后续的整合。同时由 RGB 格式转化为灰度(图 10.3.3)。

图 10.3.2 图像合成原图

图 10.3.3　图像的灰度图

步骤 2：Fourier 变换。

用 FFT 和 FFTshift 进行 Fourier 变换并让正半轴部分和负半轴部分的图像分别关于各自的中心对称（图 10.3.4）。

图 10.3.4　图像的 Fourier 变换

步骤 3：滤波。

设计滤波器对两幅图像分别进行处理，由于需要对爱因斯坦图片进行锐化处理，同时需要对玛丽莲梦露图片进行模糊处理，于是对爱因斯坦图片进行高通滤波处理，对梦露图片进行低通滤波处理。分别设计理想带通滤波器以及巴特沃兹滤波器（图 10.3.5，图 10.3.6）。同时为便于测试图片效果，滤波器的截止频率设为可调。

步骤 4：对两幅图像进行整合。

将两幅图片进行叠加显示在同一副图片中，再进行 Fourier 反变换合成出最终图像（图 10.3.7）。

第 10 章 综合实验三:图像合成

图 10.3.5 理想带通滤波器对图像进行滤波

10.3.6 巴特沃兹滤波器对图像进行滤波

(a)理想带通滤波器　　　　　　　(b)巴特沃兹滤波器

图 10.3.7 用两种不同的滤波器得到的合成图像

实验代码如下：

```
lixiang('aiyinsitan.jpg', 'menglu.jpg', 20,'o.jpg');
Butterworth('aiyinsitan.jpg', 'menglu.jpg', 20, 'o.jpg');
```

* 注意图像的存放路径

理想带通滤波器：

```
function lixiang(imagename1, imagename2, p, outimagename)
%% 读入图像
Img1=imread(imagename1);   % imread读取图片文件中的数据
Img2=imread(imagename2);
% 截取相同图像大小
image1=imresize(Img1, [180* 2, 132* 2], 'bilinear'); % 缩放图像指定高度和宽度  采用双线性插值算法
image2=imresize(Img2, [180* 2, 132* 2], 'bilinear');
% 转换为灰度
image1=rgb2gray(image1);
image2=rgb2gray(image2);
figure('NumberTitle', 'off', 'Name', '灰度图');
subplot(121),imshow(image1);% 画到第一行第二列第一个位置,显示
title('灰度图 1');
subplot(122),imshow(image2);
title('灰度图 2');

%% Fourier 变换
figure('NumberTitle', 'off', 'Name', '频谱');
shiftdata1=fftshift(fft2(image1));% 让正半轴部分和负半轴部分的图像分别关于各自的中心对称
subplot(221),  imshow(abs(shiftdata1),[]);   % abs()复数实部与虚部的平方和的算术平方根
title('图像 1 Fourier 变换所得频谱');
shiftdata2=fftshift(fft2(image2));
subplot(222),  imshow(abs(shiftdata2),[]);
title('图像 2 Fourier 变换所得频谱');
subplot(223),  imshow(log(abs(shiftdata1)),[]);
title('图像 1 Fourier 变换取对数所得频谱');
subplot(224),  imshow(log(abs(shiftdata2)),[]);
title('图像 2 Fourier 变换取对数所得频谱');

%% 滤波
figure('NumberTitle', 'off', 'Name', '滤波后的图像');
[a,b]=size(shiftdata1); %% 返回数组的尺寸
```

```matlab
a0=round(a/2);%% 四舍五入
b0=round(b/2);
% 高通
for i=1:a
    for j=1:b
        distance=sqrt((i-a0)^2+(j-b0)^2);
        if distance>=p
            h=1;
        else h=0;
        end;
    shiftdata1(i,j)=h*shiftdata1(i,j);
    end;
end;
s1=uint8(real(ifft2(ifftshift(shiftdata1)))); % unit8()强制转换为八位无符号整型
subplot(121), imshow(s1);
title('高通滤波所得图像');
% 低通
    for i=1:a
        for j=1:b
            distance=sqrt((i-a0)^2+(j-b0)^2);
            if distance<=p
                h=1;
            else h=0;
            end;
            shiftdata2(i,j)=h*shiftdata2(i,j);

        end;
end;
s2=uint8(real(ifft2(ifftshift(shiftdata2))));
subplot(122), imshow(s2);
title('低通滤波所得图像');



%% 频响特性
figure('NumberTitle', 'off', 'Name', '三维曲面图');
I=imread('menglu.jpg');
[f1,f2]=size(I);
f1=f2;
f11=round(f1/2);
```

```
f22=round(f2/2);

for i=1:f1
    for j=1:f2
        r=sqrt((i-f11).^2+(j-f22).^2);
        if r< =300
          Hd(i,j)=1;
          else Hd(i,j)=0;
        end
    end
end


subplot(121),surf(1- Hd,'Facecolor','interp','Edgecolor','none','Facelighting',
'phong');% 画三维曲面(色)图
subplot(122),surf(Hd,'Facecolor','interp','Edgecolor','none','Facelighting',
'phong');% 画三维曲面(色)图



%% 输出
outimage=ifftshift(shiftdata1+shiftdata2);% 让正半轴部分和负半轴部分的图像分别关于各
自的中心对称
outimage=ifft2(outimage);% 读取数据
outimage=real(outimage);% 取实部
outimage=uint8(outimage);% 强制转换为八位无符号整型
figure('NumberTitle','off','Name','最终图像');
subplot(111),imshow(outimage);
imwrite(outimage,outimagename);
figure
end



巴特沃兹滤波器
    function Butterworth(imagename1, imagename2, p, outimagename)


%% 读入图像
Img1=imread(imagename1);   % imread 读取图片文件中的数据
Img2=imread(imagename2);
% 截取相同图像大小
```

```
image1=imresize(Img1, [180* 2, 132* 2], 'bilinear'); % 缩放图像指定高度和宽度  采用双
线性插值算法
image2=imresize(Img2, [180* 2, 132* 2], 'bilinear');
% 转换为灰度
image1=rgb2gray(image1);
image2=rgb2gray(image2);
figure('NumberTitle', 'off', 'Name', '灰度图');
subplot(121),imshow(image1);% 画到第一行第二列第一个位置,显示
title('灰度图 1');
subplot(122),imshow(image2);
title('灰度图 2');


%% Fourier 变换
figure('NumberTitle', 'off', 'Name', '频谱');
shiftdata1=fftshift(fft2(image1));% 让正半轴部分和负半轴部分的图像分别关于各自的中心
对称
subplot(221),  imshow(abs(shiftdata1),[]);   % abs()复数实部与虚部的平方和的算术平方根
title('图像 1 Fourier 变换所得频谱');
shiftdata2=fftshift(fft2(image2));
subplot(222),  imshow(abs(shiftdata2),[]);
title('图像 2 Fourier 变换所得频谱');
subplot(223),  imshow(log(abs(shiftdata1)),[]);
title('图像 1 Fourier 变换取对数所得频谱');
subplot(224),  imshow(log(abs(shiftdata2)),[]);
title('图像 2 Fourier 变换取对数所得频谱');


%% 滤波
figure('NumberTitle', 'off', 'Name', '滤波后的图像');
[a,b]=size(shiftdata1);% 返回数组的尺寸
a0=round(a/2);% 四舍五入
b0=round(b/2);
 n=2;% 参数赋初始值
d0=20;
n1=fix(a/2);% 数据圆整
n2=fix(b/2);% 数据圆整
```

```matlab
% 高通
for i=1:a % 遍历图像像素
    for j=1:b
    d=sqrt((i-n1)^2+(j-n2)^2);
    if d==0
        h=1;
    else   h=1- 1/(1+0.414* (d/d0)^(2*n));% 计算传递函数
    end
    shiftdata1(i,j)=h* shiftdata1(i,j);% 图像矩阵计算处理
    end
end
X11=ifftshift(shiftdata1);
X21=ifft2(X11);
X31=uint8(real(X21));
subplot(121),imshow(X31)
title('高通滤波所得图像');

% 低通
for i=1:a % 遍历图像像素
    for j=1:b
    d=sqrt((i-n1)^2+(j-n2)^2);
    if d==0
        h=0;
    else   h=1/(1+0.414* (d/d0)^(2*n));% 计算传递函数
    end
    shiftdata2(i,j)=h* shiftdata2(i,j);% 图像矩阵计算处理
    end
end
X12=ifftshift(shiftdata2);
X22=ifft2(X12);
X32=uint8(real(X22));
subplot(122),imshow(X32)
title('低通滤波所得图像');

%% 频响特性
figure('NumberTitle', 'off', 'Name', '三维曲面图');
I1=imread('menglu.jpg');
[f1,f2]=freqspace(size(I1),'meshgrid');
D=0.5;
r=f1.^2+f2.^2;
```

```
n=20;
for i=1:size(I1,1)
    for j=1:size(I1,2)
        t=r(i,j)/(D*D);
        Hd(i,j)=1/(t^n+1);
    end
end

subplot(121),surf(1-Hd,'Facecolor','interp','Edgecolor','none','Facelighting',
'phong');% 画三维曲面(色)图
subplot(122),surf(Hd,'Facecolor','interp','Edgecolor','none','Facelighting',
'phong');% 画三维曲面(色)图


%% 输出
outimage=ifftshift(shiftdata1+shiftdata2);% 让正半轴部分和负半轴部分的图像分别关于各
自的中心对称
outimage=ifft2(outimage);% 读取数据
outimage=real(outimage);% 取实部
outimage=uint8(outimage);% 强制转换为八位无符号整型
figure('NumberTitle','off','Name','最终图像');
subplot(111),imshow(outimage);
imwrite(outimage,outimagename);
figure
end
```

主要参考文献

陈后金,胡健,薛健,2018.数字信号处理[M].北京:北京交通大学出版社.
程佩青,2013.数字信号处理教程[M].4版.北京:清华大学出版社.
戴虹,2020.数字信号处理实验与课程设计教程:面向工程教育[M].北京:电子工业出版社.
管致中,夏恭恪,孟桥,2011.信号与线性系统[M].5版.北京:高等教育出版社.
韩萍,何炜琨,冯青,等,2020.信号分析与处理[M].北京:清华大学出版社.
胡广书,1997.数字信号处理:理论、算法与实现[M].北京:清华大学出版社.
刘永健,1994.信号与线性系统[M].北京:人民邮电出版社.
吴大正,杨林耀,张永瑞,等,2019.信号与线性系统分析[M].5版.北京:高等教育出版社.
武晔,2018.数字信号处理实验[M].北京:清华大学出版社.
肖尚辉,邓凯,吴和静,等,2023.信号与系统应用分析[M].北京:科学出版社.
邢丽冬,潘双来,2012.信号与线性系统[M].2版.北京:清华大学出版社.
许可,王玲,万建伟,2020.信号处理仿真实验[M].北京:清华大学出版社.
郑君里,应启珩,杨为理,2011.信号与系统[M].3版.北京:高等教育出版社.
ALAN V OPPENHEIM,ALAN S WILLSKY,S HAMID NAWAB,2014.信号与系统[M].2版.刘树棠,译.西安:西安交通大学出版社.